国家示范性高职院校建设项目成果
高等职业教育机电类专业系列教材
辽宁省省级精品课配套教材

模拟电子技术项目式教程

主　编　姜俐侠
副主编　蔡新梅
参　编　李　妍　张德孝

机械工业出版社

本书以语音放大器这一产品的制作过程为导向，采用基于工作过程的教学方式，遵循由浅入深、循序渐进的教育规律，将模拟电子技术与语音放大器的制作过程相结合，全书分为7个学习任务：常用电子器件的测试与判断、语音输入放大电路的制作、音调调整电路的制作、功率放大电路的制作、直流稳压电源的制作、正弦波信号源的制作及语音放大器的整机装调。为增强教学效果和拓展学生的职业技能，书中引入了 Multisim 仿真内容。

本书的特点是保证基础理论，注重应用技能。本书可作为高职高专电类、机电类、计算机类等专业的专业基础课教材，也可供初学者和电子工程技术人员参考使用。

为方便教学，本书有电子课件、思考与练习答案、模拟试卷及答案等教学资料，凡选用本书作为授课教材的学校，均可通过电话（010-88379564）或QQ（2314073523）咨询，有任何技术问题也可通过以上方式联系。

图书在版编目（CIP）数据

模拟电子技术项目式教程/姜俐侠主编．—北京：机械工业出版社，2011.2（2024.8重印）

国家示范性高职院校建设项目成果　高等职业教育机电类专业系列教材　辽宁省省级精品课配套教材

ISBN 978-7-111-33434-7

Ⅰ.①模…　Ⅱ.①姜…　Ⅲ.①模拟电路-电子技术-高等学校：技术学校-教材　Ⅳ.①TN710

中国版本图书馆 CIP 数据核字（2011）第023152号

机械工业出版社（北京市百万庄大街22号　邮政编码100037）
策划编辑：曲世海　责任编辑：王寅生　责任校对：张　媛
封面设计：陈　沛　责任印制：刘　媛
涿州市般润文化传播有限公司印刷
2024年8月第1版第9次印刷
184mm×260mm · 13.5印张 · 332千字
标准书号：ISBN 978-7-111-33434-7
定价：36.00元

电话服务	网络服务
客服电话：010-88361066	机　工　官　网：www.cmpbook.com
010-88379833	机　工　官　博：weibo.com/cmp1952
010-68326294	金　　书　　网：www.golden-book.com
封底无防伪标均为盗版	机工教育服务网：www.cmpedu.com

前　言

高职高专院校的培养目标是培养高素质、高级技能型的专门人才，这一目标决定了高职高专院校的教学内容，即"知识与技能相结合"。通过本书的学习，可使高职高专学生既具备基本的专业知识和职业技能，又具备更新知识、不断提高技能的可持续发展的能力。熟练的职业技能是学生未来从事某一行业工作的必备条件，而可持续发展的能力则决定了学生在行业中的发展空间。

本书从高职高专教育的培养目标出发，以全新的教学理念和教学方式介绍了现代模拟电子技术的基本理论及应用技能。

本书以语音放大器这一产品的制作过程为导向，采用基于工作过程的教学方式，遵循由浅入深、循序渐进的教育规律，将模拟电子技术与语音放大器的制作过程相结合，全书分为7个任务，分别为：常用电子器件的测试与判断、语音输入放大电路的制作、音调调整电路的制作、功率放大电路的制作、直流稳压电源的制作、正弦波信号源的制作及语音放大器的整机装调。

在编写过程中，本书力求使知识内容更贴近职业技能的需要。为增强教学效果和拓展学生的职业技能，书中引入了 Multisim 仿真内容，并且在每个任务中都配有教学目标、任务引入、相关知识、任务实施、任务考核、思考与训练等环节。

本书的特点是保证基础理论，注重应用技能。通过学习，学生不仅能够掌握一定的理论基础知识，为后续技能的提高奠定基础，而且还具备了一定的电路读图、电路安装、故障检修等能力。

本书由渤海船舶职业学院姜俐侠任主编，渤海船舶职业学院蔡新梅任副主编，渤海船舶职业学院李妍、张德孝参编。任务1、任务5由李妍编写，绪论、任务2由姜俐侠编写，任务3、任务6由蔡新梅编写，任务4、任务7由张德孝编写。书中的语音放大器由锦州通讯设备电子工程有限公司高级工程师李建文设计制作。本书电子课件由蔡新梅制作，思考与练习答案由段丽华解答。

在此十分感谢锦州航星集团公司董事长刘义及锦州通讯设备电子工程有限公司总工程师贾成山给予的大力支持和帮助。

本书中有些元器件符号及电路图采用的是 Multisim 软件的符号标准，有些与国家标准不符，在此特提醒读者注意。

在此教材编写的过程中，尽管我们为体现高职高专教育的特色做了很多努力，但因编者水平有限，错误和不足在所难免，恳请使用者多提宝贵意见和建议。

编　者

目　录

前言
绪论 …… 1
任务1　常用电子器件的测试与判断 …… 5
教学目标 …… 5
任务引入 …… 5
相关知识 …… 5
1.1　半导体的基础知识 …… 5
1.1.1　本征半导体 …… 5
1.1.2　PN结 …… 7
1.2　半导体二极管 …… 8
1.2.1　二极管的结构和符号 …… 8
1.2.2　二极管的伏安特性 …… 9
1.2.3　二极管的主要参数 …… 10
1.2.4　特殊二极管介绍 …… 11
1.2.5　半导体二极管的应用 …… 13
1.2.6　半导体器件的型号及二极管性能的判别 …… 14
1.3　晶体管 …… 16
1.3.1　晶体管的结构和类型 …… 16
1.3.2　晶体管的电流放大作用 …… 18
1.3.3　晶体管的共发射极特性曲线 …… 19
1.3.4　晶体管的主要参数 …… 20
1.3.5　温度对晶体管参数的影响 …… 21
1.3.6　选择晶体管的注意事项 …… 22
1.3.7　晶体管的识别与检测 …… 22
1.4　场效应晶体管 …… 23
1.4.1　场效应晶体管的特点与分类 …… 24
1.4.2　结型场效应晶体管 …… 24
1.4.3　绝缘栅型场效应晶体管 …… 27
1.4.4　场效应晶体管的主要参数及注意事项 …… 30
1.4.5　场效应晶体管的识别与检测 …… 31
1.4.6　场效应晶体管与晶体管的比较 …… 32
任务实施 …… 33
任务考核 …… 34
思考与训练 …… 34
任务2　语音输入放大电路的制作 …… 37
教学目标 …… 37
任务引入 …… 37
相关知识 …… 38
2.1　放大的概念及放大电路主要性能指标与分类 …… 38
2.1.1　放大的概念与放大电路的主要性能指标 …… 38
2.1.2　放大电路的分类 …… 41
2.2　基本放大电路 …… 42
2.2.1　基本共发射极放大电路 …… 42
2.2.2　放大电路的分析方法 …… 44
2.2.3　静态工作点稳定的共发射极放大电路 …… 52
2.2.4　共集电极放大电路 …… 57
2.2.5　共基极放大电路 …… 59
2.2.6　放大电路三种组态性能的比较 …… 60
2.3　电流源电路 …… 61
2.3.1　基本电流源电路 …… 61
2.3.2　镜像电流源 …… 62
2.3.3　以电流源为有源负载的共发射极放大电路 …… 62
2.4　场效应晶体管放大电路 …… 63
2.4.1　共源极放大电路 …… 64
2.4.2　共漏极放大电路 …… 67
2.5　多级放大电路 …… 69
2.5.1　多级放大电路的组成与耦合方式 …… 69
2.5.2　多级放大电路的分析 …… 71
2.6　放大电路中的反馈 …… 72
2.6.1　反馈的基本概念及判别方法 …… 73
2.6.2　负反馈放大电路的四种组态 …… 76
2.6.3　反馈放大电路的一般表达式及深度负反馈的近似估算 …… 79
2.6.4　负反馈对放大电路性能的改善 …… 82
2.6.5　负反馈放大电路的自激振荡及消除方法 …… 85
任务实施 …… 86

任务考核 …… 89
思考与训练 …… 89
任务3 音调调整电路的制作 …… 95
教学目标 …… 95
任务引入 …… 95
相关知识 …… 95
3.1 差动放大电路 …… 96
3.1.1 直接耦合放大电路的零点漂移现象 …… 96
3.1.2 基本差动放大电路的组成及工作原理 …… 96
3.1.3 长尾式差动放大电路的结构及工作原理 …… 97
3.1.4 恒流源差动放大电路 …… 101
3.2 集成运算放大器 …… 103
3.2.1 集成运算放大器的组成 …… 104
3.2.2 集成运算放大器的主要性能指标及选择方法 …… 104
3.2.3 常用集成运算放大器芯片介绍 …… 106
3.2.4 理想集成运算放大器 …… 107
3.3 集成运算放大器的应用 …… 108
3.3.1 集成运算放大器的线性应用分析 …… 108
3.3.2 集成运算放大器的非线性应用分析 …… 112
任务实施 …… 118
任务考核 …… 123
思考与训练 …… 124
任务4 功率放大电路的制作 …… 127
教学目标 …… 127
任务引入 …… 127
相关知识 …… 127
4.1 功率放大电路的特点和分类 …… 128
4.2 常用功率放大电路 …… 129
4.2.1 OCL 互补对称电路 …… 129
4.2.2 OTL 互补对称电路 …… 133
4.2.3 准互补 OCL 电路 …… 135
4.2.4 BTL 互补对称电路 …… 136
4.3 集成功率放大器 …… 138
任务实施 …… 142
任务考核 …… 143
思考与训练 …… 144
任务5 直流稳压电源的制作 …… 146
教学目标 …… 146
任务引入 …… 146
相关知识 …… 147
5.1 常用稳压电源的基本组成 …… 147
5.1.1 线性直流稳压电源 …… 147
5.1.2 开关稳压电源 …… 147
5.2 单相整流电路 …… 148
5.2.1 单相半波整流电路 …… 148
5.2.2 单相桥式整流电路 …… 149
5.3 滤波电路 …… 150
5.3.1 电容滤波电路 …… 150
5.3.2 电感滤波电路 …… 152
5.3.3 Π型滤波电路 …… 152
5.4 稳压电路 …… 153
5.4.1 稳压二极管稳压电路 …… 153
5.4.2 集成线性稳压电路 …… 155
5.4.3 集成开关稳压电路 …… 158
任务实施 …… 165
任务考核 …… 168
思考与训练 …… 169
任务6 正弦波信号源的制作 …… 172
教学目标 …… 172
任务引入 …… 172
相关知识 …… 172
6.1 正弦波振荡的基础知识 …… 172
6.1.1 产生正弦波振荡的条件 …… 172
6.1.2 振荡电路的起振和稳幅 …… 173
6.1.3 正弦振荡电路的组成和分析方法 …… 173
6.2 常用正弦波振荡电路 …… 174
6.2.1 *RC* 桥式正弦波振荡电路 …… 174
6.2.2 *LC* 正弦波振荡电路 …… 174
6.2.3 石英晶体正弦波振荡电路 …… 176
任务实施 …… 178
任务考核 …… 179
思考与训练 …… 180
任务7 语音放大器的整机装调 …… 183
教学目标 …… 183
任务引入 …… 183
相关知识 …… 183
7.1 电子电路识图 …… 183
7.1.1 识图的思路和步骤 …… 183
7.1.2 电路图的种类 …… 184

7.2 识图举例 ………………………………… 185
任务实施………………………………………… 188
任务考核………………………………………… 194
思考与训练……………………………………… 194
附录 ……………………………………………… 196
附录 A 常用半导体器件的型号和主要参数 ……………………… 196
附录 B Multisim 简介 ………………………… 197
附录 C 本书常用符号说明 ……………………… 207
参考文献 ………………………………………… 209

绪　论

电子技术是在19世纪末发展起来的，至今已有一百多年的历史，随着电子技术的广泛应用，它已从根本上改变了世界的面貌，成为人类探索宏观世界和微观世界的技术基础。

1. 电子技术的发展史

自1906年第一只电子器件诞生以来，电子技术的发展经历了电子管、晶体管和集成电路三个发展阶段：

（1）电子管阶段　电子管阶段是从1905年到1948年，以电子管为标志。在这一阶段诞生了无线电广播，使通信产业得到了发展。此阶段的标志性产品是1946年美国研制成功的世界上第一台电子计算机——ENIAC。这台计算机使用了18800个电子管，占地170m^2，重达30t，耗电140kW，价格40多万美元，是一个价格昂贵、耗电量大的“庞然大物”。由于它采用了电子线路来执行算术运算、逻辑运算和信息存储，从而大大提高了运算速度。ENIAC每秒可进行5000次加法和减法运算，它最初被专门用于弹道运算，后来经过多次改进而成为能进行各种科学计算的通用电子计算机。

（2）晶体管阶段　晶体管阶段是从1948年到1958年，以晶体管为标志。1948年，第一只半导体晶体管的问世，标志着电子技术的发展进入第二阶段。它以小巧、轻便、省电、寿命长等特点，被很快应用，在很大范围内取代了电子管。半导体进入电子领域，促进了广播电视和通信产业的高速发展，使得计算机小型化成为现实，实现了人造地球卫星的升空，预示了宇宙空间的探索即将开始，同时电子产品也逐渐由科研和军用领域向民用领域普及。

（3）集成电路（IC）阶段　集成电路阶段从1958开始，以集成电路为标志。1958年，美国德克萨斯仪器公司和仙童公司研制成了第一个集成电路，它把许多晶体管等电子元器件集成在一块硅芯片上，使电子产品向更小型化发展。集成电路问世以来，其集成度（单片集成电路上所集成的元器件数目）跨越了小、中、大、超大、特大、巨大规模几个阶段。

1962年，集成度为12个晶体管的小规模集成电路（SSI）问世。

1966年，集成度为100～1000个晶体管的中规模集成电路（MSI）问世。

1971年，英特尔公司推出1KB动态随机存储器（DRAM），标志着集成度为1000～10万个晶体管的大规模集成电路（LSI）出现。

1977年，在30mm^2的硅晶片上集成15万个晶体管的超大规模集成电路（VLSI）研制成功，标志着电子技术从此迈入了微电子时代。

1993年，随着集成了1000万个晶体管的16MB Flash和256MB DRAM研制成功，电子技术进入了特大规模集成电路（ULSI）时代。

1994年，由于集成1亿个元器件的1GB DRAM研制成功，电子技术进入巨大规模集成电路（GSI）时代。

2010年1月8日，英特尔公司推出了采用32nm制造工艺的全新的酷睿i7/i5/i3处理器，其线宽（集成电路内部晶体管之间连线的线宽）仅为32nm，实现了前所未有的高集成度与先进性能。

集成电路制造技术的发展日新月异，它们构成了现代数字系统的基石，使电子产品向着小体积、高效能、低消耗、高精度、高稳定、智能化的方向发展。

我国的电子工业在建国前基本上是空白，建国后在一批归国科学家的引领下，于 1956 年自主生产出第一只半导体晶体管，1965 年生产出第一块集成电路。2009 年，我国首台千万亿次超级计算机系统“天河一号”研制成功，成为继美国之后世界上第二个能够研制千万亿次超级计算机的国家，这标志着我国电子技术的发展已进入世界前列。尽管如此，我国在电子核心元器件的生产和高级电子产品的生产等方面，与发达国家相比，还有着较大的差距。

2. 模拟电子技术研究的对象

电子技术的知识范围很广，有许多分支，模拟电子技术是电子技术的一个分支。

电子技术是研究电子器件、电子电路和电子系统及其应用的科学技术。

（1）电子器件　电子器件是指电真空器件、半导体器件和集成电路等。

电真空器件是以电子在高度真空中运动为工作基础的器件。如电子管、示波器、显像管、雷达荧光屏和大功率发射管等。

半导体器件是以带电粒子（电子和空穴）在半导体中运动为工作基础的器件。如半导体二极管、晶体管、场效应晶体管等。

集成电路是把若干个元器件及电路用集成化工艺制作在很小的芯片上，使其成为一个不可分割的“整体电路”。

（2）电子电路　电子电路是把电子元器件按不同的要求进行一定方式的连接，以实现预定功能，这种元器件的连接便构成了电子电路。如果按电路处理的信号不同来划分，电子电路可分为模拟电子电路和数字电子电路。

（3）电子系统　电子系统是指有若干相互连接、相互作用的基本电子电路组成的具有特定功能的电路装置。电子系统有大有小，大到航天飞机的测控系统，小到一个电子门铃。单个芯片内可以集成许多种不同类型的电路，这些不同的电路可相互连接制成一个单片电子系统。

模拟电子技术研究的是基本半导体器件的性能、模拟电子电路及其应用的问题。它是以半导体二极管、晶体管和场效应晶体管为基本电子器件，研究由这些电子器件等构成的电子电路对模拟信号进行放大、传输、转换及控制的问题。可见，模拟电子电路是处理模拟信号的电路。

模拟信号是指连续变化的物理量，其信号的幅度、频率、相位在给定的时间范围内均随时间作连续变化，如温度、压力、转速、声音及图像信号等。

3. 模拟电子技术的应用

模拟电子技术在现代国防建设、科学研究、工农业生产、医疗、通信及文化生活等各个领域得到了极为广泛的应用，并起着巨大的作用。特别是各个领域的自动化控制中，需要测量、控制和传输的信息，绝大部分都是模拟信号，都要通过模拟电路来实现。当今人们生活在一个电子世界中，从机器人、航天飞机、宇宙探测仪到工农业生产中的自动控制装置、人们生活中的彩电、收音机、语音放大器等，模拟电子技术已无处不在。

本书以实际生产中的产品——语音放大器为导向，将语音放大器制作这一具体项目，分成 7 个任务，按照项目化教学方式，结合实际电路介绍模拟电子技术的基本概念、基本原理、基本分析方法，并运用所学的理论知识对语音放大器进行原理分析、组装、调试。图 0-1 所示为语音放大器的原理图，图 0-2 所示为语音放大器的流程框图。

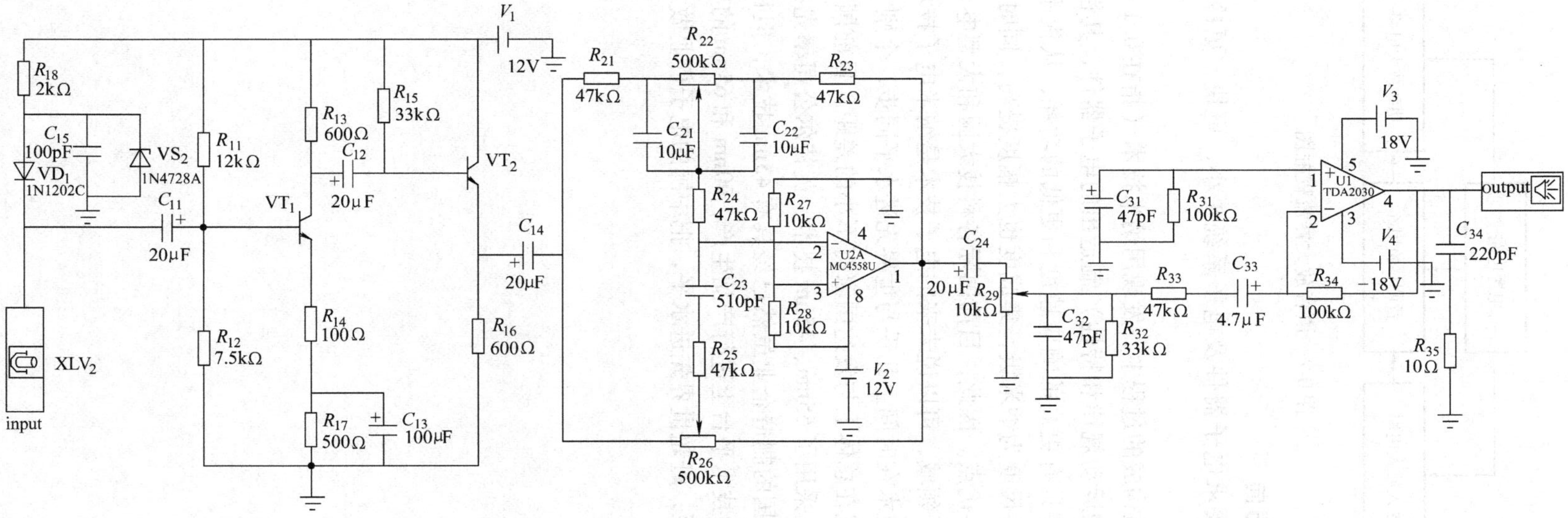

图 0-1　语音放大器原理电路图

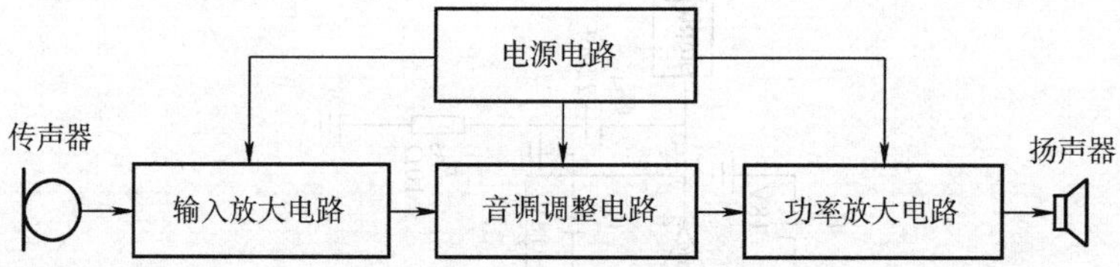

图 0-2　语音放大器流程框图

4. 电子技术的发展方向

电子技术的发展，要求电子器件及电子系统更小、更快、更冷（单个器件的功耗要小）。

科学家们在研究物质构成的过程中，发现用纳米技术（指在 0.1 ~ 100nm 的尺度里，研究电子、原子和分子内的运动规律和特性）制造出的电子器件，其性能大大优于传统的半导体器件，纳米电子器件具有更高的响应速度和更低的功耗，从根本上解决日益严重的功耗、速度问题。由于器件尺度为纳米级，集成度也大幅度提高，同时还具有器件结构简单、可靠性高、成本低等诸多优点。因此，目前国际各科技大国和大型电子信息技术公司都纷纷将科研目光投向纳米电子领域，可以说未来的电子技术是纳米电子技术。

我国开始研发纳米技术在时间上几乎与世界先进水平同步，个别方面走在世界前沿，例如纳米材料，但科技研究在总体上与发达国家有不小的差距。目前国际上采用 90nm 技术已是主流，还有很多项目已采用了 65nm、45nm 技术，英特尔公司率先在酷睿 i7/i5/i3 处理器中引入了 32nm 技术。我国的制造企业虽然已经具有 45nm 技术，但目前大量的制造企业还停留在 90nm 或 130nm 的技术平台上进行产品生产，90nm 和 65nm 的项目非常少。

缩小与发达国家差距，赶超世界先进水平，把中国的电子行业做大做强，是历史赋予我们年轻一代的光荣使命。

任务1　常用电子器件的测试与判断

●教学目标

1）掌握半导体二极管、晶体管及场效应晶体管的基本特性、主要参数及电路符号，了解它们的主要应用。

2）能够用万用表检测半导体二极管、晶体管及场效应晶体管等器件的极性及质量好坏，并能正确使用半导体二极管、晶体管及场效应晶体管。

●任务引入

半导体分立器件是构成电子电路的核心器件，它们所用的材料是经过特殊加工且性能可控的半导体材料。语音放大器是由许多电子元器件构成的，如二极管、晶体管、电阻及电容等。因此应掌握常用电子器件的结构、原理及识别方法。

●相关知识

本任务首先从半导体的基础知识入手，由 PN 结的形成到 PN 结的特点，再由二极管、晶体管及场效应晶体管的导电特性到它们的正确使用，带你走进多彩的电子世界。

相关内容有：

1）半导体材料的特点。

2）半导体二极管、晶体管及场效应晶体管的结构、基本特性、主要参数及应用。

3）半导体二极管、晶体管及场效应晶体管的检测方法。

1.1　半导体的基础知识

自然界中的物质，按其导电能力可分为导体、半导体和绝缘体。金、银、铜、铝等金属材料是良导体；塑料、陶瓷、橡胶等材料是绝缘体，这些材料在电力系统中都得到了广泛的应用；还有一些物质如硅、锗等，它们的导电能力介于导体和绝缘体之间，被称为半导体。20 世纪 40 年代，科学家们在实验中发现半导体材料具有一些特殊的性能，并制造出了性能优良的半导体器件，从而引发了电子技术的革命。

1.1.1　本征半导体

纯净的具有晶体结构的半导体被称为本征半导体。本征半导体需要用复杂的工艺和技术才能制造出来。半导体器件的制造首先要有本征半导体，目前用于制造半导体器件的材料有硅（Si）、锗（Ge）、砷化镓（GaAs）、碳化硅（SiC）和磷化铟（InP）等，其中以硅和锗最为常用。硅和锗都是四价元素。

1. 本征半导体的晶体结构

将纯净的半导体经过一定的工艺过程制成单晶体，即为本征半导体。晶体中的原子在空间形成排列整齐的点阵，称为晶格。由于相邻原子间的距离很小，因此，相邻的两个原子的一对最外层电子（即价电子）不但各自围绕自身所属的原子核运动，而且出现在相邻原子所属的轨道上，成为共用电子，这样的组合称为共价键结构，如图 1-1 所示。图中标有“+4”的圆圈表示除价电子外的正离子。

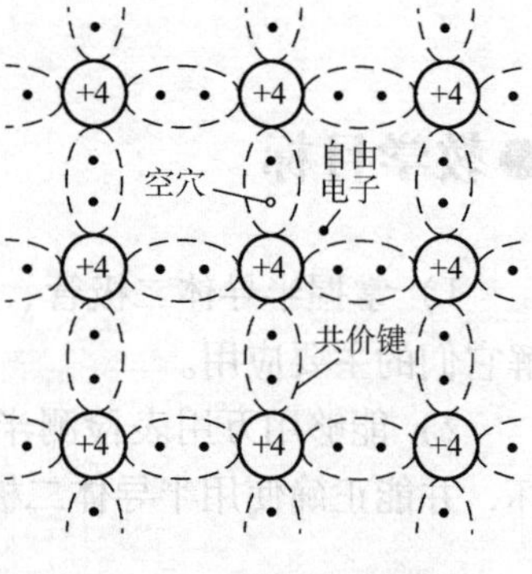

图 1-1　本征半导体结构

2. 本征半导体中的两种载流子

晶体中的共价键具有很强的结合力，在常温下，本征半导体中有极少数的价电子由于热运动（热激发）获得足够的能量，从而挣脱共价键的束缚变成自由电子。与此同时，失去价电子的硅或锗原子在该共价键上留下了一个空位，这个空位称为空穴。原子因失掉一个价电子而带正电，或者说空穴带正电。由于本征硅或锗每产生一个自由电子必然会有一个空穴出现，即电子与空穴成对出现，所以称为电子空穴对，如图 1-1 所示。在常温下，本征半导体内产生的电子空穴对数目是很少的。当本征半导体处在外界电场作用下，一方面其内部自由电子逆外电场方向定向运动，形成电场作用下的漂移电子电流；另一方面由于空穴的存在，价电子将按一定的方向依次填补空穴，也就相当于空穴顺外电场方向定向运动，形成电场作用下的漂移空穴电流。自由电子带负电荷，空穴带正电荷，它们都对形成电流做出贡献，因此本征半导体中有两种载流子，即自由电子和空穴。本征半导体在外电场作用下，其电流为电子流与空穴流之和。

3. 本征半导体的热敏特性和光敏特性

实验发现，本征半导体受热或光照后其导电能力大大增强。当温度升高或光照增强时，本征半导体内原子运动加剧，有较多的电子获得能量成为自由电子，即电子空穴对增多，所以本征半导体中电子空穴对的数目与温度或光照有密切关系。温度越高或光照越强，本征半导体内载流子数目越多，导电性能越强，这就是本征半导体的热敏特性和光敏特性。利用这种特性就可以做成各种热敏器件和光敏器件，在自动控制系统中有广泛的应用。

4. 本征半导体的掺杂特性

在本征半导体中掺入少量合适的杂质元素，便可得到杂质半导体。按掺入的杂质元素不同，可形成 N 型半导体和 P 型半导体。控制杂质元素的浓度，就可控制杂质半导体的导电性能。例如，在硅本征半导体中掺入百万分之一的其他微量元素，它的导电能力就会增强一百万倍。

（1）P 型半导体　如果在本征半导体中掺入微量三价元素，如硼（B）、铟（In）等，就形成了 P 型半导体。如在硅本征半导体中掺入三价元素硼（B），由于最外层有 3 个价电子，所以当它们与周围四个硅原子形成共价键时，就产生一个空位，在室温或其他能量激发下，与硼原子相邻的硅原子共价键上的电子就可能填补这些空位，从而在电子原来的位置上形成带正电的空穴，硼原子本身则因获得电子而成为不能移动的杂质负离子，如图 1-2 所示。

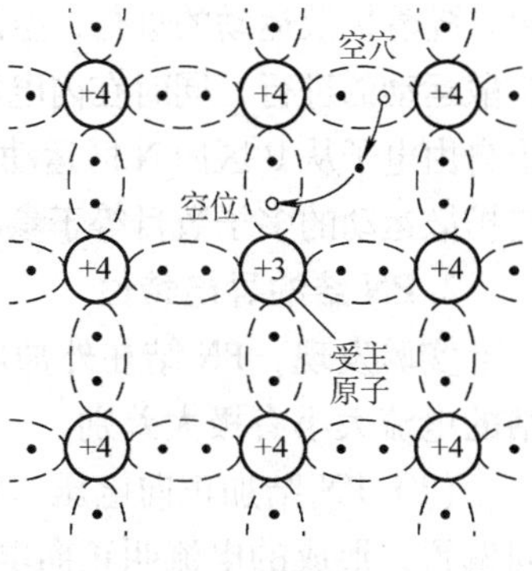

图 1-2　P 型半导体

在 P 型半导体中，空穴是多数载流子，简称“多子”，电子是少数载流子，简称“少子”。但整个 P 型半导体是呈现电中性的。P 型半导体在外界电场作用下，空穴电流远大于电子电流。P 型半导体是以空穴导电为主的半导体，所以它又被称为空穴型半导体。

（2）N 型半导体　如果在本征半导体中掺入微量五价元素，如磷（P）、砷（As）等，其中杂质元素的四个价电子与周围的四个半导体原子形成共价键，第五个价电子很容易脱离原子的束缚成为自由电子，因此在半导体内会产生许多自由电子，这种半导体叫做 N 型半导体。

在 N 型半导体中，自由电子数远大于空穴数，所以 N 型半导体的多子是自由电子，少子是空穴。但整个 N 型半导体是呈现电中性的。N 型半导体在外界电场作用下，电子电流远大于空穴电流。N 型半导体是以电子导电为主的半导体，所以它又被称为电子型半导体。

半导体中多子的浓度取决于掺入杂质的多少，少子的浓度与温度有密切的关系。

1.1.2　PN 结

单纯的一块 P 型半导体或 N 型半导体，只能作为一个电阻元件。但是如果把 P 型半导体和 N 型半导体通过一定方法结合起来就形成了 PN 结。PN 结是构成半导体二极管、晶体管、晶闸管及集成运算放大器等众多半导体器件的基础。

1. PN 结的形成

在一块完整的本征硅（或锗）片上，用不同的掺杂工艺使其一边形成 N 型半导体，另一边形成 P 型半导体，在这两种杂质半导体的交界面附近就会形成一个具有特殊性质的薄层，这个特殊的薄层就是 PN 结。

PN 结的形成过程是：由于 P 区与 N 区之间存在着载流子浓度的显著差异，即 P 区空穴多、电子少，N 区电子多、空穴少，于是在 P 区与 N 区的交界面处发生载流子的扩散运动，如图 1-3a 所示。所谓扩散运动，就是因浓度差而引起多子从浓度高的区域向浓度低的区域运动。

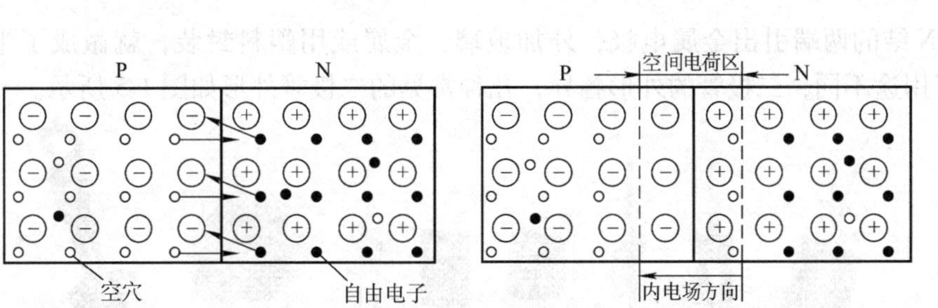

a) 载流子的扩散运动　　b) 空间电荷区的形成

图 1-3　PN 结的形成

扩散的结果：交界面附近 P 区因空穴减少而呈现负离子区，N 区因电子减少而呈现正离子区。这样，在交界面上出现了由正负离子构成的空间电荷区，从而形成内电场，如图 1-3 b 所示。随着扩散运动的进行，空间电荷区加宽，内电场增强，其方向由N区指向P区，正好阻止扩散运动的进行，同时在内电场作用下，N区中的少子空穴从N区向P区运动，而P区中的少子自由电子从P区向N区运动。这种在电场力作用下，少数载流子的运动称为漂移运动。当参与扩散运动的多子数目等于参与漂移运动的少子数目时，达到了动态平衡，形成PN结。

2. PN结的导电特性

实验发现，PN结在外加电压作用下，形成了电流。随外加电压的极性不同，流过PN结的电流大小有极大差别。

（1）PN结加正向电压　如图1-4a所示，P区接高电位，N区接低电位，这种接法叫正向偏置，形成的电流叫正向电流。当外加正向偏置电压稍微增加，则正向电流便迅速上升，PN结呈现的电阻很小，表现为导通状态。

（2）PN结加反向偏置电压　如图1-4b所示，P区接低电位，N区接高电位，这种接法叫反向偏置，形成的电流叫反向电流。当温度一定时，反向电流几乎不随外加反向偏置电压的变化而变化，所以又称反向饱和电流。反向饱和电流受温度的影响很大，但由于反向电流的值很小，与正向电流相比，一般可以忽略，所以PN结反向偏置时，处于截止状态，呈现的电阻很大。

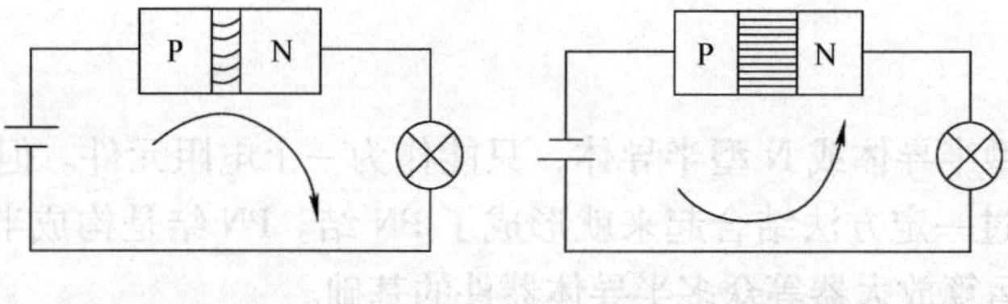

a) P区接高电位灯亮　　b) P区接低电位灯灭

图1-4　PN结的单向导电性

结论：PN结正偏时导通，PN结反偏时截止，所以PN结具有单向导电性。

1.2　半导体二极管

1.2.1　二极管的结构和符号

在PN结的两端引出金属电极，外加玻璃、金属或用塑料封装，就做成了半导体二极管。由于用途不同，二极管的外形各异，几种常见的二极管外形如图1-5所示。

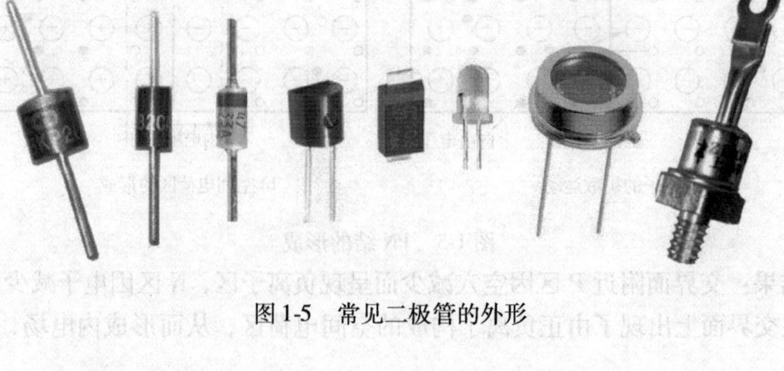

图1-5　常见二极管的外形

二极管按 PN 结形成的制造工艺方式，可分为点接触型、面接触型和平面型等。点接触型二极管 PN 结的接触面积小，不能通过很大的正向电流和承受较高的反向电压，但它的高频性能好，工作频率可达 100MHz 以上，适宜于在高频检波电路和小功率电路中使用。面接触型二极管 PN 结的接触面积大，可以通过较大电流，能承受较高的反向电压，适宜于在整流电路中使用。平面型二极管是采用扩散法制成的，适宜用作大功率开关管，在数字电路中有广泛应用。图 1-6a、b、c 是二极管的结构示意图，符号如图 1-6d 所示。

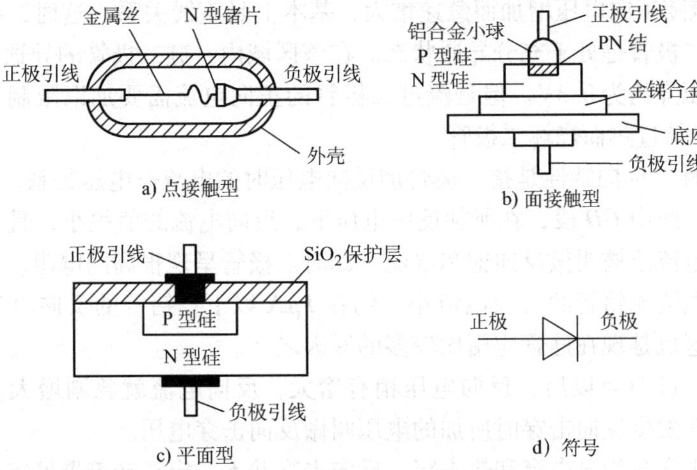

图 1-6 二极管的结构及符号

二极管有两个电极，由 P 区引出的电极是正极，由 N 区引出的电极是负极。符号中三角箭头方向表示正向电流的方向，正向电流只能从二极管的正极流入，从负极流出。二极管的文字符号用 VD 表示。

1.2.2 二极管的伏安特性

1. 二极管的伏安特性曲线

二极管的伏安特性就是流过二极管的电流 I 与加在二极管两端的电压 U 之间的关系曲线。图 1-7 所示为硅和锗二极管的伏安特性曲线。

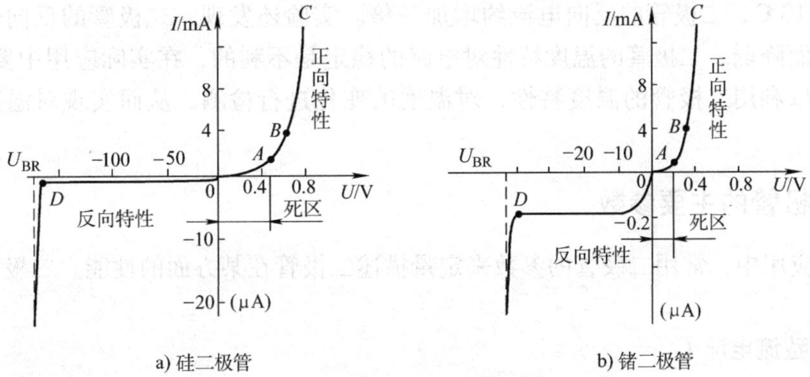

图 1-7 二极管的伏安特性曲线

（1）正向特性　正向特性是指二极管加正向电压时的电流—电压关系。

死区：图中 *OA* 段，当外加正向电压较小时，正向电流非常小，近似为零。在这个区域内二极管实际上还没有导通，二极管呈现的电阻很大，故该区域常称为“死区”。硅二极管的死区开启电压约为 0.5V，锗管的死区开启电压约为 0.1V。

正向导通区：过 *A* 点后，当外加正向电压超过死区电压后，正向电流开始增加，但电流与电压不成比例。当正向电压超过 *B* 点，即大于 0.6V 以后（对于锗二极管，此值约为 0.2V），正向电流随正向电压增加而急速增大，基本上是直线关系。这时二极管呈现的电阻很小，可以认为二极管是处于充分导通状态。在该区域内，硅二极管的导通压降约为 0.7V，锗二极管的导通压降约为 0.3V。但是流过二极管的正向电流需要加以限制，不能超过规定值，否则会使 PN 结过热而烧坏二极管。

（2）反向特性　反向特性是指二极管加反向电压时的电流—电压关系。

反向截止区：图中 *OD* 段，在所加反向电压下，反向电流的值很小，且几乎不随电压的增加而增大，此电流值被叫做反向饱和电流。此时二极管呈现很高的电阻，近似处于截止状态。硅管的反向电流比锗管的反向电流小，约在 1μA 以下，锗管的反向电流达几十微安甚至几毫安以上。这也是现在硅管应用比较多的原因之一。

反向击穿区：过 *D* 点以后，反向电压稍有增大，反向电流就急剧增大，这种现象称为反向击穿。二极管发生反向击穿时所加的电压叫做反向击穿电压。

二极管反向击穿分为电击穿和热击穿，反向击穿并不一定意味着器件完全损坏。如果是电击穿，则外电场撤消后器件能够恢复正常；如果是热击穿，则意味着器件损坏，不能再次使用。一般的二极管是不允许工作在反向击穿区的，因为这将导致 PN 结的反向导通而失去单向导电的特性。

综上所述，二极管的伏安特性是非线性的，因此二极管是一种非线性器件。在外加电压取不同值时，就可以使二极管工作在不同的区域，从而充分发挥二极管的作用。

在实际工程估算中，若二极管的正向导通电压比外加电压小许多时（一般按 10 倍来衡量），常可忽略不计，并将此时的二极管称为理想二极管。

2. 温度对二极管特性的影响

实验发现，二极管对温度很敏感，随着温度升高，二极管的正向压降将减小，即二极管正向压降有负的温度系数，约为 -2mV/℃；二极管的反向饱和电流随温度的升高而增加，温度每升高 10℃，二极管的反向电流约增加一倍。实验还发现，二极管的反向击穿电压随着温度升高而降低。二极管的温度特性对电路的稳定是不利的，在实际应用中要加以抑制。但人们却可以利用二极管的温度特性，对温度的变化进行检测，从而实现对温度的自动控制。

1.2.3　二极管的主要参数

在实际应用中，常用二极管的参数来定量描述二极管在某方面的性能。二极管的主要参数有：

1. 最大整流电流 I_F

最大整流电流 I_F 是指二极管长期工作时允许通过的最大正向平均电流。I_F 与二极管的材料、面积及散热条件有关。点接触型二极管的 I_F 较小，而面接触型二极管的 I_F 较大。在实际使用时，流过二极管的最大平均电流不能超过 I_F，否则二极管会因过热而损坏。

2. 最高反向工作电压 U_{RM}

最高反向工作电压 U_{RM} 是指二极管在工作时所能承受的最高反向电压值。通常以二极管反向击穿电压的一半作为二极管的最高反向工作电压，二极管在实际使用时的电压应不超过此值，否则当温度变化较大时，二极管就有发生反向击穿的危险。

此外，二极管还有结电容和最高工作频率等许多参数，可查阅相关的半导体器件手册。

1.2.4 特殊二极管介绍

1. 稳压二极管

稳压二极管是一种用特殊工艺制造的面接触型硅半导体二极管。在反向击穿区，稳压二极管电流变化很大而电压基本不变，利用这一特性可实现电压的稳定。由于它工作在反向击穿区的电击穿区，所以在规定的电流范围内使用时，不会形成破坏性的击穿。稳压二极管的伏安特性及符号如图 1-8 所示。

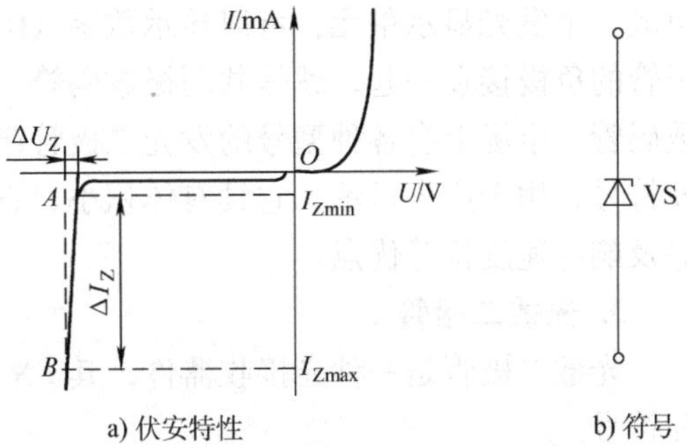

图 1-8 稳压二极管的伏安特性及符号

在实际电路中使用稳压二极管要满足两个条件：一是反向运用，即保证管子工作在反向击穿状态；二是要有限流电阻配合使用，保证流过管子的电流在允许范围内。

稳压二极管的主要参数有：

(1) 稳定电压 U_Z 稳定电压是指当稳压二极管中的电流为规定值时，稳压二极管两端的电压值。其值在 3V 到几百伏之间，有多种型号可以选择（详见半导体手册）。由于制造工艺的原因，即使同一型号的稳压二极管其稳定电压 U_Z 的分散性也较大。如 2DW7A 型稳压二极管，在工作电流为 10mA 时，U_Z 在 5.8V 至 6.6V 之间。但对某一只稳压二极管而言，其稳定电压 U_Z 的值是固定的，所以在实际使用中，要对管子进行测试和挑选。

(2) 稳定电流 I_Z 稳定电流是稳压二极管工作在稳定状态时的参考电流，它有最大稳定电流 I_{Zmax}、最小稳定电流 I_{Zmin} 和工作稳定电流之分。I_{Zmax} 是稳压二极管正常工作时允许流过的最大电流值，若流过稳压二极管的电流超过 I_{Zmax}，则稳压二极管将发热而损坏。I_{Zmin} 是稳压二极管维持稳压工作时的最小电流值，若流过稳压二极管的电流低于 I_{Zmin}，则稳压二极管将不再有稳压作用。

稳压二极管的实际工作电流值 I_Z 要大于 I_{Zmin} 而小于 I_{Zmax}，才能保证稳压二极管既能稳定电压又不至于损坏。

稳压二极管还有许多其他参数，可查阅相关手册。

随着电子器件制造工艺水平的提高，目前生产的小功率稳压二极管的稳定电压 U_Z 值都很准确，并采用 E24 系列标注，例如 U_Z 可有 2.0、2.2、2.4、2.7、3.0，以及 10、11、12、13、14、15、…电压等级。

2. 发光二极管

发光二极管（LED）是一种光发射器件，能把电能直接转化成光能，它是由镓（Ga）、砷（As）、磷（P）等元素的化合物制成。由这些材料构成的 PN 结在加上正向电压时，就会发出光来，光的颜色主要取决于制造所用的材料。如砷化镓发出红色光、磷化镓发出绿色光等。目前市场上发光二极管的颜色有红、橙、黄、绿、蓝五种，其外形有圆形、长方形等数种。图 1-9 是发光二极管的外形和符号。

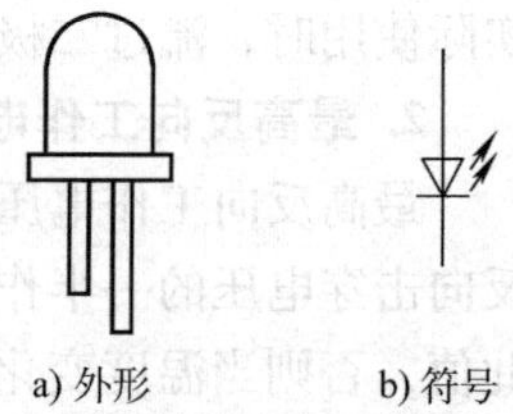

图 1-9　发光二极管

发光二极管工作在正偏状态，也具有单向导电性。它的导通电压比普通二极管大，一般为 1.7 ~ 2.4V，它的工作电流一般为 5 ~ 20mA。应用时，加上正向电压，并接入相应的限流电阻即可。发光强度基本上与电流大小成线性关系。

发光二极管用途广泛，常用作微型计算机、电视机、音响设备、仪器仪表中的电源和信号的指示器，也可做成数字形状，用于显示数字。七段 LED 数码管就是用七个发光二极管组成一个发光显示单元，可以显示数字（0、1、2、3、4、5、6、7、8、9）。将七个发光二极管的负极接在一起，就是共阴极数码管；将七个发光二极管的正极接在一起，就是共阳极数码管。市场上有各种型号的发光二极管产品出售。发光二极管也可以组成字母、汉字和其他符号，用于广告显示。它具有体积小、省电、工作电压低、抗冲击振动、寿命长、单色性好及响应速度快等优点。

3. 光敏二极管

光敏二极管是一种光接收器件，其 PN 结工作在反偏状态。图 1-10 为光敏二极管的结构和符号。

光敏二极管的管壳上有一个玻璃窗口以便接受光照。当窗口受到光照时，就形成反向电流，通过接在回路中的电阻 R_L 就可获得电压信号，从而实现了光电转换。光敏二极管对波长为 0.8 ~ 0.9μm 的红外光最为敏感，锗光敏二极管对波长为 1.4 ~ 1.5μm 远红外光最为敏感。

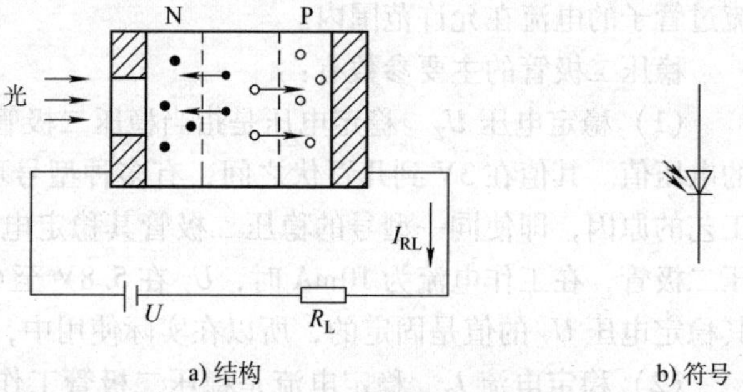

图 1-10　光敏二极管的结构和符号

光敏二极管作为光电器件，广泛应用于光的测量和光电自动控制系统，如光纤通信中的光接收机、电视机和家庭音响的遥控接收，都离不开光敏二极管。另外，大面积的光敏二极管可用来作为能源，即光电池，光能源是最有发展前途的绿色能源之一。近年来，科学家又研制出线性光电器件，通称为光电耦，可以实现光与电的线性转换，在信号传送和图形图像处理领域有广泛的应用。

4. 变容二极管

变容二极管是利用 PN 结的电容效应工作的，它工作于反向偏置状态，它的电容量与反偏电压大小有关。改变变容二极管的直流反偏电压，就可以改变其电容量。变容二极管被广泛应用于谐振回路中。例如，在电视机中就使用它作为调谐回路的可变电容器，实现电视频道的选择。在高频电路中，变容二极管作为变频器的核心器件，是信号发射机中不可缺少的器件。

5. 激光二极管

激光（Laser）是由人造的激光器产生的，在自然界中尚未发现。激光器分为固体激光器、气体激光器和半导体激光器。半导体激光器是所有激光器中效率最高、体积最小的一种，现在已投入使用的半导体激光器是砷化镓激光器，即激光二极管。激光二极管的应用非常广泛，计算机的光驱、激光唱机和激光影碟机中都少不了它。激光二极管工作时，接正向电压，当 PN 结中通过一定的正向电流时，PN 结就发射出激光。

1.2.5 半导体二极管的应用

二极管是电子电路中最常用的器件。利用其单向导电性及导通时正向压降很小的特点，可进行整流、检波、钳位和限幅，或对其他元器件进行保护等。在数字电路中将二极管当作开关来使用。

1. 整流

所谓整流，就是将交流电变成脉动直流电。利用二极管的单向导电性可组成单相和三相整流电路，再经过滤波和稳压，就可以得到平稳的直流电。整流部分的内容在后面还要详述。

2. 钳位

利用二极管正向导通时压降很小的特性，可组成钳位电路，如图 1-11 所示。图中，若 A 点电位 V_A 为零，则二极管导通，由于其压降很小，故 F 点的电位也被钳制在 A 点电位，即 V_F 约等于零。

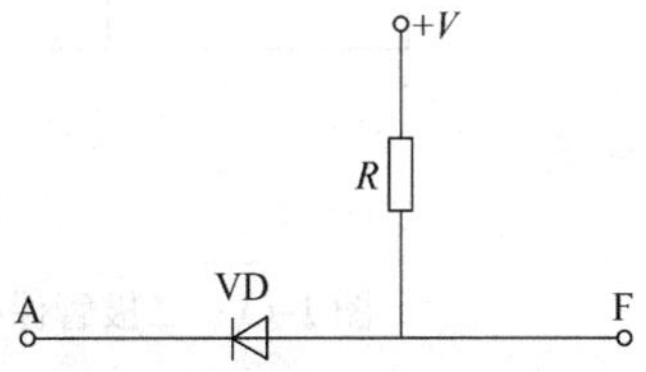

图 1-11 二极管钳位电路

3. 限幅

利用二极管导通后压降很小且基本不变的特性，可以构成限幅电路，使输出电压幅度限制在某一电压值内。图 1-12a 为一双向限幅电路。设输入电压 $u_i = 10\sin\omega t$V，$U_{S1} = U_{S2} = 5$V，则输出电压 u_o 被限制在 ±5V 之间，将输入电压的幅度削掉了一半，其波形如图 1-12b 所示。

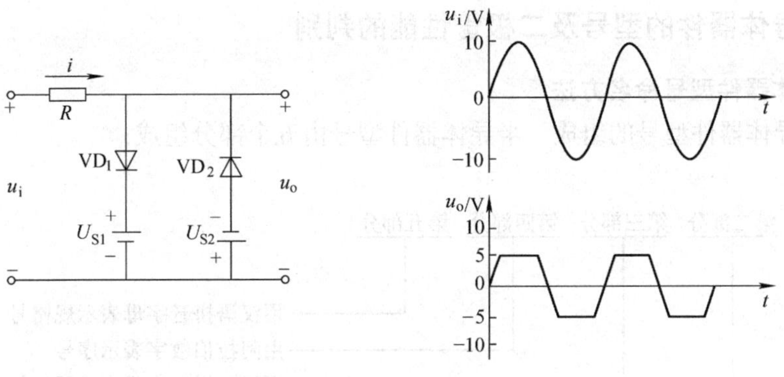

图 1-12 二极管的限幅电路及波形

4. 保护元器件

在电子电路中，常利用二极管来保护其他元器件免受过高电压的损害，如图 1-13 所示，

L 和 R 是线圈的电感和电阻。

在开关 S 接通时，电源 E 给线圈供电，L 中有电流通过；在开关 S 突然断开时，L 中将产生感生电动势 e_L，电动势 e_L 和电源 E 叠加作用在开关 S 的端子上，会使端子产生火花放电，影响设备的正常工作。接入二极管后，e_L 通过二极管放电，使端子两端的电压不会很高，从而保护了开关 S。

例 1-1 图 1-14 为语音放大器的输入电路，送话器 MK_1 选用高灵敏度小型驻极体送话器，由于其内部包含一个场效应晶体管，必须接上电源才能工作，所以其两个引出端有正负极之分。电路中 A 点接后续电压放大电路。试分析电路中各元器件的作用。

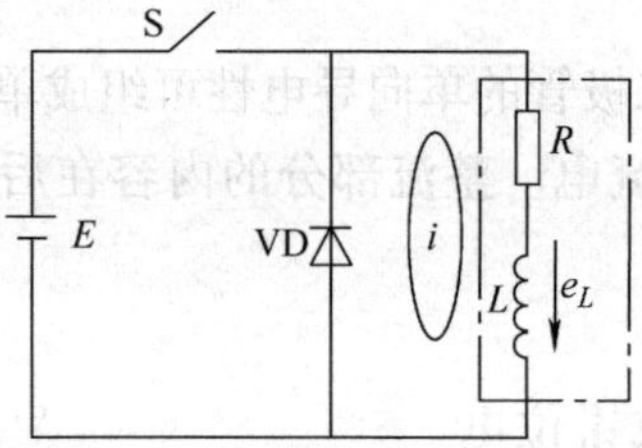

图 1-13 二极管保护电路

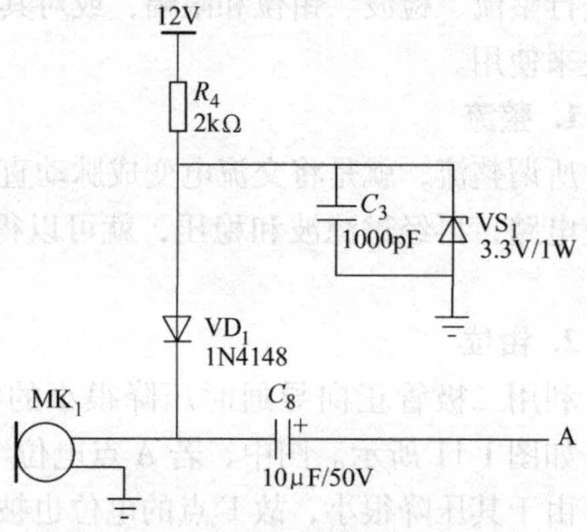

图 1-14 语音放大器的输入电路

解：电阻 R_4 的作用：它是 VS_1 的限流电阻，起到保护稳压二极管和调整电压的作用。

稳压二极管 VS_1 的作用：将送话器 MK_1 的正极电压稳定在 3.3V。

二极管 VD_1 的作用：防止从送话器输出的信号对电源产生影响。

电容 C_3 的作用：滤波电容，防止干扰信号对电源产生影响。

电容 C_8 的作用：隔直通交，送话器输出的交流信号通过 C_8 送到后续电路。

1.2.6 半导体器件的型号及二极管性能的判别

1. 半导体器件型号命名方法

（1）半导体器件型号的组成 半导体器件型号由五个部分组成：

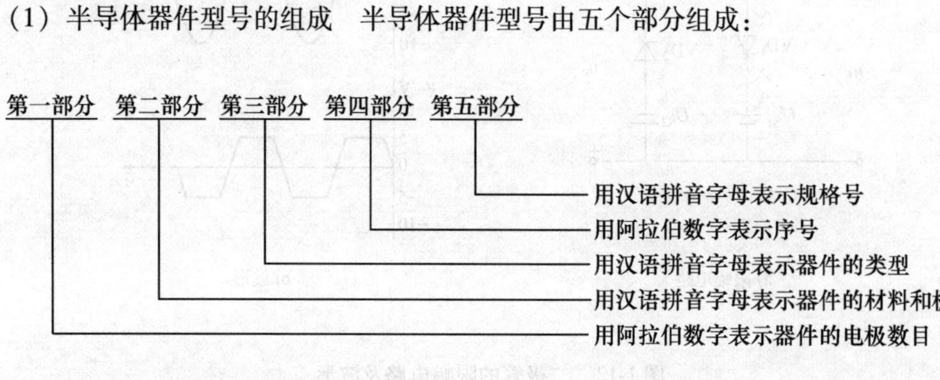

（2）半导体器件型号组成部分的符号及其意义 半导体器件型号组成部分的符号及其意义见表 1-1。

表 1-1　半导体器件型号组成部分的符号及其意义

第一部分		第二部分		第三部分				第四部分	第五部分
用阿拉伯数字表示器件的电极数目		用汉语拼音字母表示器件的材料和极性		用汉语拼音字母表示器件的类型					
符号	意义	符号	意义	符号	意义	符号	意义		
2	二极管	A	N 型，锗材料	P	普通管	D	低频大功率管（$f_a<3MHz$，$P_C\geq 1W$）	用阿拉伯数字表示序号	用汉语拼音字母表示规格号
3	晶体管	B	P 型，锗材料	V	微波管				
		C	N 型，硅材料	W	稳压二极管				
		D	P 型，硅材料	C	参量管	A	高频大功率管（$f_a\geq 3MHz$，$P_C\geq 1W$）		
		A	PNP 型，锗材料	Z	整流管				
		B	NPN 型，锗材料	L	整流堆				
		C	PNP 型，硅材料	S	隧道管	T	半导体晶闸管（可控整流器）		
		D	NPN 型，硅材料	N	阻尼管				
		E	化合物材料	U	光电器件	Y	体效应器件		
				K	开关管	B	雪崩管		
				X	低频小功率管（$f_a<3MHz$，$P_C<1W$）	J	阶跃恢复管		
						CS	场效应器件①		
						BT	半导体特殊器件①		
				G	高频小功率管（$f_a\geq 3MHz$，$P_C<1W$）	FH	复合管①		
						PIN	PIN 型管①		
						JG	激光器件①		

① 表示器件型号只有第三、四、五部分。

2. 半导体器件手册的查阅方法

半导体器件手册中给出了半导体器件的技术参数和使用方法，这些是正确使用半导体器件的依据。

半导体器件的种类很多，其性能、用途和参数指标各不相同。在使用时，必须准确地选择出电路中所需要的半导体器件，否则会因某个半导体器件的某项参数不满足电路的要求，而损坏器件或使电路的性能达不到实际要求。因此，要准确使用半导体器件，就必须掌握查阅半导体器件手册的方法。

在实际工作中，可根据实际需要来查阅半导体器件手册，一般分为以下两种情况：

（1）已知半导体器件的型号查阅其性能参数和使用范围　若已知半导体器件的型号，则通过查阅半导体器件的手册，可以了解其类型、用途和主要参数等技术指标。这种情况常出现在设计、制作电路过程中，对已知型号的半导体器件进行分析，看其是否满足电路的要求。

（2）根据使用要求选择半导体器件　根据手册选择满足电路要求的半导体器件，是半导体器件手册的另一重要用途。查阅手册时，首先要确定所选器件的类型，在手册中查找对应器件栏目。确定栏目以后，将栏目中各型号器件参数逐一与要求参数比较，看是否满足电路的要求，来确定所用半导体器件的型号。

常用半导体器件参数见附录 A。

3. 二极管正、负极和性能的判别

使用二极管时，首先要判定管脚的正负极性及质量的好坏，否则电路非但不能正常工作，甚至可能烧毁管子和其他元器件。目前国产二极管中，有些在管壳外面标有正负极记号，有些可根据型号和结构形式来辨别。但是也会遇到有的二极管没有任何标志，或身边没有手册可查，这时我们可以利用万用表来测量它的正、反向电阻，判定其正、负极，并粗略地检验其单向导电性的好坏。

使用指针式万用表测量时，将万用表置于 $R\times100$ 或 $R\times1\text{k}$ 档，调零后用表笔分别正接、反接于二极管的两端引脚（见图 1-15），这样可分别测得大、小两个电阻值。其中较小的是二极管的正向阻值，如图 1-15a 所示；较大的是二极管的反向阻值，如图 1-15b 所示。测得正向阻值（即较小的电阻值）时，与黑表笔相连的是二极管的正极（模拟万用表置欧姆档时，黑表笔连接表内电池正极，红表笔连接表内电池负极）。

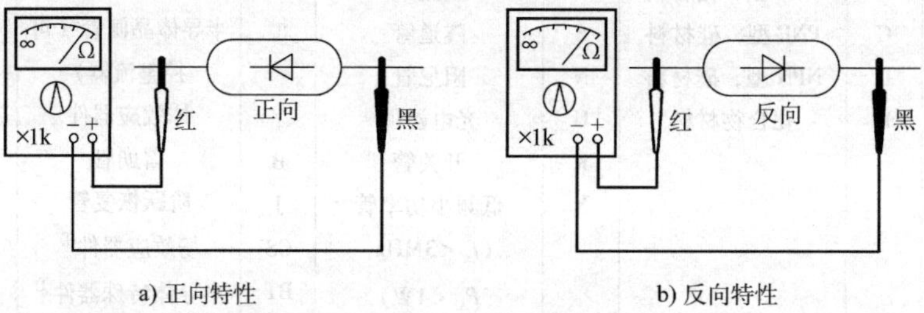

图 1-15　二极管的测试

二极管的材料及二极管的质量好坏也可以从其正、反向阻值中判断出来。一般硅材料二极管的正向电阻为几千欧，而锗材料二极管的正向阻值为几百欧。判断二极管的好坏，关键是看它有无单向导电性能，正向电阻越小，反向电阻越大的二极管的质量越好。如果一个二极管正、反向电阻相差不大，则必为劣质管。如果正、反向电阻值是无穷大或都是零，则二极管内部已断路或已被击穿短路。

1.3　晶体管

晶体管又称晶体三极管、双极型晶体管。它具有电流放大作用，是一种电流控制型器件，是构成各种电子电路的核心元器件。

1.3.1　晶体管的结构和类型

晶体管是由三层两种不同类型的掺杂半导体构成并引出三个电极的电子器件，在模拟电子电路中起放大信号的作用。晶体管有两个 PN 结：发射结和集电结；分别在三个掺杂区引出三个电极引线，叫基极、发射极和集电极，用字母 B、E、C 表示。根据晶体管内三个掺杂区排列方式的不同可将晶体管分为 NPN 型与 PNP 型两种类型。图 1-16 所示为 NPN 型与 PNP 型晶体管的结构示意图及电路符号。

晶体管结构上的特点包括：

1）基区很薄且杂质浓度很低。

2）发射区远大于基区的掺杂浓度。

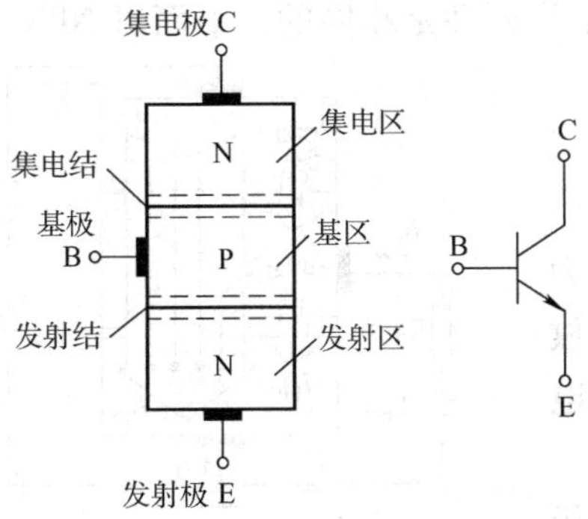

a) NPN型晶体管

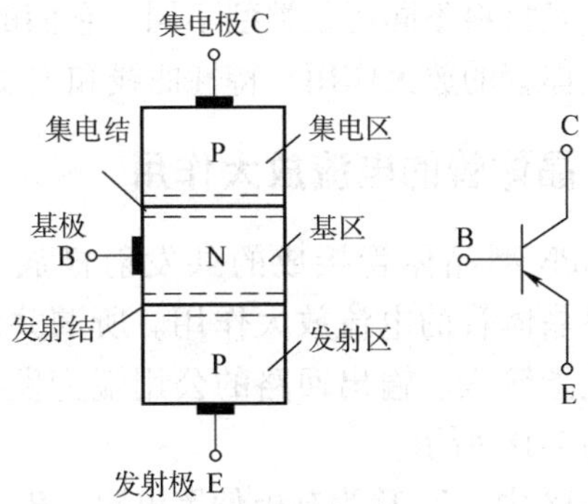

b) PNP型晶体管

图 1-16　晶体管的结构示意图及电路符号

3）集电结面积大于发射结面积。

这种结构上的特点决定了晶体管具有电流放大作用。

晶体管的种类很多，按晶体管内三个掺杂区排列方式不同可分为 NPN 型和 PNP 型；按照工作频率不同可分为高频管和低频管；按照功率不同可分为小功率管、中功率管和大功率管；按照半导体材料不同可分为硅管和锗管。图 1-17 为晶体管的几种常见外形。

a) 小功率管

b) 中功率管

c) 大功率管

d) 贴片晶体管

图 1-17　晶体管的几种常见外形

不论是材料不同还是类型不同，它们的基本工作原理是相同的。下面以 NPN 型硅管为例讲述晶体管的放大作用、特性曲线和主要参数。

1.3.2 晶体管的电流放大作用

以 NPN 型晶体管接成的共发射极放大电路为例，阐述晶体管的电流放大作用。所谓共发射极放大电路是指输入、输出回路的公用端为发射极的电路，如图 1-18 所示。

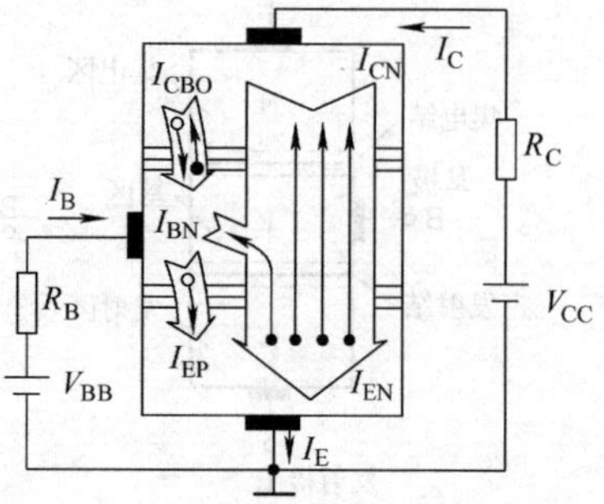

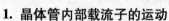

图 1-18 晶体管内部载流子与外部电流

图 1-18 中，R_B 称为基极偏置电阻；R_C 称集电极负载电阻；直流电源 V_{CC}、V_{BB}保证晶体管处于放大状态，即发射结正偏、集电结反偏。图中的大箭头表示电流的流动方向与电子的运动方向相反。

1. 晶体管内部载流子的运动

（1）发射极电流的形成　当发射结加正向电压时，扩散运动形成发射极电流 I_E。由于发射区杂质浓度高，所以大量自由电子因扩散运动越过发射结到达基区形成电流 I_{EN}。与此同时，基区的多子空穴也从基区向发射区扩散形成电流 I_{EP}，但由于基区杂质浓度远远小于发射区，所以空穴形成的电流非常小，可忽略不计。可见扩散运动形成了发射极电流 I_E。

（2）基极电流的形成　由于基区很薄，杂质浓度很低，所以扩散到基区的电子中只有极少部分与空穴复合，其余大部分电子注入基区后到达集电结边缘。因基区接 V_{BB}的正极，基区中的价电子不断地被电源 V_{BB}拉走，于是在基区就出现了新的空穴，这相当于电源不断地向基区补充被复合掉的空穴，电子与空穴的复合运动将源源不断地进行，形成基极电流 I_B。

（3）集电极电流的形成　由于集电结加反向电压且其结面积较大，所以基区中到达集电结边缘的大多数电子在集电结反向电压的作用下，越过集电结漂移到集电区，被集电区收集形成漂移电流 I_{CN}。与此同时，集电区与基区的少子也参与漂移运动，形成反相饱和电流 I_{CBO}，它的数值很小，可忽略不计。但它受温度影响很大，将影响晶体管的性能。可见，在集电极电源 V_{CC}的作用下，漂移运动形成集电极电流 I_C。

由上述分析可知，晶体管内部有两种载流子（空穴、自由电子）参与导电，所以也称晶体管为双极型晶体管。

2. 晶体管各极电流的关系

由图 1-18 可得

$$I_E = I_{EN} + I_{EP} = I_{CN} + I_{BN} + I_{EP}$$

且

$$I_B = I_{BN} + I_{EP} - I_{CBO}$$
$$I_C = I_{CN} + I_{CBO}$$

则

$$I_E = I_C + I_B$$

当晶体管制成以后，I_C 与 I_B 的比值就确定了，这个比值称为共发射极直流电流放大系数 $\bar{\beta}$，即

$$\bar{\beta} = \frac{I_C}{I_B}$$

由于 I_B 远小于 I_C，因此 $\bar{\beta} \gg 1$，一般 NPN 型晶体管的 $\bar{\beta}$ 通常为几十到几百之间。

实际电路中晶体管主要用于放大动态信号。当在晶体管的基极加动态电流 Δi_B 时，集电极电流也将随之变化，产生动态电流 Δi_C。集电极电流的变化量与基极电流变化量的比值称为共发射极交流电流放大系数，即

$$\beta = \frac{\Delta i_C}{\Delta i_B}$$

综上所述，晶体管具有将基极电流的变化量放大 β 倍的能力，它是一种电流控制型器件，可以通过改变 i_B 控制 i_C，这就是晶体管的电流放大作用。

1.3.3 晶体管的共发射极特性曲线

晶体管的共发射极特性曲线是指晶体管在共发射极接法下各电极电压与电流之间的关系曲线，分为输入特性曲线和输出特性曲线。

1. 输入特性

输入特性是指当 U_{CE} 不变时，基极电流 I_B 与电压 U_{BE} 之间的关系曲线，如图 1-19 所示。图中给出了 U_{CE} 在两种不同取值情况下的输入特性。输入特性有如下特点：

1）当 $U_{CE}=0$ 时，相当于两个 PN 结（发射结与集电结）并联，此时输入特性与二极管正向伏安特性相同。

2）当 $U_{CE}>0$ 时，随着 U_{CE} 的增大，特性曲线右移，这时集电结电场对发射区注入基区的电子的吸引力增强，因而使基区内与空穴复合的电子减少，表现为在相同 U_{BE} 下对应的 I_B 减少。当 U_{CE} 大于等于 1 以后，特性曲线右移很少。这是因为集电结反偏后，其反偏电压足以将注入基区的电子基本上都收集到集电极，即使 U_{CE} 再增大，I_B 也不会再明显减小很多。

所以，常用 $U_{CE} \geqslant 1V$ 的一条曲线来代表 U_{CE} 更高的情况。

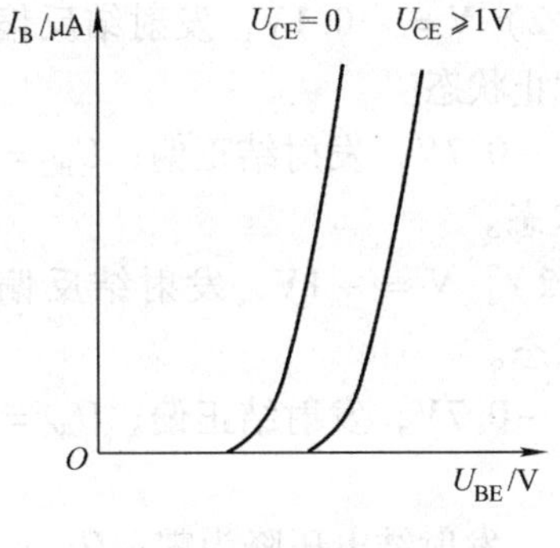

图 1-19 晶体管的输入特性

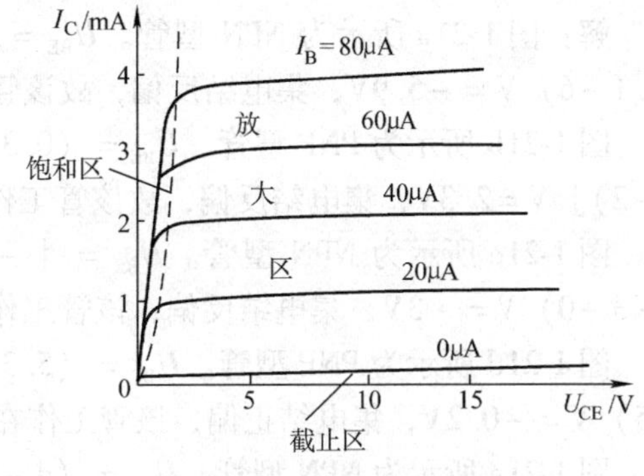

图 1-20 晶体管的输出特性

2. 输出特性

输出特性是指当 I_B 不变时，集电极电流 I_C 与电压 U_{CE} 之间的关系曲线，如图 1-20 所示。从图 1-20 中可以看出，晶体管的输出特性为一组曲线，对应不同的 I_B，输出特性不同，但它们的形状基本相同。在输出特性曲线上可以划分为 3 个区域：截止区、放大区和饱和区。

（1）放大区　放大区为输出特性曲线近似于水平的部分。在这个区域里，集电极电流 I_C 几乎仅仅取决于基极电流 I_B，即

$$I_C = \beta I_B$$

I_C 与 U_{CE}无关，上式表现出 I_B 对 I_C 的控制作用。当 I_B 一定时，I_C 具有恒流特性。

晶体管工作于放大区的电压条件是：发射结正偏，集电结反偏。

（2）截止区　截止区为基极电流 $I_B=0$ 时所对应的曲线下方的区域。在这个区域里，$I_B=0$，$I_C=I_{CEO}\approx 0$（穿透电流），$U_{CE}\approx V_{CC}$，相当于集电极和发射极之间断路。

晶体管工作于截止区的电压条件是：发射结反偏，集电结也反偏。

对于硅管，其发射结电压 $U_{BE}\leqslant 0.5\text{V}$ 时，晶体管进入截止状态；对于锗管，其发射结电压 $U_{BE}\leqslant 0.1\text{V}$ 时，晶体管进入截止状态。

（3）饱和区　饱和区对应于 U_{CE}较小（$U_{CE}<U_{BE}$）的区域，此时用 U_{CES}表示，称为饱和压降。一般硅管 $U_{CES}=0.3\text{V}$，锗管 $U_{CES}=0.1\text{V}$。在这个区域里，I_C 与 I_B 已不成比例关系。晶体管工作在饱和区的电压条件是：发射结正偏，集电结也正偏。

晶体管在模拟电路中，主要工作在放大状态，是构成放大器的核心器件；在数字电路中，主要工作在截止区和饱和区，是构成电子开关的核心器件。

例 1-2　硅晶体管各极对地的电压如图 1-21 所示，试判断各晶体管分别处于何种工作状态（饱和、放大、截止或已损坏）。

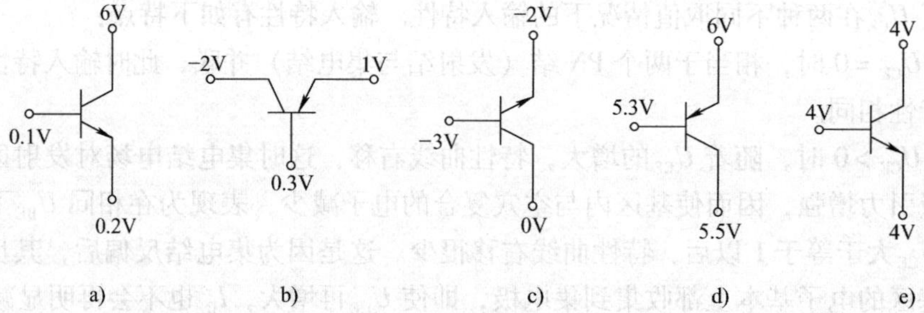

图　1-21

解：图 1-21a 所示为 NPN 型管。$U_{BE}=(0.1-0.2)\text{V}=-0.1\text{V}$，发射结反偏；$U_{BC}=(0.1-6)\text{V}=-5.9\text{V}$，集电结反偏，故该管工作在截止状态。

图 1-21b 所示为 PNP 型管。$U_{BE}=(0.3-1)\text{V}=-0.7\text{V}$，发射结正偏；$U_{BC}=[0.3-(-2)]\text{V}=2.3\text{V}$，集电结反偏，故该管工作在放大状态。

图 1-21c 所示为 NPN 型管。$U_{BE}=[-3-(-2)]\text{V}=-1\text{V}$，发射结反偏；$U_{BC}=(-3-0)\text{V}=-3\text{V}$，集电结反偏，该管工作在截止状态。

图 1-21d 所示为 PNP 型管。$U_{BE}=(5.3-6)\text{V}=-0.7\text{V}$，发射结正偏；$U_{BC}=(5.3-5.5)\text{V}=-0.2\text{V}$，集电结正偏，该管工作在饱和状态。

图 1-21e 所示为 NPN 型管。$U_{BE}=(4-4)\text{V}=0\text{V}$，发射结电压降为零；$U_{BC}=(4-4)\text{V}=0\text{V}$，集电结电压降也为零，故该管被击穿，已损坏。

1.3.4　晶体管的主要参数

晶体管的参数是用来描述管子性能优劣和适用范围的指标，是正确选用晶体管的依据，完整地描述一只晶体管的性能，需用几十个参数。这些参数均可在半导体器件手册中查到，在此只介绍主要参数。

1. 电流放大系数

晶体管的电流放大系数是表征其放大作用大小的参数。它可分为交流电流放大系数和直流电流放大系数。

（1）共发射极交流电流放大系数β　它反映晶体管在加动态信号时的电流放大特性，$\beta = \frac{\Delta I_C}{\Delta I_B}$。

（2）共发射极直流电流放大系数$\bar{\beta}$　该参数反映晶体管在直流工作状态下集电极电流与基极电流之比，$\bar{\beta} = \frac{I_C}{I_B}$。

在实际应用中可近似认为$\beta = \bar{\beta}$。

2. 反向饱和电流

（1）集电极-基极反向饱和电流I_{CBO}　I_{CBO}是指发射极E开路时，集电极C和基极B之间的反向电流。I_{CBO}是少数载流子运动形成的，所以对温度非常敏感。

一般小功率锗管的I_{CBO}为几微安至几十微安；硅管的I_{CBO}要小得多，有的可以达到纳安数量级。所以硅管比锗管受温度的影响要小得多。

（2）集电极-发射极间的穿透电流I_{CEO}　I_{CEO}是指基极B开路时，集电极C和发射极E间加上一定电压而产生的集电极电流，且有

$$I_{CEO} = (1 + \beta) I_{CBO}。$$

I_{CEO}也是少数载流子运动形成的，所以也受温度的影响。

I_{CBO}和I_{CEO}愈小，表明晶体管的质量愈高。

3. 极限参数

晶体管的极限参数是指使用时不得超过的限度。

（1）最大集电极电流I_{CM}　集电极电流i_C在相当大的范围内β基本不变，但当i_C过大超过一定值时，晶体管的β值就要减小，且晶体管有损坏的危险，该电流值即为I_{CM}。

（2）集电极最大允许功耗P_{CM}　晶体管的功率损耗大部分消耗在反向偏置的集电结上，并表现为结温升高，P_{CM}是在晶体管温升允许的条件下集电极所消耗的最大功率，超过此值，晶体管烧毁。

（3）反向击穿电压　晶体管的两个结上所加的反向电压超过一定值时都将会被击穿，因此需了解晶体管的反向击穿电压。极间反向击穿电压主要有以下两项：

1）$U_{(BR)CEO}$是当基极开路时，集电极和发射极之间的反向击穿电压。

2）$U_{(BR)CBO}$是当发射极开路时，集电极和基极之间的反向击穿电压。

常用晶体管型号和主要参数见附录A。

1.3.5　温度对晶体管参数的影响

用半导体材料做成的晶体管具有热敏特性，温度会使晶体管的参数发生变化，从而改变晶体管的工作状态。主要的影响包括以下三个方面。

1. 温度对发射结电压U_{BE}的影响

实验表明：温度每升高1℃，U_{BE}会下降2mV，这将会影响晶体管工作的稳定性，需要在电路中加以解决。也可以利用这一特点，制造出半导体温度传感器，实现对温度的自动控制。

2. 温度对反向饱和电流I_{CBO}的影响

温度升高时，晶体管的反向饱和电流I_{CBO}将会增加。实验表明：温度每升高10℃，反向

饱和电流 I_{CBO} 将增加一倍，而这又将导致穿透电流的更大变化 $I_{CEO} = (1+\beta) I_{CBO}$，严重影响晶体管的工作状态，需要引起特别注意。

3. 温度对电流放大系数 β 的影响

实验表明：晶体管的电流放大系数 β 随温度的升高而增大。

1.3.6　选择晶体管的注意事项

1）从晶体管工作的稳定性和安全性考虑，要满足下面的关系：

①　集电极工作电流 $I_C \leq I_{CM}$。

②　晶体管额定消耗功率 $P_C \leq P_{CM}$。

③ C、E 极间的反向电压小于 $U_{(BR)CEO}$。

2）在温度变化较大的场合，尽可能选用硅管；在信号小和电源电压低（≤1.5V）的情况下，尽可能选用锗管。

3）用于放大电路中的放大系数 β 不宜太高，一般在 50～200 之间，穿透电流尽可能小些，这样有利于放大器的稳定性。

4）要根据电路信号的频率选择好低频管或高频管；根据电路负载大小选择晶体管的功率，使用大功率管时，要注意散热条件。

1.3.7　晶体管的识别与检测

1. 判别晶体管的管型及管脚

（1）根据晶体管外壳上的型号及晶体管的外形特点判别

1）根据晶体管外壳上的型号判别。例如型号为 3AG11C 的晶体管，为锗材料 PNP 型高频小功率晶体管。

2）根据晶体管的外形特点判别三个管脚。常见典型晶体管的管脚排列如图 1-22 所示。

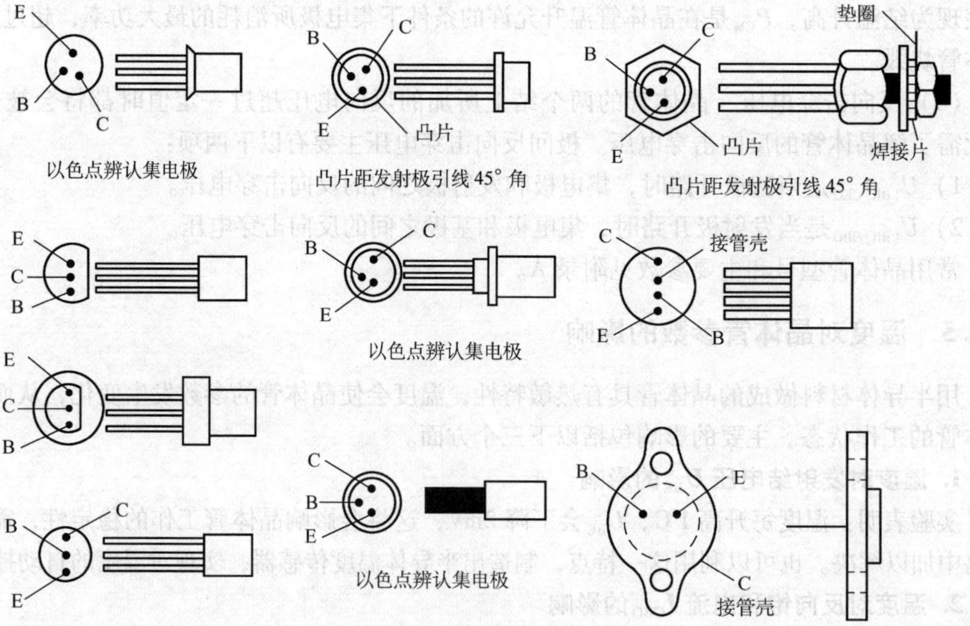

图 1-22　典型晶体管的管脚排列图

（2）用万用表判别晶体管的管脚及管型

1）基极的判别。因为基极对集电极和发射极的 PN 结方向相同，所以，首先确定基极比较容易。具体方法是：将模拟万用表欧姆档置于 $R\times100$ 或 $R\times1\text{k}$ 档，假设晶体管的某一管脚为基极，并将黑表笔接在假设的基极上，红表笔先后接到其余两个电极上，若两次测得的电阻值都很大（或很小），再对换表笔后测得两个电阻值都很小（或很大），则可以确定假设的基极是正确的。否则应重新选定基极，重复上述测试过程。若晶体管的三个管脚都不能判断为基极，则说明此晶体管已损坏。

2）类型判别。判别出基极后，用黑表笔接基极，红表笔接另外任一管脚，若阻值较大，则为 PNP 型，若阻值较小，则为 NPN 型。

3）集电极和发射极的判别。假设未确定的两电极中的一极为集电极，另一极为发射极。按图 1-23a 搭接表笔，记下阻值；再按图 1-23b 搭接表笔，记下阻值。比较两次测量结果，阻值小的情况下，黑表笔所接为集电极（R 可取 100kΩ），也可用人体电阻代替 R。

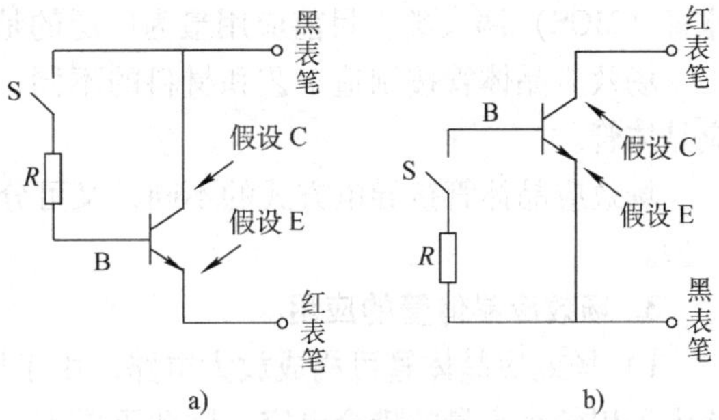

图 1-23　晶体管集电极与发射极的判别

锗管不用上述方法判别。在基极悬空的情况下，对换表笔分别测量集电极与发射极间的电阻值，电阻值小的一次，对于 PNP 管，黑表笔接的为发射极，红表笔为集电极。对于 NPN 管，则刚好相反。

4）晶体管材料的判别。根据硅管的发射结正向压降大于锗管的正向压降的特点，来判断其材料。常温下，锗管正向压降为 0.2～0.3V，硅管的正向压降为 0.6～0.7V。

2. 晶体管的代换方法

通过上述方法的判断，如果发现电路中的晶体管已损坏，更换时应遵循下列原则：

1）更换时，尽量更换相同型号的晶体管。

2）无相同型号更换时，新换晶体管的极限参数（I_{CM}、P_{CM}、$U_{(BR)CEO}$等）应等于或大于原晶体管的极限参数。

3）性能好的晶体管可代替性能差的晶体管。如穿透电流 I_{CEO}小的晶体管可代换 I_{CEO}大的，电流放大系数 β 高的可代替 β 低的。

4）在集电极耗散功率允许的情况下，可用高频管代替低频管，如 2SC1815 型可代替 3DX 型。

5）开关晶体管可代替普通晶体管，如 13001 型代替 2SC1815 型。

1.4　场效应晶体管

场效应晶体管又称单极型晶体管，也是一种半导体晶体管。它和晶体管一样，在电子电路中可以起放大作用，也可以作为可控电子开关。

1.4.1 场效应晶体管的特点与分类

1. 场效应晶体管的特点

场效应晶体管是一种电压控制型器件，它是利用输入电压产生的电场效应来控制输出电流的。这种器件工作时只有多数载流子参与导电，因此又称其为单极型晶体管。与晶体管相比较，它具有输入电阻高（$10^8 \sim 10^{15}\Omega$），温度稳定性好、功耗小、噪声低、制造工艺简单、便于集成等优点，因此在电子电路中得到了广泛的应用。

2. 场效应晶体管的分类

场效应晶体管按照结构不同，可分为结型场效应晶体管（JFET）和绝缘栅型场效应晶体管（MOS）两大类，目前应用最为广泛的是 MOS 场效应晶体管，简称 MOS 管。

场效应晶体管按制造工艺和材料的不同，又可分为 N 沟道场效应晶体管和 P 沟道场效应晶体管。

场效应晶体管按导电方式的不同，又可分成耗尽型与增强型。结型场效应晶体管均为耗尽型。

3. 场效应晶体管的应用

1）场效应晶体管可构成放大电路。由于场效应晶体管的放大器输入阻抗很高，允许电路中采用较小容量的耦合电容，因此可以不使用电解电容器。

2）场效应晶体管很高的输入阻抗非常适合作阻抗变换，因此常用于多级放大器的输入级作阻抗变换。

3）场效应晶体管可以用作可变电阻。

4）场效应晶体管可以用作电子开关。

1.4.2 结型场效应晶体管

1. 结型场效应晶体管的结构与图形符号

结型场效应晶体管分为 N 沟道和 P 沟道两类。N 沟道场效应晶体管是以一块 N 型半导体材料做衬底，在其两侧作出两个杂质浓度很高的 P 型区（表示为 P^+），形成两个 PN 结。从两边的 P 型区引出两个电极并联在一起，成为栅极（G）；在 N 型衬底材料的两端各引出一个电极，分别称为漏极（D）和源极（S）。两个 PN 结中间的 N 型区域称为导电沟道，它是漏极、源极之间电子流通的路径。这种结构的管子被称为 N 沟道结型场效应晶体管。N 沟道结型场效应晶体管的结构与图形符号如图 1-24a、b 所示。

P 沟道结型场效应晶体管是以一块 P 型半导体材料做衬底，在其两侧作出两个杂质浓度很高的 N 型区，形成两个 PN 结，其符号如图 1-24c 所示。结型场效应晶体管的漏极 D 和源极 S 可以互换使用。

2. 结型场效应晶体管的工作原理

现以 N 沟道结型场效应晶体管为例，来讨论外加电场是如何来控制场效应晶体管的电流的。

场效应晶体管工作时，它的两个 PN 结始终要加反向电压。对于 N 沟道，栅源之间的电压 $U_{GS} \leqslant 0$，漏源之间加正向电压，即 $U_{DS} > 0$。

如图 1-25 所示，当 G、S 两极间电压 U_{GS} 改变时，沟道两侧耗尽层的宽度也随着改变，

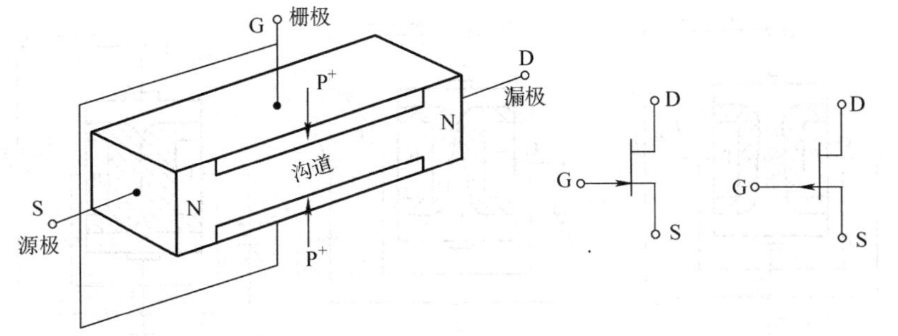

a) N沟道结型场效应晶体管结构　　b) N沟道　　c) P沟道

图 1-24　结型场效应晶体管结构与图形符号

由于沟道宽度的变化，导致沟道电阻值的改变，从而实现了利用电压 U_{GS}控制电流 I_D 的目的。下面分析 U_{GS}、U_{DS}对电路参数的影响。

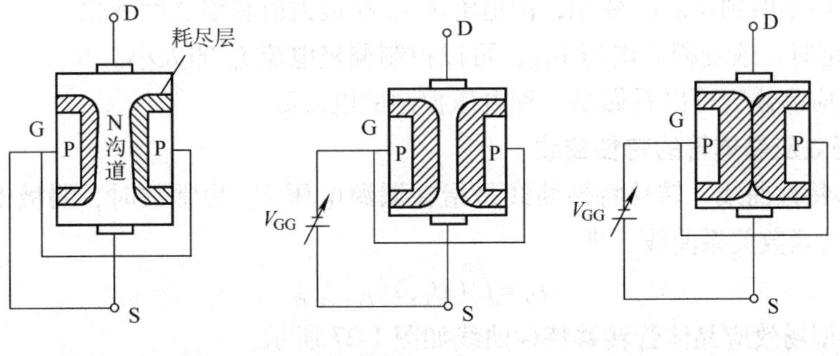

a) $U_{GS}=0$　　b) $|U_{GS}|<|U_{GS(off)}|$　　c) $|U_{GS}|\geqslant|U_{GS(off)}|$

图 1-25　$U_{DS}=0$ 时，U_{GS}对导电沟道的影响

（1）当 $U_{DS}=0$ 时，U_{GS}对导电沟道的影响　当 $U_{DS}=0$ 且 $U_{GS}=0$ 时，如图 1-25a 所示，场效应晶体管两侧的 PN 结均处于零偏置。此时耗尽层最薄，导电沟道最宽，沟道电阻值最小。

当 $|U_{GS}|$ 值增大时，如图 1-25b 所示，耗尽层增宽，导电沟道变窄，沟道电阻值增大。当 $|U_{GS}|$ 值增大到使两侧耗尽层相遇时，如图 1-25c 所示，导电沟道全部夹断，沟道电阻值趋于无穷大，称此时 U_{GS}的值为夹断电压，用 $U_{GS(off)}$ 表示。

（2）当 $U_{GS}=0$ 时，U_{DS}对导电沟道的影响　当 $U_{GS}=0$ 且 $U_{DS}=0$ 时，$I_D=0$，沟道是均匀的；当 U_{DS}增大时，漏极电流 I_D 从零开始增大，I_D 沿着沟道产生电压降，且使沟道各点电位不再相等，沟道出现上宽下窄不均匀情况。靠近漏极端的电位最高，且与栅极电位差最大，因而耗尽层最宽。U_{DS}的主要作用是形成漏极电流 I_D，如图 1-26a 所示。

（3）U_{DS}和 U_{GS}对沟道电阻和漏极电流的影响　当 $0<U_{GS}<U_{GS(off)}$ 且为一常量时，随着 U_{DS}增大，$U_{GD}=U_{GS}-U_{DS}$减小至 $U_{GS(off)}$时，则漏极一边的耗尽层就会出现夹断区，如图 1-26b 所示，称 $U_{GD}=U_{GS(off)}$ 为预夹断。若 U_{DS}继续增大，夹断区加长，沟道电阻增大。这时一方面自由电子从漏极向源极定向移动所受的阻力加大，从而使 I_D 减小；另一方面随着 U_{DS}的增加，漏源间的纵向电场增强使 I_D增大，这两种变化的趋势相互抵消使 I_D 几乎不变，从外部看，I_D 表现出恒流特性。

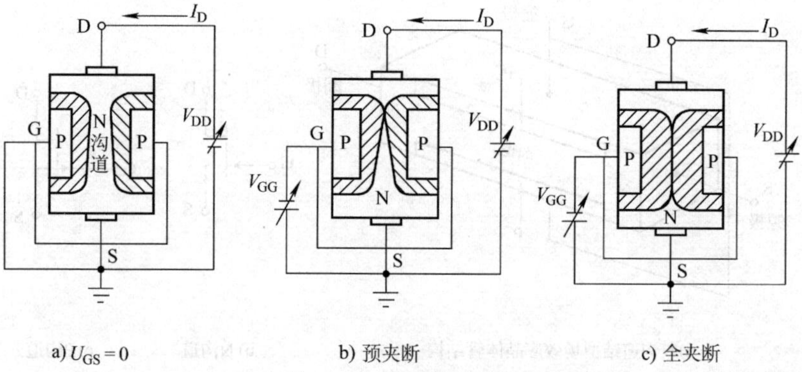

图 1-26 U_{DS}和U_{GS}对导电沟道的影响

当U_{DS}为一常量时，$|U_{GS}|$值增大时，耗尽层变宽，沟道变窄，沟道电阻值变大，电流I_D减小，直至沟道被耗尽层夹断，$I_D=0$，如图 1-26c 所示。可见当$0<U_{GS}<U_{GS(off)}$时，沟道电阻值由最小值到∞之间变化，沟道电流I_D在最大值和零之间变化。

当U_{DS}一定时，改变栅源电压U_{GS}，可以控制漏极电流I_D的大小。

因此场效应晶体管可以看做是一种电压控制的电流源。

3. 结型场效应晶体管的特性曲线

（1）转移特性曲线　转移特性曲线是指在漏源电压U_{DS}为常数时，漏极电流I_D与栅极电压U_{GS}之间的函数关系曲线，即

$$I_D=f(U_{GS})|_{U_{DS}=常数}$$

N 沟道结型场效应晶体管转移特性曲线如图 1-27 所示。

从转移特性曲线可知，U_{GS}对I_D的控制作用如下：

当$U_{GS}=0$时，漏极电流I_D最大，称为饱和漏极电流，用I_{DSS}表示。随着U_{GS}负向增大，I_D逐渐减小，当$U_{GS}=U_{GS(off)}$时，$I_D=0$。这一变化对应着导电沟道由宽变窄到全部夹断的过程。I_D与U_{GS}间的函数关系可近似表示如下：

$$I_D=I_{DSS}\left(1-\frac{U_{GS}}{U_{GS(off)}}\right)^2$$

式中，I_{DSS}为漏极饱和电流，它对应于$U_{GS}=0$时的I_D值。

（2）输出特性曲线　输出特性曲线是指在栅极电压U_{GS}为常数时，I_D与U_{DS}之间的函数关系曲线，即

$$I_D=f(U_{DS})|_{U_{GS}=常数}$$

图 1-28 所示为 N 沟道结型场效应晶体管的输出特性曲线，可分成以下几个工作区：

1）可变电阻区。该区域中曲线近似为不同斜率的直线。当U_{GS}不变，U_{DS}由零逐渐增加且较小时，I_D随U_{DS}的增加而线性上升，场效应晶体管导电沟道畅通。漏源之间可视为一个线性电阻R_{DS}，这个电阻在U_{DS}较小时，主要由U_{GS}决定，当U_{GS}一定时，沟道电阻值近似不变。对于不同的栅源电压U_{GS}，则有不同的电阻值R_{DS}。

2）恒流区。在此区域I_D不随U_{DS}的增加而增加，而是随着U_{GS}的增大而增大。输出特性曲线近似平行于U_{DS}轴，I_D只受U_{GS}的控制。场效应晶体管组成的放大电路就工作在这个区域，属于线性放大区。

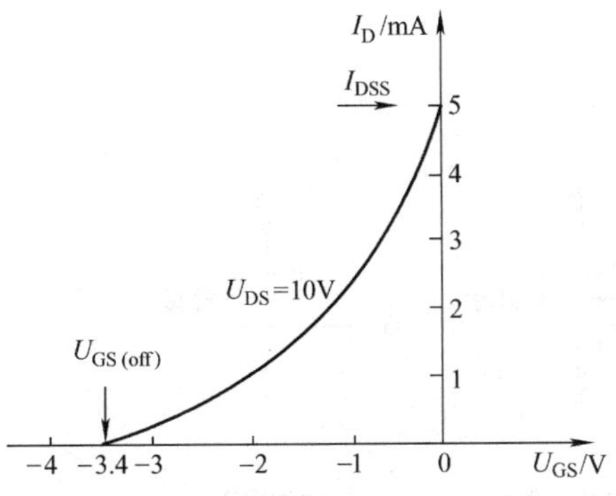

图 1-27　N 沟道结型场效应晶体管转移特性曲线

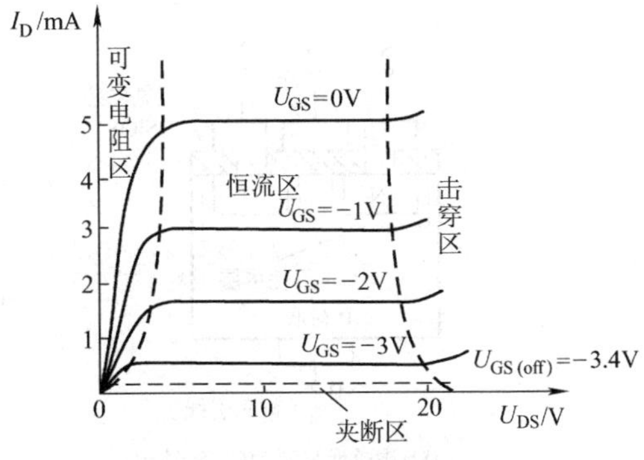

图 1-28　N 沟道结型场效应晶体管的输出特性曲线

3）夹断区。当 $U_{GS}>U_{GS(off)}$ 时，场效应晶体管的导电沟道被耗尽层全部夹断，由于耗尽层电阻极大，因而漏极电流 I_D 几乎为零。此区域类似于晶体管的截止区。

4）击穿区。当 U_{DS}增加到一定值时，漏极电流 I_D 急剧增大，靠近漏极的 PN 结被击穿，场效应晶体管不能正常工作，甚至很快被烧坏。

结型场效应晶体管栅源间的输入电阻通常为 $10^6\sim10^9\Omega$，当 PN 结反偏时，会有一定的反向电流存在，并受温度的影响，故限制了结型场效应晶体管输入电阻的进一步提高。

1.4.3　绝缘栅型场效应晶体管

绝缘栅型场效应晶体管是由金属、氧化物和半导体（Metal、Oxide and Semiconductor）组成的，故称 MOS 管。这种场效应晶体管栅极与源极、漏极之间都是绝缘的，所以称之为绝缘栅型场效应晶体管，输入电阻可高达 $10^{15}\Omega$ 以上。绝缘栅型场效应晶体管也有 N 沟道和 P 沟道两种，每一种又分为增强型和耗尽型两种。下面以 N 沟道为例来说明。

1. N 沟道增强型 MOS 管的结构与工作原理

（1）结构与图形符号　N 沟道增强型 MOS 管结构如图 1-29 a 所示。MOS 管以一块掺杂浓度较低的 P 型硅片做衬底，在衬底上通过扩散工艺形成两个高掺杂的 N 型区，并引出两个极作为源极 S 和漏极 D；在 P 型硅表面制作一层很薄的 SiO_2 绝缘层，在 SiO_2 表面再喷上一层金属铝，引出栅极 G。N 沟道增强型 MOS 管的图形符号如图 1-29b 所示。

P 沟道增强型 MOS 管的图形符号中衬底箭头向外，如图 1-29c 所示。

（2）工作原理　图 1-30 是 N 沟道增强型 MOS 管的工作原理电路图。工作时栅源之间加正向电源电压 U_{GS}，漏源之间加正向电源电压 U_{DS}，并且衬底与源极连接。

当 $U_{GS}=0$ 时，漏极与源极之间没有原始的导电沟道，漏极电流 $I_D=0$。这是因为当 $U_{GS}=0$ 时，漏极和衬底以及源极之间形成了两个反向串联的 PN 结。

当 $U_{GS}>0$ 时，栅极与衬底之间产生了一个垂直于半导体表面、由栅极 G 指向衬底的电场。这个电场吸引 P 型衬底中的电子到表面层，当 U_{GS}增大到一定程度时，绝缘体和 P 型衬底的交界面附近积累了较多的电子，形成了 N 型薄层，称为 N 型反型层，如图 1-30a 所示。反型层使漏极与源极之间成为一条由电子构成的导电沟道，当加上漏源电压 U_{DS}之后，就会有电流 I_D 流过沟道，如图 1-30b 所示（当 $U_{DS}>0$ 时，G 与 D 间的压差减小，所以导电沟道

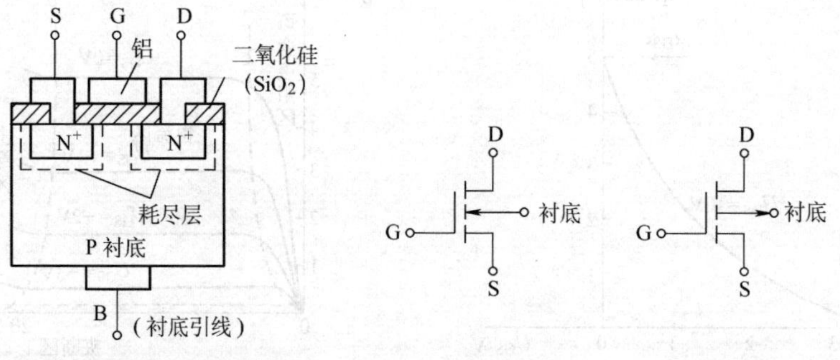

a) N沟道增强型 MOS 管结构　　b) N沟道管　　c) P沟道管

图 1-29　增强型 MOS 管的结构及其图形符号

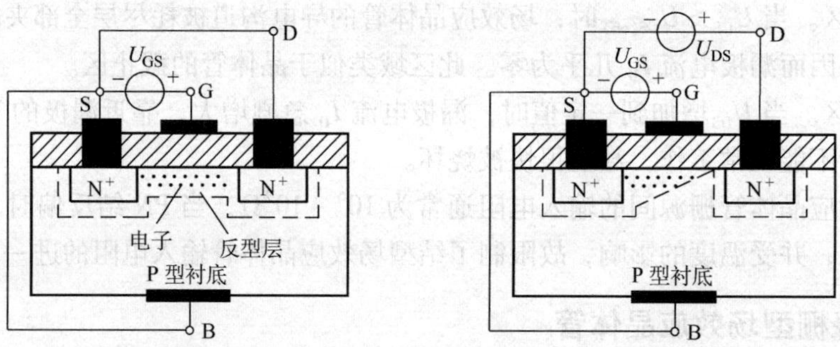

a) $U_{DS}=0$ 时 U_{GS} 对导电沟道的影响　　b) U_{DS}和 U_{GS} 对导电沟道的影响

图 1-30　N 沟道增强型 MOS 管的工作原理

成楔形）。通常将刚刚出现漏极电流 I_D 时所对应的栅源电压称为开启电压，用 $U_{GS(th)}$ 表示。

当 $U_{GS}>U_{GS(th)}$ 时，U_{GS} 增大、电场增强、沟道变宽、沟道电阻减小、I_D 增大；反之，U_{GS}减小，沟道变窄、沟道电阻增大、I_D 减小。所以改变 U_{GS}的大小，就可以控制沟道电阻的大小，从而达到控制电流 I_D 的大小，随着 U_{GS}的增强，导电性能也跟着增强，故称之为增强型。

注意：这种管子当 $U_{GS}<U_{GS(th)}$ 时，反型层（导电沟道）消失，$I_D=0$。只有当 $U_{GS}\geqslant U_{GS(th)}$ 时，才能形成导电沟道，并有电流 I_D。

（3）特性曲线

1）转移特性关系式为

$$I_D=f\ (U_{GS})\big|_{U_{DS}=\text{常数}}$$

图 1-31 所示为转移特性曲线，当 $U_{GS}<U_{GS(th)}$ 时，导电沟道没有形成，$I_D=0$。当 $U_{GS}\geqslant U_{GS(th)}$ 时，开始形成导电沟道，并随着 U_{GS} 的增大，导电沟道变宽，沟道电阻变小，电流 I_D 增大。

2）输出特性关系式为

$$I_D=f\ (U_{DS})\big|_{U_{GS}=\text{常数}}$$

图 1-32 所示为输出特性曲线，与结型场效应晶体管类似，也分为可变电阻区、恒流区（放大区）、夹断区和击穿区，其含义与结型场效应晶体管输出特性曲线的几个区相同。

增强型 MOS 管 I_D 与 U_{GS}关系也可用下面近似式表示，即：

$$I_D = I_{DO}\left(\frac{U_{GS}}{U_{GS(th)}} - 1\right)^2$$

式中，I_{DO}是 $U_{GS} = 2U_{GS(th)}$ 时的 I_D。

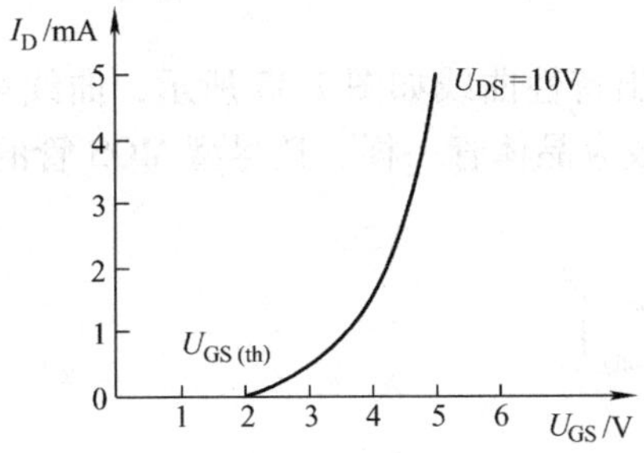

图 1-31　转移特性曲线

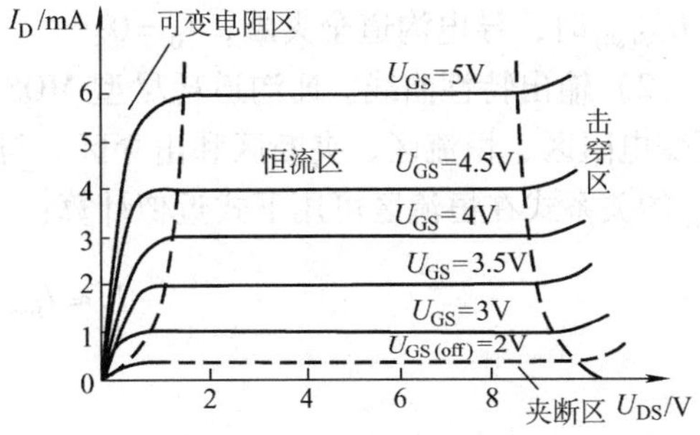

图 1-32　输出特性曲线

2. N 沟道耗尽型 MOS 管的结构与工作原理

（1）结构与图形符号　N 沟道耗尽型 MOS 管的结构与增强型场效应晶体管基本相同，不同的是制造这种管子时，在 SiO_2 绝缘层中掺入了大量的正离子，N 沟道耗尽型 MOS 管的结构如图 1-33a 所示，电路符号如图 1-33b 所示。

P 沟道耗尽型 MOS 管的图形符号中衬底箭头向外，如图 1-33c 所示。

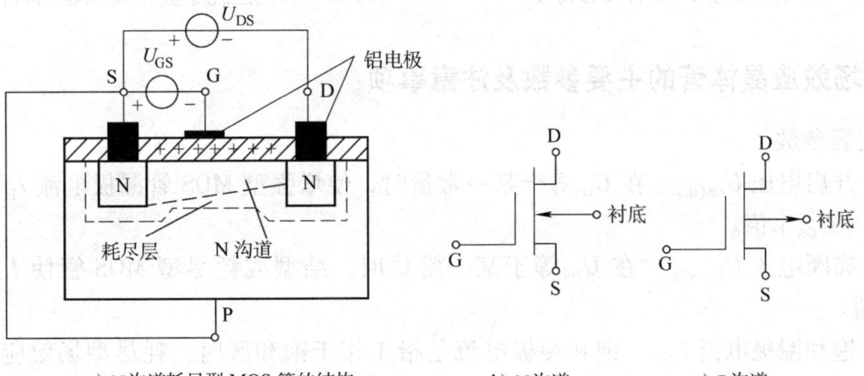

a) N沟道耗尽型 MOS 管的结构　b) N沟道　c) P沟道

图 1-33　N 沟道耗尽型 MOS 管的结构和图形符号

（2）工作原理　由于在栅极下方的 SiO_2 绝缘层中掺入了大量的金属正离子，所以当 $U_{GS}=0$ 时，这些正离子已经感应出反型层，形成了沟道。于是，只要有漏源电压，就有漏极电流存在。当 $U_{GS}>0$ 时，导电沟道加宽，将使 I_D 进一步增加。当 $U_{GS}<0$ 时，导电沟道变窄，随着 U_{GS}的减小漏极电流逐渐减小，直至 $I_D=0$。对应 $I_D=0$ 的 U_{GS}称为夹断电压，用符号 $U_{GS(off)}$ 表示。这种管子的栅源电压 U_{GS}可以是正的，也可以是负的。改变 U_{GS}，就可以改变沟道的宽窄，从而控制漏极电流 I_D。

（3）特性曲线

1）转移特性曲线。N 沟道耗尽型 MOS 管的转移特性曲线如图 1-34 所示。可以看出，其 U_{GS}可正可负，当 $U_{GS}=0$ 时，靠绝缘层中正离子在 P 型衬底中感应出足够的电子，而形成 N 型导电沟道，获得一定的 I_{DSS}（栅-源短路时的 I_D）；当 $U_{GS}>0$ 时，垂直电场增强，导电沟道变宽，电流 I_D 增大；当 $U_{GS}<0$ 时，垂直电场减弱，导电沟道变窄，电流 I_D 减小；当 $U_{GS}=U_{GS(off)}$时，导电沟道全夹断，$I_D=0$。

2）输出特性曲线。N 沟道耗尽型 MOS 管的输出特性曲线如图 1-35 所示，曲线可分为可变电阻区、恒流区、夹断区和击穿区。与结型场效应晶体管一样，耗尽型 MOS 管的 I_D 和 U_{GS}的关系式在恒流区可用下式近似计算：

$$I_D \approx I_{DSS}\left(1-\frac{U_{GS}}{U_{GS(off)}}\right)^2$$

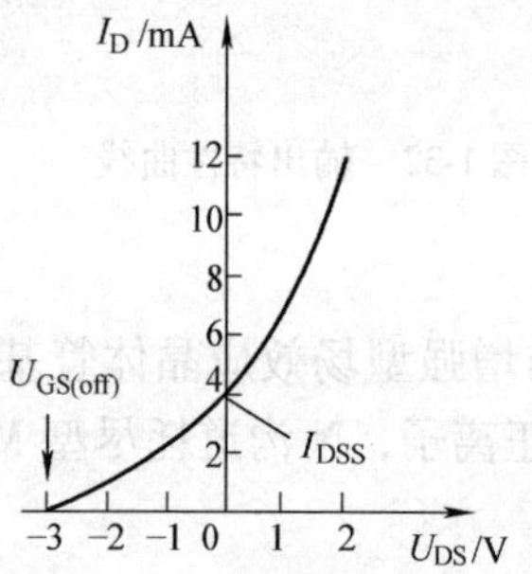

图 1-34　N 沟道耗尽型 MOS 管转移特性

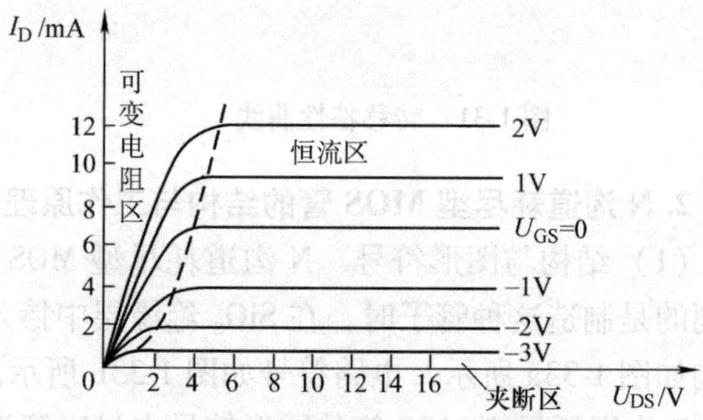

图 1-35　N 沟道耗尽型 MOS 管输出特性

1.4.4　场效应晶体管的主要参数及注意事项

1. 主要参数

（1）开启电压 $U_{GS(th)}$　在 U_{DS}等于某一常量时，使增强型 MOS 管漏极电流 I_D 大于零所需的最小 $|U_{GS}|$ 值。

（2）夹断电压 $U_{GS(off)}$　在 U_{DS} 等于某一常量时，结型或耗尽型 MOS 管使 $I_D=0$ 时的 $|U_{GS}|$ 值。

（3）饱和漏极电流 I_{DSS}　饱和漏极电流是指工作于饱和区时，耗尽型场效应晶体管在 $U_{GS}=0$ 时的漏极电流。

（4）低频跨导 g_m　低频跨导是指 U_{DS} 为某一定值时，漏极电流的微变量和引起这个变化的栅源电压微变量之比，即

$$g_m=\left.\frac{\Delta I_D}{\Delta U_{GS}}\right|_{U_{DS}=常数}$$

式中，ΔI_D 是漏极电流的微变量（A）；ΔU_{GS}是栅源电压微变量（V）；g_m（S）反映了 U_{GS}对 I_D 的控制能力，是表征场效应晶体管放大能力的重要参数，一般为几毫西门子。g_m 也就是转移特性曲线上工作点处切线的斜率。

（5）直流输入电阻 R_{GS}　直流输入电阻是指漏源极间短路时，栅源极间的直流电阻值，

结型管的 R_{GS} 大于 $10^7\Omega$，MOS 管的 R_{GS} 大于 $10^9\Omega$。

（6）栅源击穿电压 $U_{(BR)GS}$　栅源击穿电压是指栅源极间所能承受的最大反向电压，U_{GS} 值超过此值时，栅源极间发生击穿，I_D 由零开始急剧增加。

（7）漏源极击穿电压 $U_{(BR)DS}$　漏源极击穿电压是指使漏源极间能承受的最大电压，当 U_{DS} 值超过 $U_{(BR)DS}$ 时，栅漏极间发生击穿，I_D 开始急剧增加。

（8）最大耗散功率 P_{DM}　最大耗散功率 $P_{DM}=U_{DS}I_D$，与晶体管的 P_{CM} 类似，受管子最高工作温度的限制。

2. 注意事项

1）在使用场效应晶体管时，要注意漏源电压 U_{DS}、漏源电流 I_D、栅源电压 U_{GS} 及耗散功率等不能超过最大允许值。

2）场效应晶体管从结构上看，漏源两极是对称的，可以互相调用，但有些产品制作时已将衬底和源极在内部连在一起，这时漏源两极不能对换使用。

3）结型场效应晶体管的栅源电压 U_{GS} 工作在反偏状态，因此通常各极在开路状态下保存。

4）MOS 管的栅源两极绝不允许悬空，因为栅源两极如果有感应电荷，就很难泄放，电荷积累会使电压升高，而使栅极绝缘层击穿，造成管子损坏。因此要在栅源间绝对保持直流通路，保存时务必用金属导线将三个电极短接起来。

5）MOS 管在焊接时，烙铁外壳必须接电源地端，并在烙铁断开电源后再焊接栅极，以避免交流感应将栅极击穿，并按 S、D、G 极的顺序焊好之后，再去掉各极的金属短接线。拆机时顺序相反。

6）注意各极电压的极性不能接错。目前常用的结型场效应晶体管和 MOS 管的管脚顺序如图 1-36 所示。图 1-36a 为 3DJ 系列结型场效应晶体管管脚排列图，图 1-36b 为结型场效应晶体管管脚排列图，图 1-36c 为 MOS 管管脚排列图。

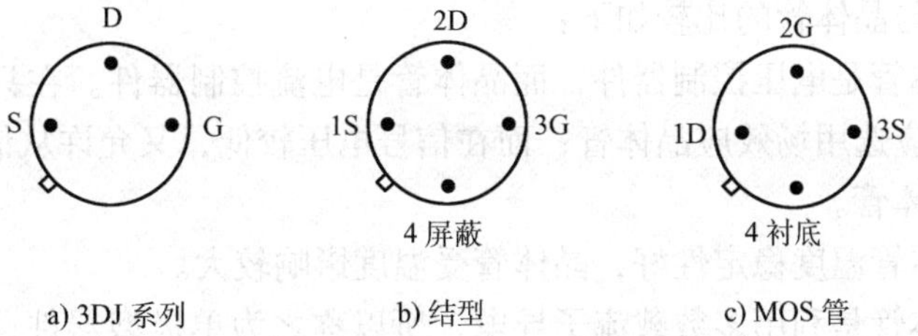

图 1-36　场效应晶体管管脚排列图

1.4.5　场效应晶体管的识别与检测

1. 结型场效应晶体管的识别与检测

（1）管脚识别　场效应晶体管的栅极相当于晶体管的基极，源极和漏极分别对应于晶体管的发射极和集电极。将指针式万用表置于 $R\times1k$ 档，用两表笔分别测量每两个管脚间的正、反向电阻。当某两个管脚间的正、反向电阻相等，均为数千欧时，则这两个管脚为漏极 D 和源极 S（可互换），余下的一个管脚即为栅极 G。对于有 4 个管脚的结型场效应晶体管，另外一极是屏蔽极，使用中需要接地。

用指针式万用表黑表笔碰触管子的一个电极，红表笔分别碰触另外两个电极。若两次测出的阻值都很小，该管属于N沟道结型场效应晶体管，黑表笔接的也是栅极。若两次测出的阻值都很大，该管则属于P沟道结型场效应晶体管。

制造工艺决定了场效应晶体管的源极和漏极是对称的，可以互换使用。但是如果衬底与源极连在一起，源极和漏极就不能互换使用。源极与漏极间的电阻约为几千欧。

（2）放大能力估测　将指针式万用表拨到 $R\times100$ 档，红表笔接源极S，黑表笔接漏极D，相当于给场效应晶体管加上1.5V的电源电压，这时表针指示出的是D－S极间电阻值。然后用手指捏栅极G，将人体的感应电压作为输入信号加到栅极上。由于管子的放大作用，U_{DS}和 I_D 都将发生变化，也相当于D－S极间电阻发生变化，可观察到表针有较大幅度的摆动。如果手捏栅极时表针摆动很小，说明管子的放大能力较弱；若表针不动，说明管子已经损坏。

2. MOS管的识别与检测

测量之前，先把人体对地短路后，才能摸触MOS管的管脚。最好在手腕上接一条导线与大地连通，使人体与大地保持等电位，再把管脚分开，然后拆掉导线。

（1）管脚识别　将指针式万用表拨到 $R\times100$ 档，首先确定栅极。若某脚与其他脚的电阻都是无穷大，证明此脚就是栅极G。通常衬底与源极接在一起使用，交换表笔测量S-D之间的电阻值，应为几百欧至几千欧，其中阻值较小的那一次，黑表笔接的为D极，红表笔接的是S极。

（2）放大能力估测　将G极悬空，黑表笔接D极，红表笔接S极，然后用手握住螺钉旋具的绝缘柄触碰G极，表针应有较大的偏转。MOS管每次测量完毕，G-S结电容上会充有少量电荷，建立起电压 U_{GS}，再接着测时表针可能不动，此时将G-S极间短路一下即可。

1.4.6　场效应晶体管与晶体管的比较

场效应晶体管与晶体管的比较如下：

1）场效应晶体管是电压控制器件，而晶体管是电流控制器件。在只允许从信号源取较少电流的情况下，应选用场效应晶体管；而在信号电压较低，又允许从信号源取较多电流的条件下，应选用晶体管。

2）场效应晶体管温度稳定性好，晶体管受温度影响较大。

3）场效应晶体管是利用多数载流子导电，所以称之为单极型器件；而晶体管是既利用多数载流子导电，也利用少数载流子导电，故被称为双极型器件。

4）有些场效应晶体管的源极和漏极可以互换使用，栅源电压可正可负，灵活性比晶体管好。

5）场效应晶体管能在很小电流和很低电压的条件下工作，而且它的制造工艺可以很方便地把很多场效应晶体管集成在一块硅片上，因此场效应晶体管在大规模集成运算放大器中得到了广泛的应用。

●任务实施

语音放大电路中用到了几十个元器件，其中电阻和电容在“电路基础”课程中已熟练掌握，电路中还用到一些二极管、稳压二极管及晶体管等重要的电子器件，熟练地检测并能正确选择这些电子器件对后面电路的学习至关重要。

1. 任务内容

1）用万用表判断二极管（如1N4148）正、负极，并粗略检测二极管的性能。

2）用万用表判断稳压二极管（如1N4728）正、负极，并粗略检测其性能。

3）查手册识别晶体管9014的管脚。

4）用万用表判别晶体管（如9013）的管脚及管型，并粗略检测晶体管的性能。

2. 检测步骤

（1）二极管极性的判别及导电性能的检测　测量：将万用表置于 $R\times100$ 档或 $R\times1\text{k}$ 档，两表笔分别接二极管的两个电极，测出一个电阻值，对调两表笔，再测出一个电阻值，并记录在表1-2中。

表1-2　二极管测量记录表

序号	型号	正向电阻	反向电阻	结论
1				
2				
3				

分析：

1）两次测量的结果中，测量值较大的为反向电阻，测量值较小的为正向电阻，此时黑表笔接的是二极管的正极，红表笔接的是二极管的负极。

2）若测得反向电阻（约几百千欧）和正向电阻（约几千欧）之比在100以上，表明二极管性能良好；若测得正、反向电阻值均为无限大，表明二极管断路；若测得正、反向电阻值为零，表明二极管短路。

（2）稳压二极管的检测

1）稳压二极管极性的判别方法同上所述。

2）稳压值的测量：将12V电源正极串接1只1.5kΩ限流电阻后与被测稳压二极管的负极相连接，电源负极与稳压二极管的正极相接，再用万用表测量稳压二极管两端的电压值，即为稳压二极管的稳压值。若测量的稳压值忽高忽低，则说明该二极管的性能不稳定。将测量结果记入表1-3中。

表1-3　稳压二极管测量记录表

序号	型号	正向电阻	反向电阻	稳定电压/V	结论
1					
2					

（3）晶体管9014管脚的判别　查手册识别晶体管9014的管脚并做好记录。

（4）用万用表检测晶体管　用万用表判断晶体管的管脚、管型并判别晶体管的性能好坏，在前面内容中已详细介绍过，在这里就不再累述，将结果记录在表1-4中。

表 1-4　晶体管测量记录表

序号	型号	管型	管脚顺序	结论
1				
2				
3				

●任务考核

任务考核按照表 1-5 中所列的标准进行。

表 1-5　任务考核标准

学生姓名	教师姓名	任务 1 语音放大电路中所用器件的测试与判断		
实际操作考核内容（60 分）		小组评价（30%）	教师评价（70%）	合计得分
（1）用万用表检测二极管的极性和性能（10 分）				
（2）用万用表检测稳压二极管的极性和性能（10 分）				
（3）查手册识别晶体管 9014 的管脚（10 分）				
（4）用万用表判别晶体管的极性和性能（10 分）				
（5）安全操作、正确使用设备仪器（10 分）				
（6）任务报告（10 分）				
基础知识测试（40 分）				
任务完成日期	年　月　日	总分		

●思考与训练

1-1　填空题。

（1）电子电路按功能可分为__________电路和__________电路两大类。

（2）发光二极管的发光颜色主要取决于__________。

（3）半导体中的多数载流子主要由__________决定，它与__________无关。而少数载流子与__________有很大的依赖关系。

（4）PN 结具有__________导电性。

（5）稳压二极管是一种特殊的__________接触型半导体__________二极管。

（6）加在二极管两端的__________和__________之间的关系，叫晶体二极管的伏安特性。

（7）晶体管的__________电流等于__________与__________电流之和。

（8）要使晶体管正常放大，其发射结要__________向偏置，集电结__________向偏置。

（9）N 沟道场效应晶体管导电载流子是__________；P 沟道场效应晶体管导电载流子是__________。

（10）场效应晶体管是＿＿＿＿＿控制器件，根据电场对导电沟道的控制方法不同，可分为＿＿＿＿＿和＿＿＿＿＿两类。

1-2　选择题。

（1）半导体中参与导电的载流子有（　　）。

A. 电子　　B. 空穴　　C. 电子和空穴

（2）杂质半导体中多数载流子的浓度取决于（　　）

A. 温度　　B. 杂质浓度　　C. 电子空穴对数目

（3）晶体管中电流由两种载流子运动形成，故称（　　）；场效应晶体管中有一种载流子运动，故称（　　）。

A. 单极型晶体管，双极型晶体管　　B. 双极型晶体管，单极型晶体管

（4）构成半导体器件核心的是（　　）。

A. 电子　　B. 空穴　　C. PN 结

（5）下列半导体材料哪一种材料热敏性突出（导电性受温度影响最大）?（　　）

A. 本征半导体　　B. N 型半导体　　C. P 型半导体

（6）二极管两端加正向电压时（　　），加反向电压时（　　）。

A. 截止，导通　　B. 导通，截止

（7）P 型半导体中空穴多于电子，则 P 型半导体呈现的电性为（　　）。

A. 正电　　B. 负电　　C. 电中性

（8）硅二极管正偏时，当正偏电压等于 0.6V 时与正偏电压等于 0.7V 时，二极管呈现的电阻大小是（　　）。

A. 相同的　　B. 不相同的

（9）用指针式万用表的欧姆档测量二极管的正向电阻，测得的阻值为最小时，试问用的是哪一档?（　　）

A. $R\times10$ 档　　B. $R\times100$ 档　　C. $R\times1\text{k}$ 档

（10）稳压二极管的工作区是在其伏安特性的（　　）。

A. 正向特性区　　B. 反向截止区　　C. 反向击穿区

（11）场效应晶体管是利用外加电压产生的＿＿＿＿＿来控制漏极电流的大小的。

A. 电流　　B. 电场　　C. 电压

（12）场效应晶体管是＿＿＿＿＿器件。

A. 电压控制电压　　B. 电流控制电压　　C. 电压控制电流　　D. 电流控制电流

（13）结型场效应晶体管利用栅源极间所加的＿＿＿＿＿来改变导电沟道的电阻。

A. 反偏电压　　B. 反向电流　　C. 正偏电压　　D. 正向电流

（14）P 沟道耗尽型 MOS 管的夹断电压为＿＿＿＿＿。

A. 正值　　B. 负值　　C. 零

（15）N 沟道结型场效应晶体管的夹断电压为＿＿＿＿＿。

A. 正值　　B. 负值　　C. U_{GS}　　D. 零

1-3　图 1-37 所示电路中，设 $U_I>20\text{V}$，稳压二极管 VS_1 和 VS_2 的稳定电压分别为 7V 和 13V，正向导通压降为 0.7V，试求各个电路的输出电压 U_O。

1-4　有两个管子，一个管子的 $\beta=200$，$I_{CEO}=200\mu\text{A}$，另一个管子的 $\beta=50$，$I_{CEO}=$

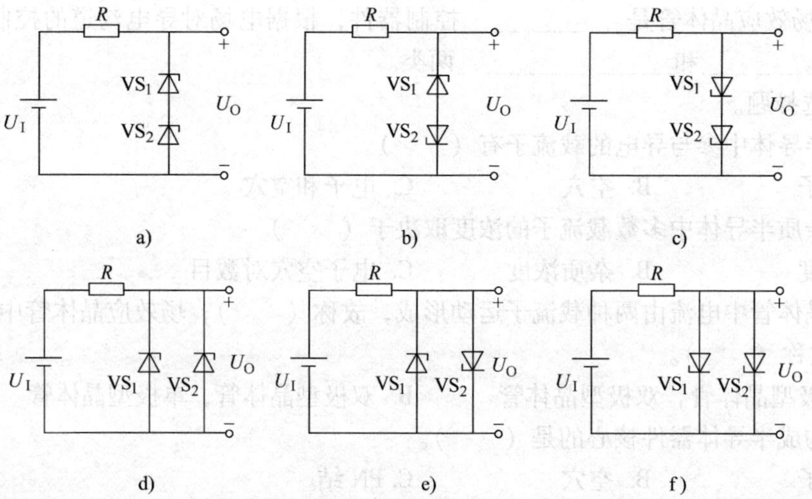

图 1-37　题 1-3 图

10μA，其他参数相同，你认为哪一个管子工作比较可靠？

1-5　测得晶体管的各极电位如图 1-38 所示，其中某些管子已损坏。对于损坏的管子判断损坏的原因，其他管子则判断工作在哪个工作区。

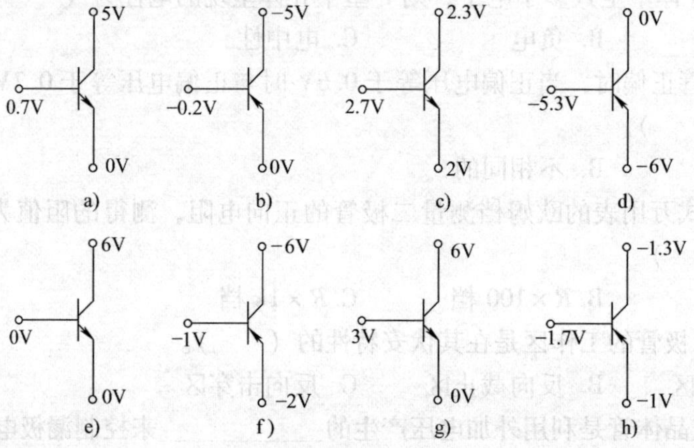

图 1-38　题 1-5 图

1-6　如图 1-39 所示电路，利用 Multisim 研究在 R 变化时二极管的直流电阻的变化情况，并总结仿真结果。

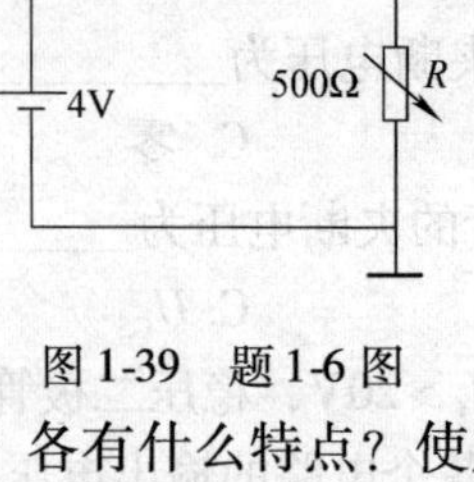

图 1-39　题 1-6 图

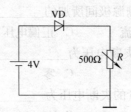

1-7　场效应晶体管有哪些类型？各有什么特点？使用场效应晶体管时，应注意什么问题？

任务2　语音输入放大电路的制作

●教学目标

1）掌握基本放大电路的工作原理、主要特性和基本分析方法，能计算基本放大电路的静态、动态参数。

2）掌握多级放大电路的分析方法，能计算多级放大电路的动态参数。

3）掌握反馈的概念、反馈类型的判断方法、不同类型负反馈对放大电路性能的影响以及深度负反馈放大电路放大倍数的计算方法。

4）掌握语音输入放大电路的原理，并能进行组装、调试和故障检修。

●任务引入

自然界中的物理量大部分是模拟量，如温度、压力、长度、图像及声音等，它们都需要传感器转化成电信号，而转化后的电信号一般都很小，不足以驱动负载工作（或进行某种转换和传输）。于是，人们在得到这个很小的电信号时，首先几乎无一例外要做的第一件事是对它们进行放大。这里的所说的放大不是将原物的形状按一定比例放大，放大电路中的放大，其本质是能量的控制和转换。例如我们将要制作的语音放大器，其中的送话器将语音信号转化为电信号，在此输入信号作用下，通过放大电路将直流电源的能量转换成扬声器所获得的能量，使扬声器从电源获得的能量大于信号源所提供的能量，因此电子电路放大的基本

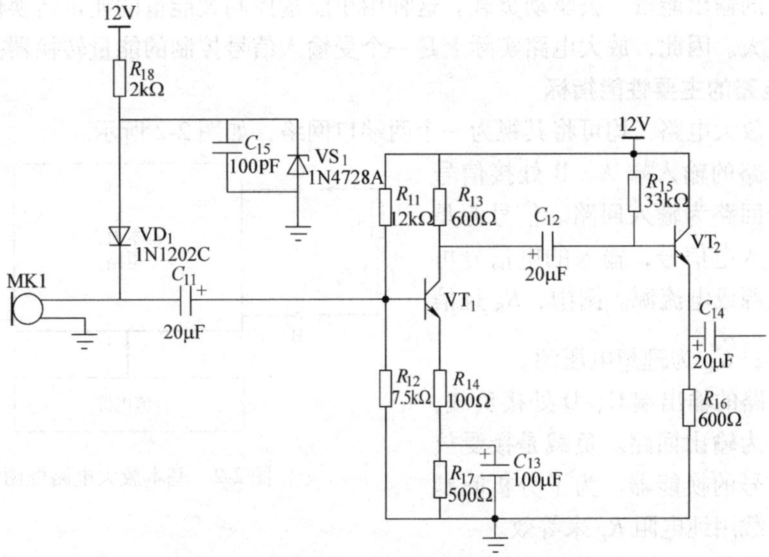

图2-1　输入放大电路

特征是功率放大。为了获得大的输出功率，语音放大器首先要进行电压放大，我们希望放大后的电压信号除了幅值增大外，还应该具备失真小、稳定性好等性能。语音放大器的输入放大电路部分，就可以实现这些要求。图 2-1 是语音放大器的输入放大电路。在本任务中将介绍输入放大电路相关的基础知识，搞清其原理，并进行组装、调试。

●相关知识

主要内容包括：

1）基本放大电路。

2）多级放大电路。

3）放大电路中的反馈。

2.1 放大的概念及放大电路主要性能指标与分类

放大电路又称放大器，其功能是把微弱的电信号不失真地放大到所需要的数值。这里微弱的电信号可以是由传感器转化的模拟电信号，也可以是来自前级放大器的输出信号或是来自于广播电台发射的无线电信号等。基本放大电路，是指由一只放大管构成的简单放大电路。

工程中的各类放大器都是由基本放大电路级联组成的，因此，在此任务中，将首先介绍基本放大电路的基本概念、性能指标、工作原理、主要特性及基本的分析和简单设计方法。

2.1.1 放大的概念与放大电路的主要性能指标

1. 放大的概念

放大电路中的放大，其本质是实现能量的控制和转换。当输入电信号能量较小，不能直接驱动负载时，需要另外提供一个直流电源。在输入信号控制下，放大电路将直流电源的能量转化为较大的输出能量，去驱动负载。这种用小能量控制大能量的能量转换作用，即为放大电路中的放大。因此，放大电路实际上是一个受输入信号控制的能量转换器。

2. 放大电路的主要性能指标

任何一个放大电路，均可将其视为一个两端口网络，如图 2-2 所示。

在放大电路的输入端 A、B 处接信号源，称此闭合回路为输入回路。信号源是所需放大的输入电信号，输入的电信号可以等效为电压源或电流源。图中，R_S 是信号源的内电阻；$\dot{U}_S$ 为理想电压源。

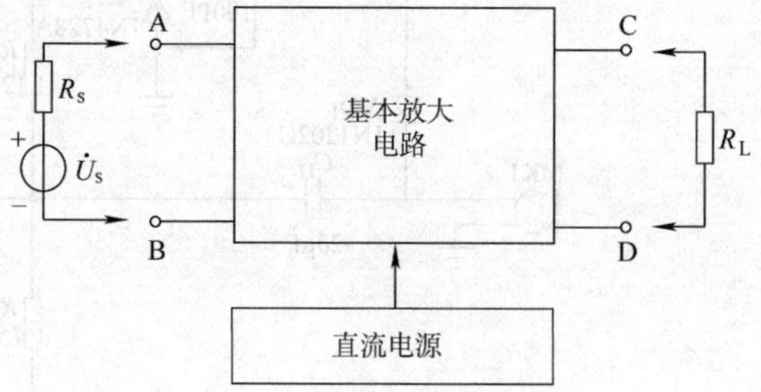

图 2-2 基本放大电路框图

在放大电路的输出端 C、D 处接负载，称此闭合回路为输出回路。负载是接受放大电路输出信号的换能器。为了分析问题方便，一般负载用纯电阻 R_L 来等效。

信号源和负载对放大电路的工作将产生一定的影响。

直流电源是用以提供放大电路工作时所需要能量的，同时也为放大电路中的放大管处于正常放大状态提供合适的直流电压。

放大电路的性能指标可以衡量一个放大电路质量的优劣。测试指标时通常在放大电路的输入端加上一个正弦测试电压，图 2-3 所示是放大电路性能指标测试的示意图。

下面将逐一介绍放大电路的主要指标：

(1) 放大倍数 $\dot{A}$ 放大倍数（又称“增益”）是衡量一个放大电路放大能力的指标，放大倍数愈大，则放大电路的放大能力愈强。

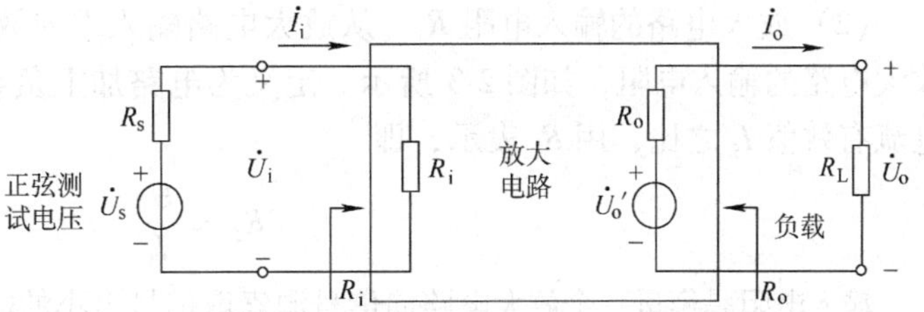

图 2-3 放大电路性能指标测试的示意图

放大倍数定义为在不失真条件下输出量与输入量之比，通常用 $\dot{A}$ 表示。根据输入、输出端所取的电量不同，放大倍数又可分为电压放大倍数和电流放大倍数。

1）电压放大倍数 $\dot{A}_u$：放大电路的输出电压 $\dot{U}_o$ 与输入电压 $\dot{U}_i$ 之比，定义为电压放大倍数，用 $\dot{A}_u$ 表示，即

$$\dot{A}_u = \frac{\dot{U}_o}{\dot{U}_i}$$

在不考虑放大电路中电抗因素的影响时，电压放大倍数可以用实数表示，并可写成交流瞬时值、最大值或有效值的形式，即

$$A_u = \frac{u_o}{u_i} = \frac{U_{om}}{U_{im}} = \frac{U_o}{U_i}$$

而把输出电压 $\dot{U}_o$ 和信号源电压 $\dot{U}_s$ 的比，定义为源电压放大倍数，用 $\dot{A}_{us}$ 表示，即

$$\dot{A}_{us} = \frac{\dot{U}_o}{\dot{U}_s}$$

也可写成

$$A_{us} = \frac{u_o}{u_s} = \frac{U_{om}}{U_{sm}} = \frac{U_o}{U_s}$$

2）电流放大倍数 $\dot{A}_i$：放大电路的输出电流 $\dot{I}_o$ 与输入电流 $\dot{I}_i$ 之比，称为电流放大倍数。即

$$\dot{A}_i = \frac{\dot{I}_o}{\dot{I}_i}$$

也可写成

$$A_i = \frac{i_o}{i_i} = \frac{I_{om}}{I_{im}} = \frac{I_o}{I_i}$$

工程上常用分贝（dB）来表示电压或电流的放大倍数，称为增益。它们的定义分别为

电压增益：$A_u(\mathrm{dB}) = 20\lg|A_u|$

电流增益：$A_i(\mathrm{dB}) = 20\lg|A_i|$

例如：某放大电路的电压放大倍数为 100，则电压增益为 40dB。

（2）放大电路的输入电阻 R_i　从放大电路输入端向放大电路看进去的等效电阻，就是放大电路的输入电阻，如图 2-3 所示。定义为电路加上负载后，输入电压有效值 U_i 与输入电流有效值 I_i 之比，用 R_i 表示，即

$$R_i = \frac{U_i}{I_i}$$

输入电阻是衡量一个放大电路向信号源索取信号大小的能力。输入电阻越大,放大电路输入端得到的电压 U_i 越大,信号源内阻 R_s 上的电压越小,放大电路向信号源索取信号的能力越强。

对于信号源来说，R_i 就是它的等效负载。

由图 2-3 的输入回路可得放大电路输入端的电压为

$$\dot{U}_i = \frac{U_s R_i}{R_s + R_i}$$

根据 $\dot{A}_{us}$ 与 $\dot{A}_u$ 的定义，可推导出两者的关系为

$$\dot{A}_{us} = \frac{\dot{U}_o}{\dot{U}_s} = \frac{\dot{U}_i}{\dot{U}_s}\frac{\dot{U}_o}{\dot{U}_i} = \frac{\dot{A}_u R_i}{R_s + R_i}$$

可见：$\dot{A}_{us} < \dot{A}_u$，R_i 愈大 $\dot{A}_{us}$ 与 $\dot{A}_u$ 愈接近。

（3）放大电路的输出电阻 R_o　从放大电路输出端向放大电路看进去的等效电阻就是放大电路的输出电阻，如图 2-3 所示。定义为信号源短路即 $U_s = 0$，保留其内阻 R_s，去掉负载 R_L，在输出端外加一等效电压源 U_o 与之产生的对应输出电流 I_o 的比，用 R_o 表示，即

$$R_o = \left.\frac{U_o}{I_o}\right|_{U_s = 0, R_L = \infty}$$

输出电阻是衡量一个放大电路带负载能力的指标，输出电阻愈小，放大电路的带负载能力愈强。

实际测试放大电路的输出电阻时，常用的方法是在输入端加一正弦电压信号 $\dot{U}_s$，在输出端分别测出空载电压 U'_o 和带负载电压 U_o，通过公式进行计算。

由图 2-3 的输出回路可得

$$U_o = \frac{U'_o R_L}{R_o + R_L}$$

可推导出计算输出电阻的公式为

$$R_o = \left(\frac{U'_o}{U_o} - 1\right) R_L$$

由 U_o 的计算公式可以看出，R_o 越小，负载电阻变化时，U_o 的变化越小，放大电路带负载的能力愈强。

（4）通频带 f_{BW}　通频带是衡量放大电路对不同频率输入信号的放大能力的指标。

由于放大电路中耦合电容、晶体管极间电容以及其他电抗器件的存在，使放大倍数在信号频率比较低或比较高时，其幅值和相位都将发生变化。所以，放大倍数也是频率的函数。

通常所说的放大倍数是指输入信号的频率在某一个特定频率范围内时的值，在这一特定频率范围内，各种电抗性器件的作用可以忽略。因此，可以认为放大倍数基本不变。而当输入信号的频率过高或过低时，放大倍数都将下降。

图 2-4 所示为放大电路的放大倍数与频率的关系曲线，称为幅频特性曲线。图中，$\dot{A}_m$ 为中频放大倍数。当放大倍数下降到 0.707 $|\dot{A}_m|$ 时所对应频率范围为放大电路的通频带，用符号 f_{BW} 表示。

$$f_{BW} = f_H - f_L$$

式中，f_L 称为下限截止频率；f_H 称为上限截止频率。通频带越宽，表明放大电路对信号频率变化的适应能力越强。对于语音放大器，其通频带应该在音频（20～20kHz）范围，才能完全不失真地放大声音信号。

2.1.2 放大电路的分类

基本放大电路中的放大管可以是晶体管，也可以是场效应晶体管。这里先介绍由晶体管组成的基本放大电路。

晶体管构成的放大电路种类很多，按不同的原则有不同的分类方法，这里仅介绍其中两种划分方法。

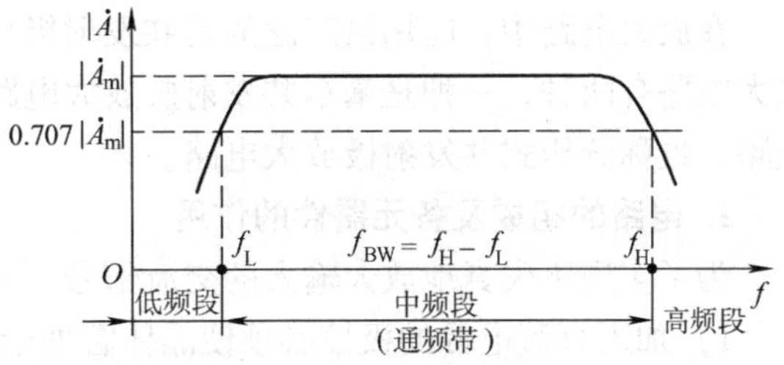

图 2-4 放大电路的通频带

1. 按放大电路的用途划分

按放大电路的用途划分可分为电压放大电路、电流放大电路及功率放大电路。

（1）电压放大电路 电压放大电路是能够放大电压的放大电路。它常用于多级放大电路的前级或中间级。

（2）电流放大电路 电流放大电路是能够放大电流的放大电路。它多用于集成运算放大电路中。

（3）功率放大电路 功率放大电路是能够输出一定功率的放大电路，它用于多级放大电路的末级。

2. 按晶体管在放大电路中的连接方式划分

晶体管在基本放大电路中的连接方式也称为组态。按晶体管在放大电路中的不同组态，放大电路可分为共发射极放大电路、共集电极放大电路、共基极放大电路，如图 2-5 所示。

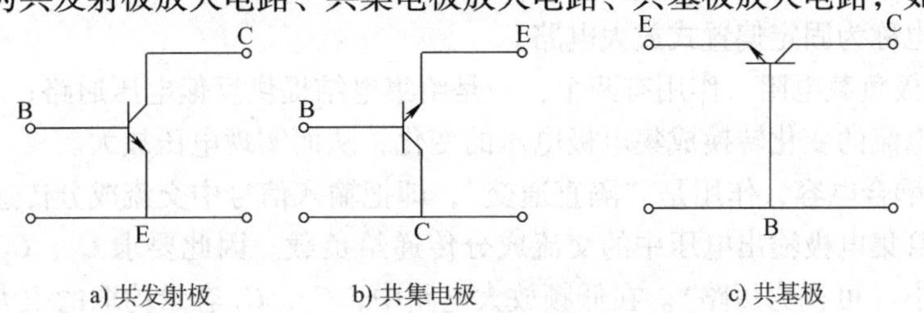

图 2-5 晶体管在放大电路中的三种组态

由图可见，若晶体管的某一电极是放大电路输入回路与输出回路的公共端，便称之为共某极放大电路。

（1）共发射极放大电路　共发射极放大电路既有电压放大能力，又有电流放大能力。常用于多极放大电路的前级或中间级。

（2）共集电极放大电路　共集电极放大电路具有电流放大能力。常用于多极放大电路的输入级、输出级及缓冲级。

（3）共基极放大电路　共基极放大电路具有电压放大能力。常用于高频、宽通频带及恒流源电路中。

2.2　基本放大电路

2.2.1　基本共发射极放大电路

在放大电路中，应用最广泛的是共发射极放大电路（简称共射电路），常见的共发射极放大电路有两种，一种是基本共发射极放大电路；另一种是静态工作点稳定的共发射极放大电路，也称分压式共发射极放大电路。

1. 电路的组成及各元器件的作用

为了实现不失真地放大输入的交流信号，放大电路的组成必须遵循以下原则：

1）加入直流电源的极性必须使晶体管处于放大状态，即发射结正偏，集电结反偏。

2）为了保证放大电路不失真地放大输入信号，在没加输入信号时，还必须给晶体管加一个合适的直流电压、电流，称之为合理地设置静态工作点。

图 2-6 所示是按照上述原则组成的基本共发射极放大电路。

电路中各元器件的作用：

VT 为 NPN 型晶体管，是放大电路中的核心器件，在电路中起放大作用。

V_{CC}为直流电源，是放大电路的能源。其作用有两个，一是保证晶体管工作在放大状态，通过 R_B、R_C（$R_B > R_C$）给晶体管的发射结提供正偏电压，给集电结提供反偏电压；二是提供能量，在输入信号的控制下，通过晶体管将直流电源的能量转换为负载所需要的较大的交流能量。

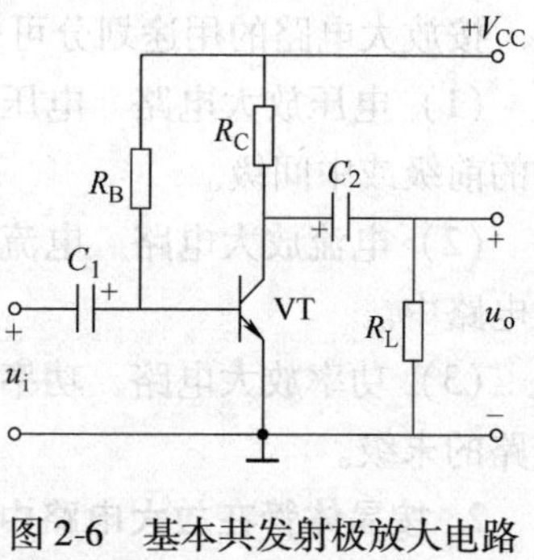

图 2-6　基本共发射极放大电路

R_B 为基极偏置电阻，作用有两个，一是给发射结提供正偏电压通路；二是决定静态基极电流 I_B 的大小。当 V_{CC}、R_B 的值固定时，I_B 也固定了，所以这种电路也称为固定偏置式放大电路。

R_C 为集电极负载电阻，作用有两个，一是给集电结提供反偏电压通路；二是通过 R_C 将晶体管集电极电流的变化转换成集电极电压的变化，从而实现电压放大。

C_1、C_2 为耦合电容，作用是“隔直通交”，即把输入信号中交流成分传递给晶体管的基极，再把晶体管集电极输出电压中的交流成分传递给负载。因此要求 C_1、C_2 在输入信号频率下的容抗很小（可视为短路）。在低频放大电路中，C_1、C_2 容量均取的很大，常采用几十微法的电解电容。

2. 放大电路的工作原理

从放大电路的组成中可知，放大电路正常放大信号时，电路中既有直流电源 V_{CC}，又有输入的交流信号 u_i（本书以正弦交流信号为输入信号），因此，电路中晶体管各极的电压和电流中有直流成份，也有交流成份，总电压、总电流是交、直流的叠加。这里交流是放大的对象，直流是使放大对象不失真放大的基础。

为了便于分析，通常把放大电路中的直流分量和交流分量分开讨论。当没加输入信号时，电路中只有直流流过，称这种情况为放大电路的直流工作状态，简称静态。加入输入信号后，电路中交直流并存，当只考虑交流，不考虑直流时，这种情况下称放大电路处于交流工作状态，简称动态。

（1）放大电路的静态　为了不失真地放大输入信号，必须保证晶体管在输入信号的整个周期内始终处于放大状态。例如：当输入信号为正弦波时，如果不设置直流工作状态，幅值为0.5V以下的输入信号都会使晶体管处在截止状态（硅管），而不能通过放大电路，输出信号将出现失真。因此，在没加输入信号前，需要给放大电路设置一个合适的直流工作状态。当电路参数（V_{CC}、R_B、R_C）确定之后，对应的直流电流、电压 I_B、I_C、U_{CE} 也就确定了，根据这三个直流分量，可以在晶体管输出特性曲线上确定一个点，称这个点为静态工作点，用 Q 表示。通常直流工作点处的电流、电压用 I_{BQ}、I_{CQ}、U_{CEQ} 表示。

工作点的设置必须要合适。若工作点过高，则输入信号会部分进入饱和区；若工作点过低，则输入信号会部分进入截止区。而晶体管无论是在饱和区还是截止区都将失去放大作用，使放大电路的输出信号发生失真。

图2-7所示是放大电路正常工作时，电路中各处电压、电流的波形图。虚线对应的是静态工作点的值，即直流分量。

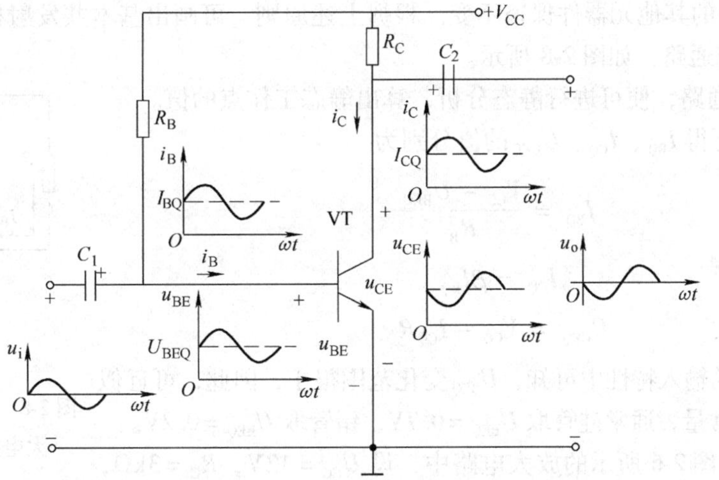

图2-7　基本共发射极电路各处电压、电流的波形图

（2）放大电路的动态　在放大电路输入端加上正弦信号 u_i，经过 C_1 送到电路的输入端产生电压为 u_{be}，由 u_{be} 产生一个按正弦变化的基极电流 i_b，此电流叠加在静态电流 I_{BQ} 上，使得基极的总电流为 $i_B = I_{BQ} + i_b$。经晶体管放大，集电极产生一个和 i_b 变化规律一样，且放大 β 倍的正弦电流 i_c（i_c 与 u_i 相位相同），这个电流叠加在静态电流 I_{CQ} 上，使集电极的总电流为 $i_C = I_{CQ} + i_c$。当 i_c 流过 R_C 时，R_C 上也产生一个正弦电压 $u_{R_C} = R_C i_c$（与 i_c 的变化相同）。

由于 $u_{CE}=U_{CEQ}-i_cR_C$，所以 R_C 上的电压变化，必将引起管压降 u_{CE} 反方向的变化（与 i_c 的变化方向相反）。u_{CE} 通过电容 C_2，滤掉直流分量 U_{CEQ}，于是在放大器的输出端便得到一个与输入电压 u_i 相位相反，且放大了的输出电压 u_o。如图 2-7 所示，若将图中的坐标轴移到直流分量上（去掉直流分量），得到的便是电路各处的交流分量。

由上述可知，基本共发射极放大电路是利用了晶体管的电流放大作用，并依靠 R_C 将电流的变化转化为电压的变化，使输出电压在数值上比输入电压大很多，相位上与输入电压相反，从而实现了电压放大。

2.2.2 放大电路的分析方法

分析放大电路就是要对放大电路的静态工作点及各项动态性能指标进行定量分析。通常遵循“先静态，后动态”的原则。因为只有静态工作点合适，动态分析才有意义。下面介绍分析放大电路常用的三种方法。

1. 直流通路与交流通路

一般情况下，在放大电路中直流量和交流信号总是共存的。为了分析问题方便起见，常把放大电路分成直流通路和交流通路两部来考虑。

（1）直流通路　直流通路是指在直流电源作用下，直流电流所流经的路径，可用于研究静态工作点。直流通路的画法：

1）电容视为开路。因为电容的容抗 $X_C=1/\omega C$，电容对直流的阻抗为无穷大。

2）电感线圈视为短路。因为电感的感抗 $X_L=\omega L$，电感对直流的阻抗很小，近似认为 0（即忽略线圈电阻）。

3）信号源 u_i 视为短路，但要保留其内阻，因为静态时 $u_i=0$。

4）电路中的其他元器件保留不变。根据上述原则，可画出基本共发射极放大电路（见图 2-6）的直流通路，如图 2-8 所示。

根据直流通路，便可进行静态分析，算出静态工作点的值。

由图 2-8 可得 I_{BQ}、I_{CQ}、U_{CEQ} 的值分别为

$$I_{BQ}=\frac{V_{CC}-U_{BEQ}}{R_B}$$

$$I_{CQ}=\beta I_{BQ}$$

$$U_{CEQ}=V_{CC}-I_{CQ}R_C$$

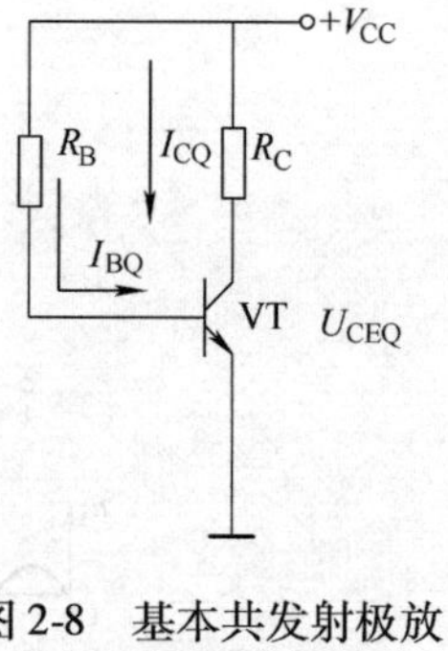

图 2-8　基本共发射极放大电路的直流通路

从晶体管的输入特性中可知，U_{BEQ} 变化范围很小，因此，可近似认为 U_{BEQ} 是一常量，通常硅管取 $U_{BEQ}=0.7V$，锗管取 $U_{BEQ}=0.2V$。

例 2-1　在图 2-6 所示的放大电路中，设 $U_{CC}=12V$，$R_C=3k\Omega$，$R_B=300k\Omega$，$R_L=3k\Omega$，晶体管为 $\beta=50$ 的硅管。

试求：

1）放大电路的静态工作点（I_{BQ}、I_{CQ}、U_{CEQ}）。

2）当 $R_B=30k\Omega$ 时，电路的静态工作点及晶体管的工作状态。

解： 1）画出电路的直流通路，如图 2-8 所示。

因为电路中晶体管的发射结处于正偏，因此，晶体管只能处于放大或饱和状态。当 U_{BE}

$=U_{CE}$时，晶体管处于临界饱和（放大区和饱和区的交界处）状态。此时，仍可认为集电极饱和电流I_{CS}和基极饱和电流I_{BS}之间符合$I_{CS}=\beta I_{BS}$的关系。

因此，由直流通路的输出回路可得

$$I_{CS}=\frac{V_{CC}-U_{CES}}{R_C}=\frac{12-0.3}{3}\text{mA}\approx 4\text{mA}$$

$$I_{BS}=\frac{I_{CS}}{\beta}=\frac{4}{50}\text{mA}=80\mu\text{A}$$

若$I_{BQ}<I_{BS}$，晶体管处于放大状态；若$I_{BQ}>I_{BS}$，晶体管处于饱和状态。

$R_B=300\text{k}\Omega$，此时有

$$I_{BQ}=\frac{V_{CC}-U_{BE}}{R_B}=\frac{12-0.7}{300}\text{mA}\approx 40\mu\text{A}$$

因为$I_{BQ}<I_{BS}$，所以晶体管处于放大状态。

则

$$I_{CQ}=\beta I_{BQ}=50\times 0.04\text{mA}=2\text{mA}$$

$$U_{CEQ}=V_{CC}-I_{CQ}R_C=(12-2\times 3)\text{V}=6\text{V}$$

2）$R_B=30\text{k}\Omega$，此时有

$$I_{BQ}=\frac{V_{CC}-U_{BE}}{R_B}=\frac{12-0.7}{30}\text{mA}\approx 400\mu\text{A}$$

因为$I_{BQ}>I_{BS}$，所以晶体管处于饱和状态，$I_{CQ}\neq\beta I_{BQ}$。

则

$$I_{CQ}=I_{CS}=\frac{V_{CC}-U_{CES}}{R_C}=\frac{12-0.3}{3}\text{mA}\approx 4\text{mA}$$

$$U_{CEQ}=U_{CES}=0.3\text{V}$$

（2）交流通路　交流通路是指在输入信号作用下交流信号流经的路径，用于研究放大电路的动态参数。交流通路的画法：

1）容量大的电容（如耦合电容）视为短路。

2）无内阻或内阻极小的直流电压源（如V_{CC}）视为短路。

3）电路中的其他元器件保留不变。

根据上述原则，可画出基本共发射极放大电路（见图2-6）的交流通路，如图2-9所示。

2. 图解法

图解法是利用晶体管的输入、输出特性曲线，通过作图来分析放大电路基本性能的方法。用来分析静态的图解法称静态图解法。用来分析动态的图解法称动态图解法。图解法的特点是简明、直观，但进行定量分析时，误差较大，而且晶体管的特性曲线只反应信号频率较低时电压和电流的关系，所以图解法一般适用于分析输出幅度大、工作频率不太高的情况。

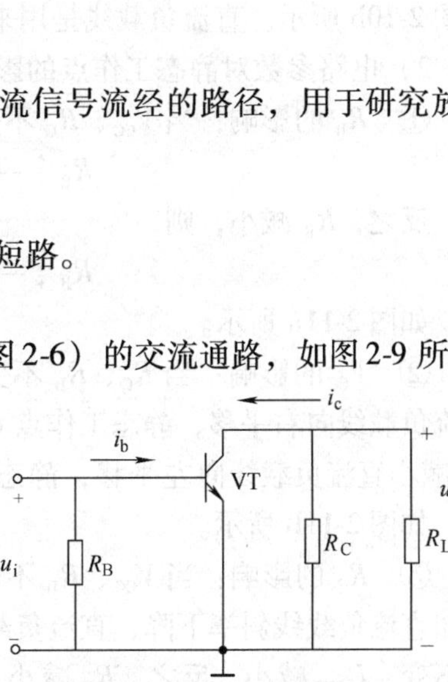

图2-9　基本共发射极放大电路的交流通路

（1）静态图解法

1）用图解法估算静态工作点。在图2-8所示基本共发射极放大电路的直流通路中，其

输入回路的电压方程为

$$U_{BEQ} = V_{CC} - I_{BQ}R_B$$

在晶体管的输入特性曲线上，画出与输入回路电压方程对应的直线，即为输入回路的直流负载线。该直线与输入特性曲线的交点，为输入回路中的静态工作点 Q，如图 2-10a 所示。

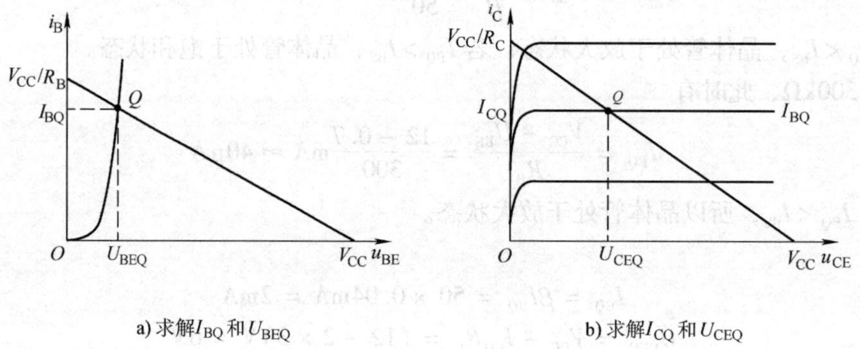

图 2-10　利用图解法求静态工作点

同理，在图 2-8 所示直流通路的输出回路中，其输出电压方程为

$$U_{CEQ} = V_{CC} - I_{CQ}R_C$$

在晶体管的输出特性曲线上画出与输出回路方程对应的直线，即为输出回路的直流负载线。该直线与输出特性曲线中 $I_B = I_{BQ}$的那条曲线的交点，便是输出回路中的静态工作点 Q，如图 2-10b 所示。直流负载线是用来确定静态工作点 Q 的。

2）电路参数对静态工作点的影响：

① R_B 的影响：当 V_{CC}、R_C 不变，输出回路的直流负载线不变，R_B 增大时，则

$$R_B\uparrow \rightarrow I_{BQ}\downarrow \rightarrow Q\downarrow \rightarrow I_{CQ}\downarrow \rightarrow U_{CEQ}\uparrow$$

反之，R_B 减小，则

$$R_B\downarrow \rightarrow I_{BQ}\uparrow \rightarrow Q\uparrow \rightarrow I_{CQ}\uparrow \rightarrow U_{CEQ}\downarrow$$

如图 2-11a 所示。

② V_{CC}的影响：当 R_C、R_B 不变时，直流负载线的斜率不变，V_{CC}增大，I_{BQ}增大，所以直流负载线向右平移，静态工作点 Q 也随之向右上方移动，使 I_{CQ}增大，U_{CEQ}也增大。反之，V_{CC}减小直流负载线向左平移，静态工作点 Q 也随之向左下方移动，使 I_{CQ}减小，U_{CEQ}也减小。如图 2-11b 所示。

③ R_C 的影响：当 V_{CC}、R_B 不变，R_C 增大时，根据直流负载线方程 $U_{CEQ} = V_{CC} - I_{CQ}R_C$，可知直流负载线斜率下降，直流负载线比原来的平坦，静态工作点 Q 沿 I_{BQ}向左移动，I_{CQ}基本不变，U_{CEQ}减小。反之，R_C 减小，直流负载线变陡，Q 点沿 I_{BQ}向右移动，I_{CQ}基本不变，U_{CEQ}增大。如图 2-11c 所示。

④ β 的影响：β 值变化的主要原因是由于更换晶体管或温度变化引起的。当 I_{BQ}不变，β 值增大时，晶体管输出特性曲线的间距加大，静态工作点 Q 向饱和区移动，I_{CQ}增大，U_{CEQ}减小。反之，β 值减小，晶体管输出特性曲线的间距变小，静态工作点 Q 向截止区移动，

I_{CQ}减小，U_{CEQ}增大。如图 2-11d 所示。

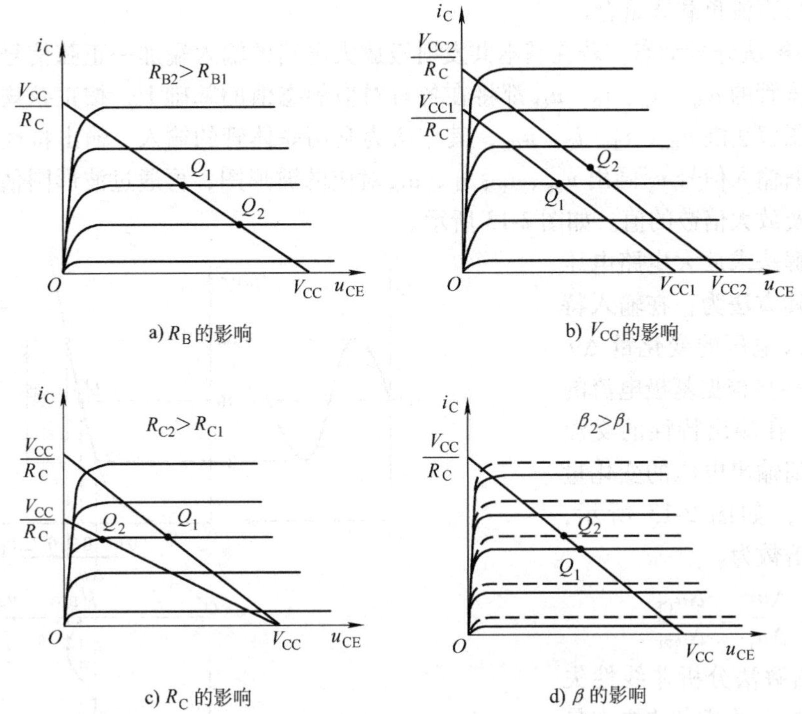

图 2-11　电路参数对静态工作点的影响

（2）动态图解法　用图解法进行动态分析，可以了解放大电路中各点电流、电压的波形及失真程度，同时也可以估算放大电路的电压放大倍数。

1）交流负载线。动态分析是在设定静态工作点的基础上，借助于放大电路的交流通路进行的。交流负载线是指交流信号遵循的负载线。

从基本共发射极电路的交流通路（见图 2-9）中可以看出，交流电流 i_c 不仅流经 R_C，还流经 R_L，因此称 $R_L /\!/ R_C$ 为交流负载电阻，用字母 R'_L表示，即 $R'_L = R_L /\!/ R_C$。

输出回路的动态方程便是集电极电流 i_c 在 R'_L上的压降即

$$u_{ce} = -i_c(R_C /\!/ R_L) = -i_c R'_L$$

式中，负号表示实际的电压方向与参考方向相反。

由于输入正弦信号 u_i 在变化过程中必有一瞬时值为 0，即 $u_i = 0$，此时电路的状态相当于静态，所以交流负载线必过 Q 点。只要过 Q 点作一条斜率为 $-1/R'_L$的直线，便是交流负载线。

因为 $R'_L < R_C$，所以交流负载线比直流负载线要陡一些，如图 2-12 所示。

交流负载线表示动态时工作点移动的轨迹，它是反映交流电流、电压的一条直线，因此也称交流负载线上的点为放大电路的动态工作点。

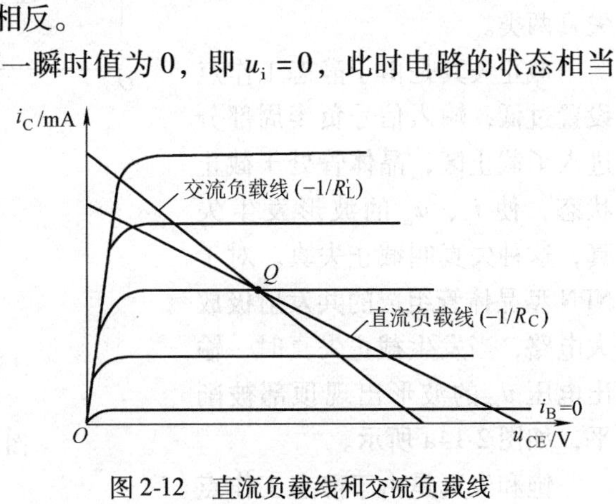

图 2-12　直流负载线和交流负载线

当输入信号 u_i 变化时，动态工作点将沿着交流负载线移动。输出端开路（$R_L=\infty$）时，交流负载线与直流负载线重合。

2）用图解法分析动态。若在基本共发射极放大电路的输入端加一正弦信号 u_i，在线性范围内，晶体管的 u_{BE}、i_B、i_C、u_{CE} 都将在各自对应静态值的基础上，按正弦规律变化。我们可以利用图解法画 u_{BE}、i_B、i_C、u_{CE}，其方法为利用晶体管的输入、输出特性曲线及静态工作点，根据输入信号 u_i 画出 u_{BE}、i_B、i_C、u_{CE} 对应的波形图，再通过波形图估算出各点的电流、电压及放大倍数的值。如图 2-13 所示。

利用图解法求放大电路电压放大倍数，其方法为：在输入特性上找到输入电压的变化量 Δu_i（Δu_{BE}），然后再根据基极电流的变化量 Δi_B，在输出特性的交流负载线上找到输出电压的变化量 Δu_o（Δu_{CE}），如图 2-13 所示，则电压放大倍数为

$$A_u=\frac{\Delta u_o}{\Delta u_i}=\frac{\Delta u_{CE}}{\Delta u_{BE}}$$

3）用图解法分析非线性失真。对放大电路最基本的要求是输出信号不失真。如果放大电路的静态工作点选择的不合适或输入信号幅度过大，都会使输出波形进入晶体管特性曲线的非线性区，从而引起信号失真。

通常称放大电路的工作范围超出了晶体管特性曲线的线性区所引起的失真叫做非线性失真。非线性失真分为截止失真和饱和失真两类。

截止失真是由于静态工作点设置过低，输入信号负半周部分进入了截止区，晶体管处于截止状态，使 i_c、u_{ce} 的波形发生失真，这种失真叫截止失真。对于 NPN 型晶体管组成的共发射极放大电路，当发生截止失真时，输出电压 u_{ce} 的波形出现顶部被削平，如图 2-14a 所示。

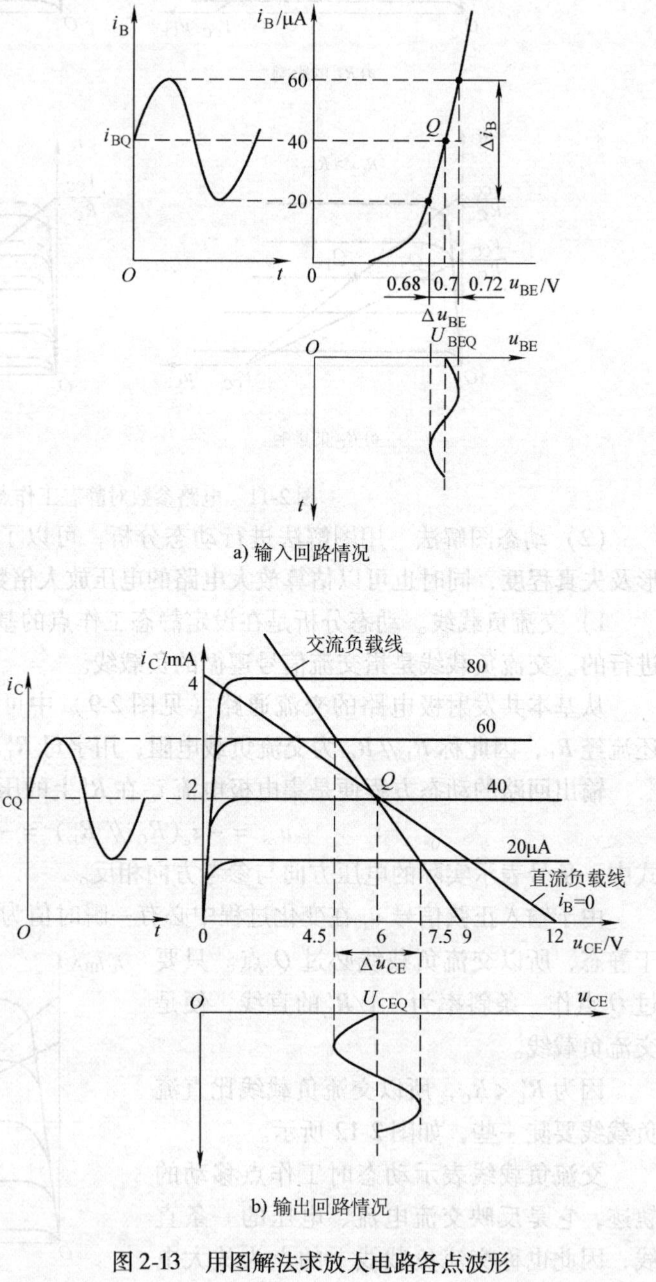

a) 输入回路情况

b) 输出回路情况

图 2-13　用图解法求放大电路各点波形

饱和失真是由于静态工作点

设置过高，输入信号正半周部分进入饱和区，晶体管处于饱和状态，i_c 不再随 i_b 的增大而增大。使 i_c、u_{ce}的波形发生失真，这种失真叫饱和失真。对于由 NPN 型晶体管组成的共发射极放大电路，当发生饱和失真时，输出电压 u_{ce}的波形出现底部被削平。如图 2-14b 所示。

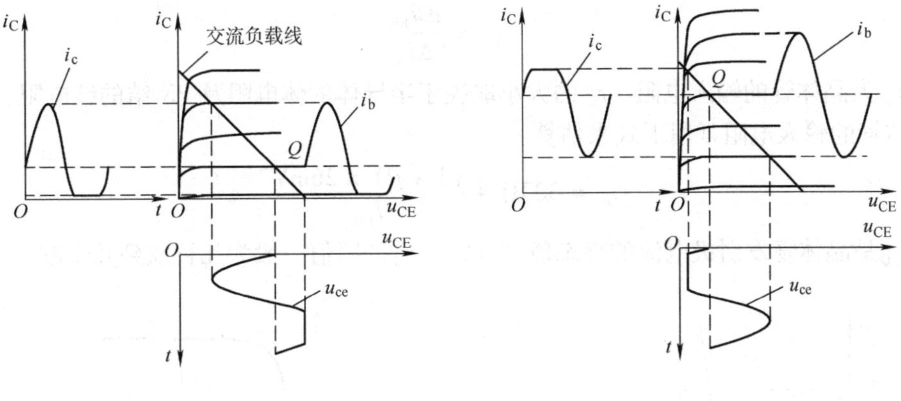

a) 截止失真　　b) 饱和失真

图 2-14　用图解法分析非线性失真

4）用图解法求动态范围及最大不失真输出电压。通常把最大不失真输出电压的峰-峰值，称为放大电路的动态范围，用字母 U_{omm} 表示。

如图 2-15 所示，A、B 两点分别处于饱和区和截止区的临界处。所以，交流负载线上 A、B 两点间的电位差便是动态范围，即

$$U_{omm} = U_{CE}$$

由此图可见，交流负载线比直流负载线（空载时）的动态范围要小，这意味着在相同输入信号 u_i 下，加入负载后不仅放大倍数降低，而且动态范围和最大不失真输出电压的幅度都将减小。

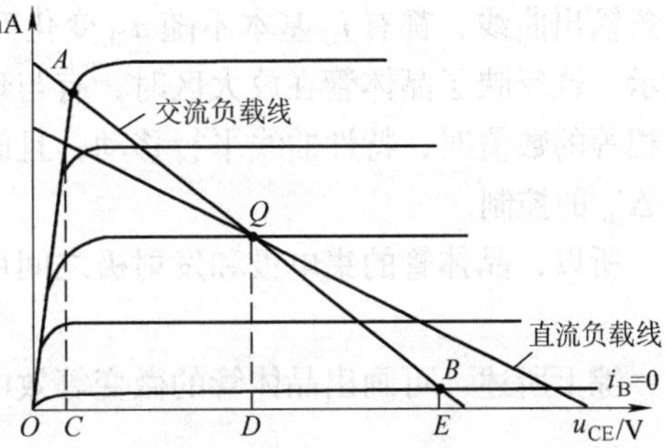

图 2-15　用图解法估算动态范围及最大输出幅度

一般静态工作点 Q 应尽量设置在交流负载线 AB 段的中点，使得 $AQ = QB$，$CD = DE$。

最大不失真输出电压的有效值 U_o为

$$U_o = \frac{U_{omm}}{2\sqrt{2}} = \frac{U_{CD}}{\sqrt{2}} = \frac{U_{DE}}{\sqrt{2}}$$

如果静态工作点 Q 没有设置在线段 AB 的中点，则 U_o由 CD 和 DE 中的较小者决定。

3. 微变等效电路法

在放大电路中，经常要进行动态的定量分析，其目的是要得到放大电路的主要动态性能指标。对放大电路进行动态分析常用的方法是微变等效电路法。

由于晶体管是非线性器件，因此不能用研究线性电路的理论来研究由晶体管构成的非线性放大电路。工程上为了使复杂的计算得以简化，常在低频小信号下，对晶体管的输入、输出特性做线性化处理，所谓线性化处理就是将非线性的放大电路近似等效为线性的放大电路，然后再用线性电路的分析方法来分析放大电路，而小信号是指微小变化的信号，故称此方法为微变等效电路法。用这种分析方法得出的结果与实际量结果基本一致。

（1）晶体管的微变等效电路　当输入信号较小时，如果晶体管工作在放大区，且选择的静态工作点比较合适，在静态工作点 Q 附近，输入特性曲线基本上是一条直线，如图 2-16 所示，因此，晶体管基射极间电压和电流的关系可以用一个等效电阻 r_{be} 来代表，即

$$r_{be} = \frac{\Delta u_{BE}}{\Delta i_B}$$

称 r_{be} 为晶体管的输入电阻，r_{be} 的大小取决于半导体的体电阻及 PN 结的结电阻。低频小功率晶体管的输入电阻常用下式来估算：

$$r_{be} = 300\Omega + \frac{(1+\beta) \times 26\text{mV}}{I_{EQ}}$$

式中，I_{EQ} 是晶体管发射极电流的静态值（mA），r_{be} 的阻值一般为几百欧到几千欧。

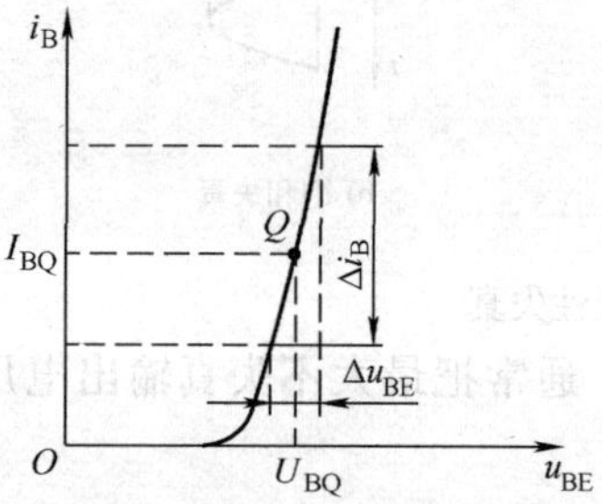

图 2-16　晶体管输入特性曲线的线性化

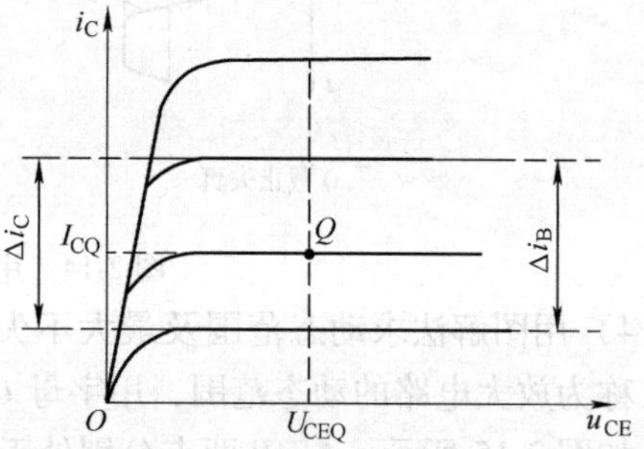

图 2-17　晶体管的输出特性曲线的线性化

晶体管的输出特性曲线基本上是一组等距离的平行直线，在静态工作点 Q 附近，任意一条输出曲线，都有 i_C 基本不随 u_{CE} 变化而变化的特点。因此，可视 i_C 为一恒量，如图 2-17 所示。这反映了晶体管在放大区时，有与理想恒流源相似的性质。从整组曲线来看，当 i_B 变化相等的数值时，特性曲线平行移动，且间距相等，这说明 $\Delta i_C/\Delta i_B$ 为常数，且 Δi_C 的大小受 Δi_B 的控制。

所以，晶体管的集电极和发射极之间可以等效为一个受控的恒流源，i_c 的大小为

$$i_c = \beta i_b$$

综上所述，可画出晶体管的微变等效电路，如图 2-18 所示。

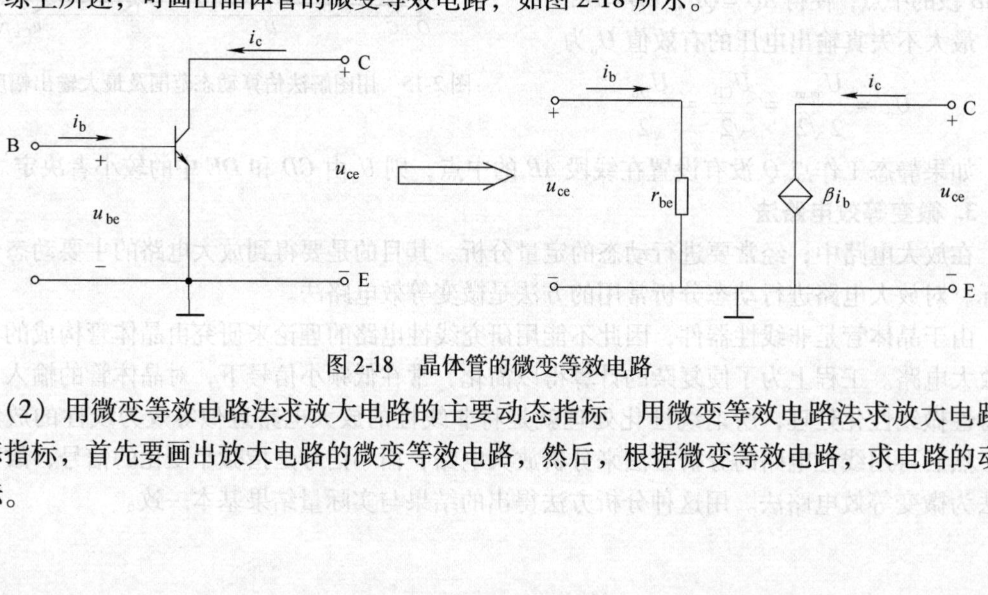

图 2-18　晶体管的微变等效电路

（2）用微变等效电路法求放大电路的主要动态指标　用微变等效电路法求放大电路的动态指标，首先要画出放大电路的微变等效电路，然后，根据微变等效电路，求电路的动态指标。

1）放大电路的微变等效电路。先画出基本共发射极放大电路的交流通路，如图 2-19a 所示，再将交流通路中的晶体管用其微变等效电路代替，放大电路的微变等效电路如图 2-19b 所示。

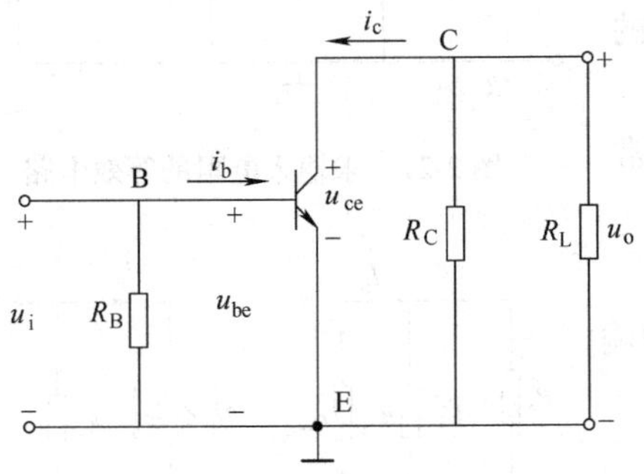

a) 交流通路

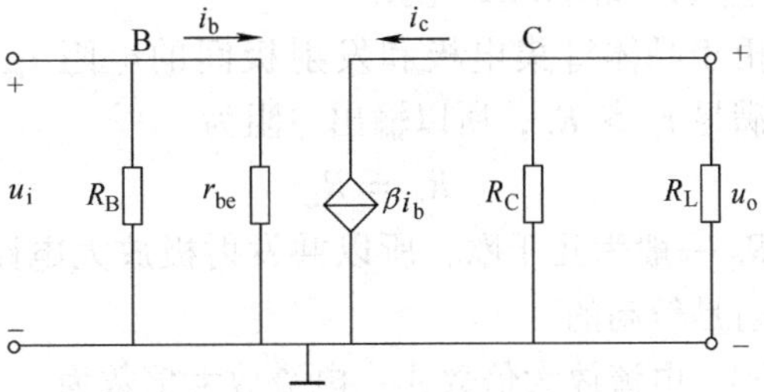

b) 微变等效电路

图 2-19　基本共发射极放大电路的等效电路

2）求放大电路的动态指标。在图 2-6 所示电路的输入端加上一个正弦电压信号 u_s，其微变等效电路如图 2-20 所示。图中各支路电压、电流均用正弦相量表示。

① 电压放大倍数 A_u：由图 2-20 可得输入电压为

$$U_i = I_b r_{be}$$

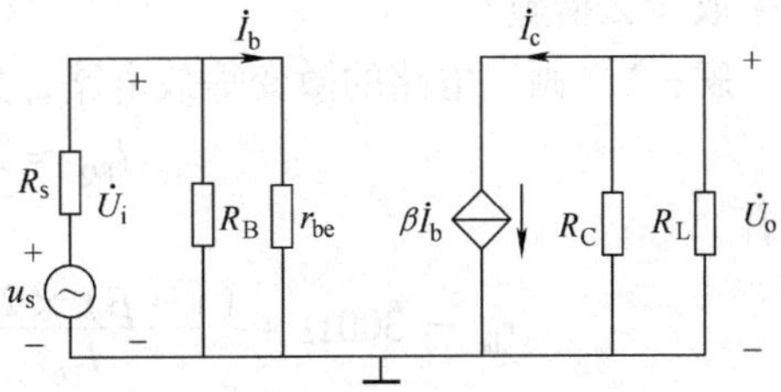

图 2-20　加正弦电压信号时的微变等效电路

输出电压为

$$U_o = -I_c R'_L = -\beta I_b R'_L$$

等效负载电阻为

$$R'_L = R_C \mathbin{/\mkern-6mu/} R_L = \frac{R_C R_L}{R_C + R_L}$$

放大倍数为

$$A_u = \frac{U_o}{U_i} = -\frac{\beta I_b R'_L}{I_b r_{be}} = -\frac{\beta R'_L}{r_{be}}$$

式中，负号表示共发射极放大电路的输出电压与输入电压的相位反相。

空载时的电压放大倍数为（未接负载 R_L，输出端开路）

$$A_{uo} = -\frac{\beta R_C}{r_{be}}$$

可见，接负载 R_L 后的电压放大倍数比空载电压放大倍数降低了。R_L 愈小，电压放大倍数愈低。

② 放大电路的输入电阻 R_i：放大电路的输入电阻 R_i 是指放大电路去掉信号源 u_s 和内阻 R_s，输出端接上负载 R_L 时，从放大电路输入端向放大电路内看进去的等效电阻，如图 2-21 所示。

由图 2-21 可得

$$R_i = R_B \mathbin{/\mkern-6mu/} r_{be}$$

由于 $R_B \gg r_{be}$，所以有

$$R_i \approx r_{be}$$

③ 放大电路的输出电阻 R_o：放大电路的输出电阻是指在输入信号 $u_s=0$，保留内阻 R_s，去掉负载 R_L 时，从放大电路输出端向放大电路内看进去的等效电阻，如图 2-22 所示。

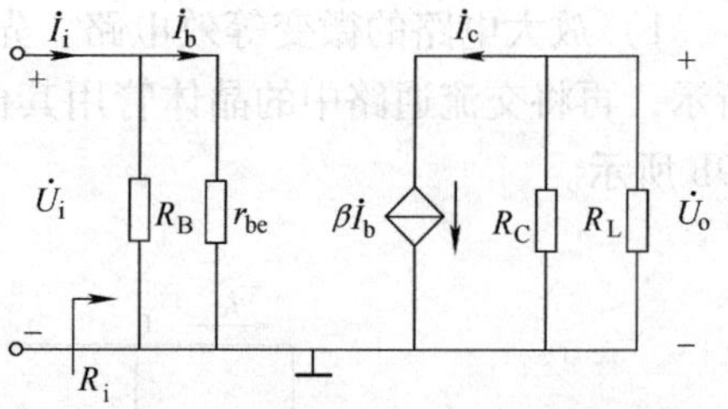

图 2-21 求输入电阻的等效电路

由于晶体管集电极和发射极间的电阻 r_{ce} 非常大，满足 $r_{ce} \gg R_C$，所以输出电阻为

$$R_o = R_C$$

R_C 一般为几千欧，所以共发射极放大电路的输出电阻是较高的。

④ 电流放大倍数 A_i：电流放大倍数为

$$A_i \approx \frac{i_c}{i_b} = \beta$$

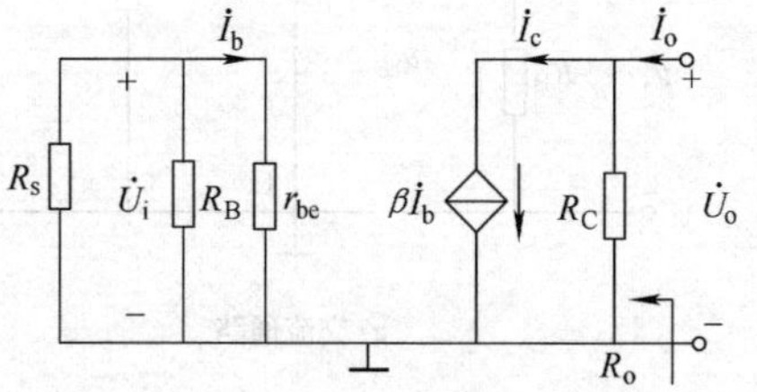

图 2-22 求输出电阻的等效电路

例 2-2 在例 2-1 中，若 $R_L=3\text{k}\Omega$。试求：

1）晶体管的输入电阻 r_{be} 及放大电路的输入电阻 R_i、输出电阻 R_o、电压放大倍数 A_u。

2）电路中晶体管的型号、直流电源 V_{CC} 及 R_C 不变，若提高电路的电压放大倍数 $|A_u|$，可采取什么措施?

解：1）画出电路的微变等效电路，如图 2-19b 所示，由例 2-1 中计算得

$$I_{EQ} \approx I_{CQ} = 2\text{mA} \approx I_{EQ}$$

则有

$$r_{be} = 300\Omega + \frac{(1+\beta)\times 26\text{mV}}{I_{EQ}} = 300\Omega + \frac{51\times 26\text{mV}}{2\text{mA}} = 963\Omega$$

$$R'_L = R_C /\!/ R_L = \frac{R_C R_L}{R_C + R_L} = \frac{3\times 3}{3+3}\text{k}\Omega = 1.5\text{k}\Omega$$

$$A_u = \frac{U_o}{U_i} = -\frac{\beta R'_L}{r_{be}} = -50\times\frac{1.5}{0.96} \approx -78$$

$$R_i = r_{be} /\!/ R_B \approx r_{be} = 963\Omega$$

$$R_o = R_C = 3\text{k}\Omega$$

2）在晶体管的型号、直流电源及 R_C 不变的条件下，若提高电路的电压放大倍数 $|A_u|$，需减小 r_{be}。采取的措施为：调整静态工作点，减小基极电阻 R_B，即

$$|A_u|\uparrow \rightarrow r_{be}\downarrow \rightarrow I_{EQ}\uparrow \rightarrow I_{CQ}\uparrow \rightarrow I_{BQ}\uparrow \rightarrow R_B\downarrow$$

2.2.3 静态工作点稳定的共发射极放大电路

放大电路静态工作点的位置不仅能决定电路是否会产生失真，还影响着电路的电压放大倍数、输入电阻等动态参数。如果静态工作点不稳定，放大电路的这些参数将发生变化，严重时会使放大电路不能正常工作。因此如何保持静态工作点的稳定，是十分重要的。

1. 温度对静态工作点的影响

我们已经知道，晶体管的 β、I_{CBO}、I_{CEO} 这些参数随温度的升高而增大，U_{BE} 随温度升高

而降低。因此，I_{CQ}也会随温度的升高而增大，而I_{CQ}随温度增大表现在对静态工作点上的影响是：当温度升高时，静态工作点 Q 将沿直流负载线上移，向饱和区变化；当温度下降时，静态工作点 Q 将沿直流负载线下移，向截止区变化。静态工作点 Q 随温度变化而发生偏移的结果是导致输出波形失真。

2. 电路的组成

静态工作点稳定的共发射极放大电路也称分压式放大电路，如图 2-23 所示。由图可见，解决基本共发射极放大电路工作点不稳定的办法是在电路结构上采取措施，改进后的电路在原基本共发射极放大电路的基础上，增加了 R_{B1}、R_E 和 C_E 三个元件。

R_{B1}为下偏置电阻。它的作用是通过 R_{B2}、R_{B1}对直流电源 V_{CC}的分压，给晶体管的基极提供固定不变的电位 U_{BQ}。因此，也称此电路为分压式放大电路。

若使基极电位 U_{BQ} 固定不变，需合理的选择 R_{B1}、R_{B2}的阻值。

当 R_{B1}、R_{B2} 阻值的选择满足 $I_2 \gg I_{BQ}$ 时，可忽略 I_{BQ}。

一般硅管取 I_2 = （5 ~ 10）I_{BQ}，对锗管取 I_2 = （10 ~ 20）I_{BQ}，便可认为 $I_2 \gg I_{BQ}$，I_2 也不能过大，否则 R_{B1}、R_{B2}上的直流损耗太大。

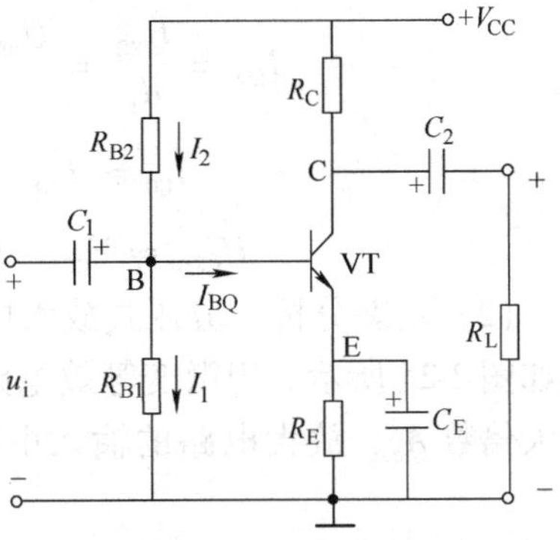

图 2-23　分压式放大电路

在此条件下有

$$I_2 = I_1 + I_{BQ} \approx I_1$$

$$U_{BQ} = \frac{V_{CC}R_{B1}}{R_{B1} + R_{B2}}$$

由于电阻的阻值基本不受温度变化的影响，所以，可以认为 U_{BQ}的值是固定不变的。

R_E 为发射极电阻。它的作用是利用 R_E 将 I_{EQ}的变化转换成电压 U_{EQ}的变化，并把 U_{EQ}回送到输入回路，通过 U_{EQ}自动调节 I_{BQ}，以保证 I_{CQ}不变，达到稳定静态工作点的目的。

C_E 为发射极旁路电容。它的作用是对 R_E 上的交流信号旁路，使 R_E 上不存在交流压降，从而避免电压放大倍数 $|A_u|$ 的下降。C_E 一般取 50 ~ 100μF。

3. 稳定静态工作点的原理

分压式放大电路稳定静态工作点 Q 的过程可以用下面的流程图来表示，即

$$T\uparrow \rightarrow I_{CQ}\uparrow \rightarrow I_{BQ}\uparrow \rightarrow U_{EQ}\uparrow \rightarrow U_{BEQ}\downarrow (U_{BEQ} = U_{BQ} - U_{EQ},\text{而 } U_{BQ}\text{ 不变}) \rightarrow$$
$$I_{BQ}\downarrow \rightarrow I_{CQ}\downarrow \rightarrow \Delta I_{CQ} \approx 0$$

同理可分析出，当温度降低时，电路中各电量与上述过程变化相反，即

$$T\downarrow \rightarrow I_{CQ}\downarrow \rightarrow I_{EQ}\downarrow \rightarrow U_{EQ}\downarrow \rightarrow U_{BEQ}\uparrow \rightarrow I_{BQ}\uparrow \rightarrow I_{CQ}\uparrow \rightarrow \Delta I_{CQ} \approx 0$$

通过上述分析可得 R_E 越大，同样的 I_{EQ}变化量所产生的 U_{EQ}变化量也越大，则电路的稳定性越好。但是 R_E 增大后，U_{EQ}随之增大，这将导致 U_{CEQ}减小，使放大电路的动态范围减小，为了得到同样幅度的输出电压，必须增大 V_{CC}。因此，需兼顾考虑。一般 R_E 为几百到几千欧。

由于 $U_{BQ} = U_{EQ} + U_{BEQ}$，这样也限定了基极电位的选择也不能过大。

通常硅管取 U_{BQ} = 3 ~ 5V，锗管取 U_{BQ} = 1 ~ 3V。

4. 电路分析

（1）静态分析　分压式放大电路的直流通路如图 2-24 所示，根据直流通路估算静态工作点。

因为

$$I_2 >> I_{BQ}$$

所以有

$$I_2 = I_1 + I_{BQ} \approx I_1$$

$$U_{BQ} \approx \frac{R_{B1}V_{CC}}{R_{B1}+R_{B2}}$$

$$I_{EQ} = \frac{U_{EQ}}{R_E} = \frac{U_{BQ}-U_{BEQ}}{R_E} \approx \frac{U_{BQ}}{R_E}$$

$$I_{CQ} \approx I_{EQ} \quad I_{BQ} = \frac{I_{CQ}}{\beta}$$

$$U_{CEQ} \approx V_{CC} - I_{CQ}(R_C + R_E)$$

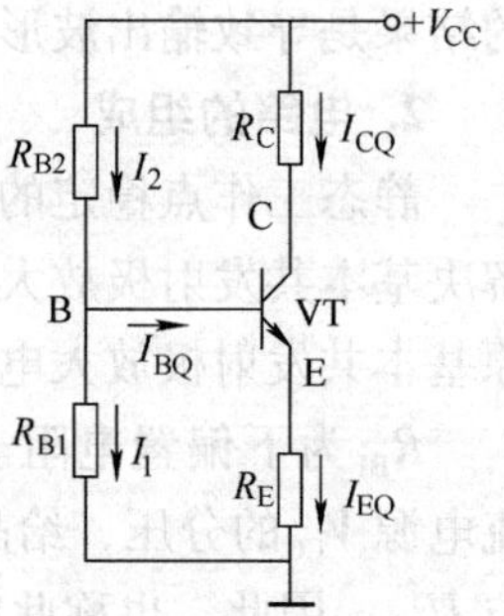

图 2-24　分压式放大电路的直流通路

（2）动态分析　分压式放大电路的微变等效电路如图 2-25 所示。用微变等效电路法，可求得电压放大倍数 A_u、放大电路的输入电阻 R_i 和输出电阻 R_O。

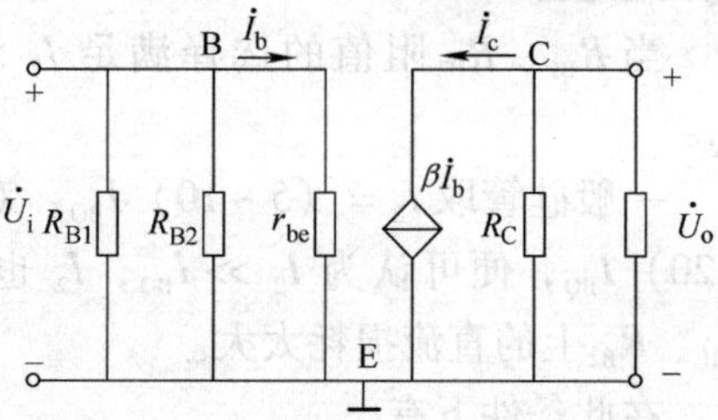

图 2-25　分压式放大电路的微变等效电路

$$A_u = -\frac{\beta R'_L}{r_{be}} = -\frac{\beta(R_C /\!/ R_L)}{r_{be}} \qquad A_i \approx \frac{i_c}{i_b} = \beta$$

$$R_i = R_{B1} /\!/ R_{B2} /\!/ r_{be}$$

$$R_O = R_C$$

工程中常用的工作点稳定的放大电路如图 2-26a 所示。它在原分压式放大电路的基础

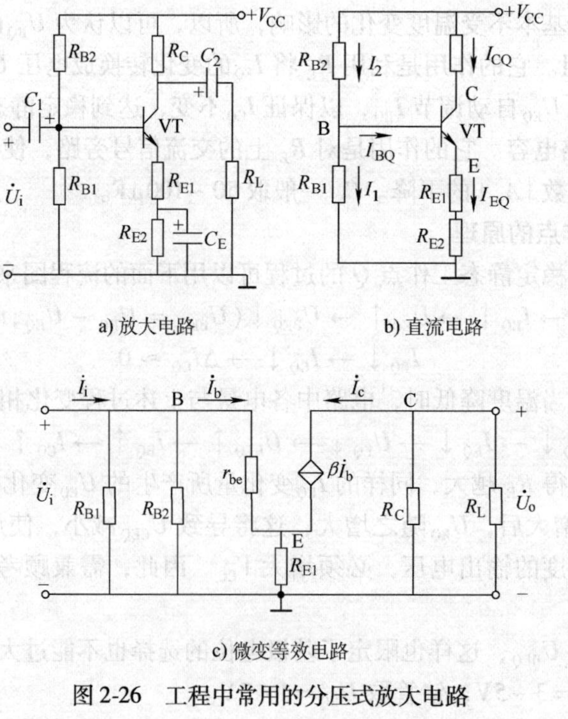

图 2-26　工程中常用的分压式放大电路

上，在发射极加了一个电阻 R_{E1}。图 2-26b、c 是它的直流通路和微变等效电路。

R_E 在这里的作用是提高放大电路的输入电阻。对交流通路来说，由于 R_{B1}、R_{B2} 的并联效果使放大电路的输入电阻降低。所以，在发射极增加一个小电阻 R_{E1}，使其不被 C_E 旁路，以避免放大电路输入电阻的降低。

该电路的分析方法与原分压式放大电路相同。静态工作点的估算与原分压式放大电路一样，这里只是 $R_E = R_{E1} + R_{E2}$。

A_u、R_i、R_o 的估算，同样是利用微变等效电路法推导出来的，公式分别为

$$A_u = -\frac{\beta(R_C /\!/ R_L)}{r_{be} + (1+\beta)R_{E1}}$$

$$A_i = \frac{I_o}{I_i} \approx \frac{I_c}{I_b} = \beta$$

$$R_i = R_{B1} /\!/ R_{B2} /\!/ [r_{be} + (1+\beta)R_{E1}]$$

$$R_o = R_C$$

上述公式读者可自行分析推导。

语音放大器中的输入放大部分采用的就是这一电路。该电路在实际电子电路中应用很广，它能自动调节静态工作点，提高静态工作点的稳定性。而且当电路需要更换晶体管时，此电路不会因晶体管的参数不同而引起静态工作点的变化。

例 2-3 图 2-26a 所示电路中，晶体管为硅管，$\beta=70$，$R_{B1}=20\text{k}\Omega$，$R_{B2}=75\text{k}\Omega$，$R_{E2}=1\text{k}\Omega$，$R_{E1}=100\Omega$，$R_C=5.1\text{k}\Omega$，$R_L=5.1\text{k}\Omega$，$V_{CC}=12\text{V}$，$C_1=C_2=10\mu\text{F}$，$C_E=10\mu\text{F}$。

求：1）静态工作点 Q。

2）更换晶体管使 $\beta=100$，看静态工作点有何变化，并说明原理。

3）$\beta=70$ 时，放大电路的输入电阻 R_i、输出电阻 R_o 及电压放大倍数 A_u。

4）利用 Multisim 进行仿真，观测输出波形。

5）在上偏置电阻 R_{B2} 支路上串接一个电阻 R_4，调节 R_4 的大小，观测输出波形并说明原理。

解： 画直流通路如图 2-26b 所示，估算静态工作点。

1）$\beta=70$ 时的静态工作点为

$$U_{BQ} = \frac{V_{CC}R_{B1}}{R_{B1}+R_{B2}} = \frac{12\times 20}{75+20}\text{V} \approx 2.53\text{V}$$

$$I_{EQ} = \frac{U_{BQ}-U_{BEQ}}{R_{E1}+R_{E2}} = \frac{2.53-0.7}{0.1+1}\text{mA} \approx 1.66\text{mA}$$

$$I_{BQ} = \frac{I_{EQ}}{\beta+1} = \frac{1.66}{71}\text{mA} \approx 23\mu\text{A}$$

$$I_{CQ} = I_{EQ} - I_{BQ} = (1.66-0.023)\text{mA} = 1.637\text{mA}$$

$$U_{CEQ} \approx V_{CC} - I_{CQ}(R_C + R_E) = [12 - 1.637\times(5.1+1.1)]\text{V} \approx 1.85\text{V}$$

2）$\beta=100$ 时的静态工作点为

$$U_{BQ} = \frac{V_{CC}R_{B1}}{R_{B1}+R_{B2}} = \frac{12\times 20}{75+20}\text{V} = 2.53\text{V}$$

$$I_{EQ} = \frac{U_{BQ}-U_{BEQ}}{R_{E1}+R_{E2}} = \frac{2.53-0.7}{0.1+1}\text{mA} = 1.66\text{mA}$$

$$I_{BQ}=\frac{I_{EQ}}{\beta+1}=\frac{1.66}{101}\text{mA}\approx16.4\mu\text{A}$$

$$I_{CQ}=I_{EQ}-I_{BQ}=(1.66-0.0164)\text{mA}=1.644\text{mA}$$

$$U_{CEQ}\approx V_{CC}-I_{CQ}(R_C+R_E)=[12-1.64\times(5.1+1.1)]\text{V}=1.832\text{V}$$

从计算结果中看到，当$\beta=70$时，$I_{CQ}=1.637\text{mA}$；当$\beta=100$时，$I_{CQ}=1.644\text{mA}$，I_{CQ}基本不变。

根据晶体管的特性，$\beta=100$时，I_{CQ}应该增大，但由于电路中R_E（$R_E=R_{E1}+R_{E2}$）的作用，当I_{BQ}由23μA降低到16.4μA时，I_{CQ}基本保持不变，可见此电路能够稳定静态工作点。

3）求放大电路的输入电阻R_i、输出电阻R_o及电压放大倍数A_u。画微变等效电路如图2-26c所示，则

$$r_{be}=300\Omega+\frac{(1+\beta)\times26\text{mV}}{I_{EQ}}$$

$$=300\Omega+\frac{(1+70)\times26\text{mV}}{1.66\text{mA}}\approx1.41\text{k}\Omega$$

$$R_i=R_{B1}/\!/R_{B2}/\!/[r_{be}+(1+\beta)R_{E1}]$$

$$=20/\!/75/\!/[1.41+(1+70)\times0.1]\text{k}\Omega\approx5.53\text{k}\Omega$$

$$R_o=R_C=5.1\text{k}\Omega$$

$$A_u=\frac{-\beta R_C/\!/R_L}{r_{be}+(1+\beta)R_{E1}}$$

$$=\frac{-70(5.1/\!/5.1)}{1.41+(1+70)\times0.1}\approx-20.61$$

4）仿真电路如图2-27所示。调节R_4使$R_{B2}=R_{b2}+R_4=75\text{k}\Omega$，仿真后放大电路的输出波形如图2-28a所示。

图2-27　仿真电路

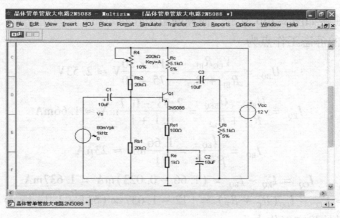

5）减小R_4出现饱和失真，如图2-28b所示。其原理为

$$R_4\downarrow\rightarrow I_{BQ}\uparrow\rightarrow I_{CQ}\uparrow\rightarrow Q\uparrow$$

增大R_4出现截止失真，如图2-28c所示。其原理为

$$R_4\uparrow \rightarrow I_{BQ}\downarrow \rightarrow I_{CQ}\downarrow \rightarrow Q\downarrow$$

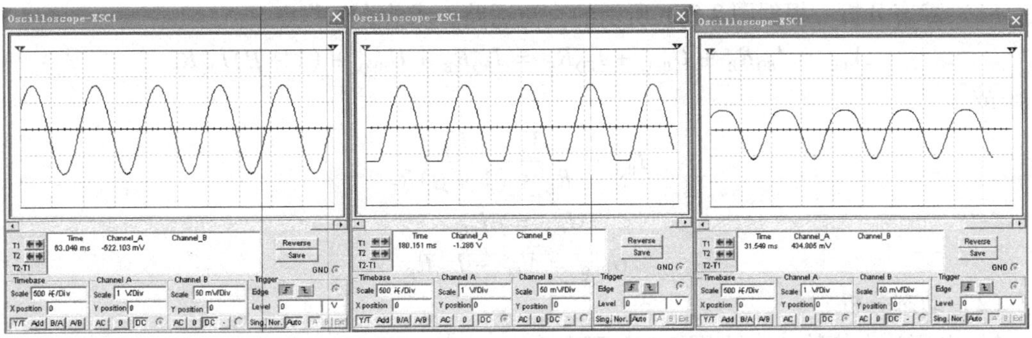

a)放大　　b)饱和　　c)截止

图 2-28　仿真输出波形

2.2.4　共集电极放大电路

1. 电路组成

图 2-29a 所示为共集电极放大电路，它的直流通路如图 2-29b 所示，交流通路和微变等效电路如图 2-30 所示。从交流通路中可以看出，晶体管的集电极是输入回路与输出回路的公共端，因此称此电路为共集电极放大电路。

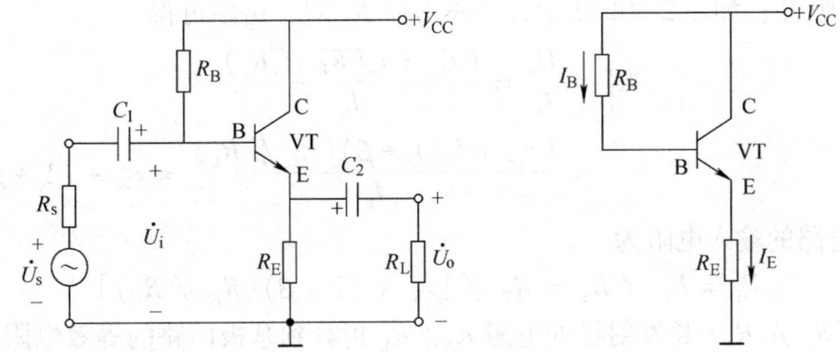

a)共集电极放大电路　　b)直流通路

图 2-29　共集电极放大电路及其直流通路

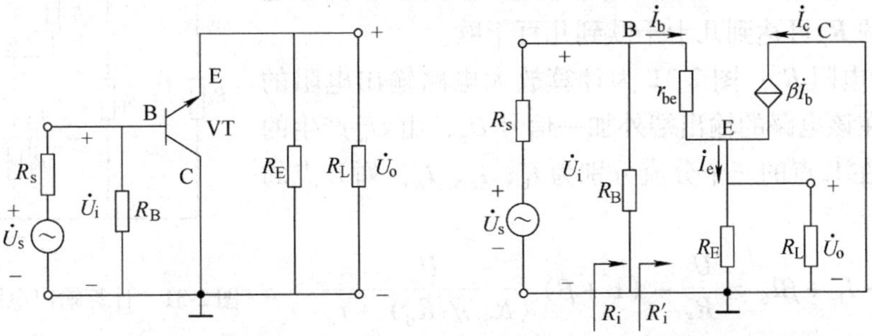

a) 交流通路　　b) 微变等效电路

图 2-30　共集电极放大电路的交流通路及微变等效电路

2. 电路分析

（1）静态分析　根据图 2-29b 所示的直流通路，求静态工作点。

$$V_{CC} = I_{BQ}R_B + U_{BEQ} + I_{EQ}R_E = I_{BQ}R_B + U_{BEQ} + (1+\beta)I_{BQ}R_E$$

故

$$I_{BQ} = \frac{V_{CC} - U_{BEQ}}{R_B + (1+\beta)R_E}$$

$$I_{CQ} = \beta I_{BQ}$$

$$U_{CEQ} = V_{CC} - I_{EQ}R_E$$

（2）动态分析

1）电压放大倍数 A_u：由图 2-30b 可得

$$U_i = I_b r_{be} + I_e(R_E /\!/ R_L) = I_b r_{be} + (1+\beta)I_b(R_E /\!/ R_L)$$

$$U_o = I_e(R_E /\!/ R_L) = (1+\beta)I_b(R_E /\!/ R_L)$$

故

$$A_u = \frac{U_o}{U_i} = \frac{(1+\beta)(R_E /\!/ R_L)}{r_{be} + (1+\beta)(R_E /\!/ R_L)}$$

因为 $(1+\beta)(R_E/\!/R_L) \gg r_{be}$，所以 A_u 小于且近似等于 1，说明输出电压 U_o 与输入电压 U_i 大小基本同等，相位相同。可见，共集电极放大电路没有电压放大作用，具有输出电压跟随输入电压而变化的特点，所以也称此电路为射极跟随器。

2）输入电阻 R_i：如图 2-30b 所示，当不考虑 R_B 时，由图可得

$$R_i' = \frac{U_i}{I_b} = \frac{I_b r_{be} + I_e(R_E /\!/ R_L)}{I_b} = \frac{I_b r_{be} + I_b(1+\beta)(R_E /\!/ R_L)}{I_b} = r_{be} + (1+\beta)(R_E /\!/ R_L)$$

所以放大电路的输入电阻为

$$R_i = R_B /\!/ R_i' = R_B /\!/ [r_{be} + (1+\beta)(R_E /\!/ R_L)]$$

式中，$(1+\beta)(R_E /\!/ R_L)$ 是发射极的电阻 $R_E/\!/R_L$ 折算到基极回路的等效电阻，折算的原则是电压保持不变。所以计算输入电阻时，可以将发射极电阻扩大 $(1+\beta)$ 倍（电流减小 $1+\beta$ 倍）折算到基极回路中进行计算。因此共集电极放大电路的 R_i 与共发射极放大电路的 R_i 相比提高了很多，共集电极放大电路的 R_i 可达到几十千欧到几百千欧。

3）输出电阻 R_o：图 2-31 为计算放大电路输出电阻的等效电路。在该电路的输出端外加一信号 U_o，由 U_o 产生的输出电流 I_o 在 E 点的三个分流分别为 I_b、I_c、I_e，列 E 点的电流方程为

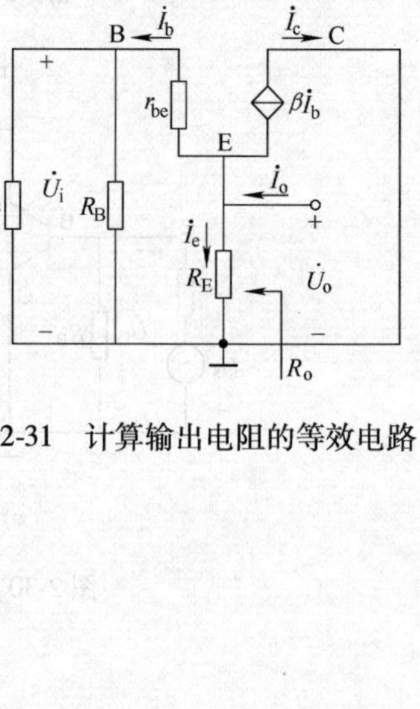

图 2-31　计算输出电阻的等效电路

$$I_o = I_e + I_b + \beta I_b = \frac{U_o}{R_E} + (1+\beta)\frac{U_o}{(R_S /\!/ R_B) + r_{be}} = U_o\left[\frac{1}{R_E} + \frac{1+\beta}{(R_S /\!/ R_B) + r_{be}}\right]$$

所以放大电路的输出电阻为

$$R_o = \frac{U_o}{I_o} = R_E \,//\, \frac{(R_s \,//\, R_B) + r_{be}}{1+\beta}$$

式中，$[(R_s \,//\, R_B) + r_{be}]/(1+\beta)$ 是基极回路的电阻（$R_s // R_B$） $+r_{be}$ 折算到发射极的等效电阻，折算的原则仍是电压保持不变。所以计算输出电阻时，可将基极回路的电阻缩小 $1+\beta$ 倍（电流扩大 $1+\beta$ 倍）折算到发射极回路中进行计算。共集电极放大电路的 R_o 与共发射极放大电路的 R_o 相比减小了很多，共集电极放大电路的 R_o 可小到几十欧。

4）电流放大倍数 A_i：电流放大倍数为

$$A_i = \frac{I_o}{I_i} \approx \frac{I_e}{I_b} = 1+\beta$$

这说明共集电极放大电路虽然没有电压放大能力，但有电流放大能力。

通过上述分析可得，共集电极放大电路具有输入电阻大、输出电阻小及较强的电流放大能力，但它不具备电压放大作用。因此，它从信号源索取的电流小，带负载的能力强，还可以通过输入输出电阻的变换，使多极放大电路前后级阻抗达到匹配。所以在多极放大电路中，共集电极放大电路常用作输入级、输出级和缓冲级。

2.2.5 共基极放大电路

1. 电路组成

图 2-32a 所示为共基极放大电路。它的直流通路、交流通路和微变等效电路如图 2-32b、c、d 所示。从交流通路中可以看出，晶体管的基极是输入回路与输出回路的公共端，因此称此电路为共基极放大电路。

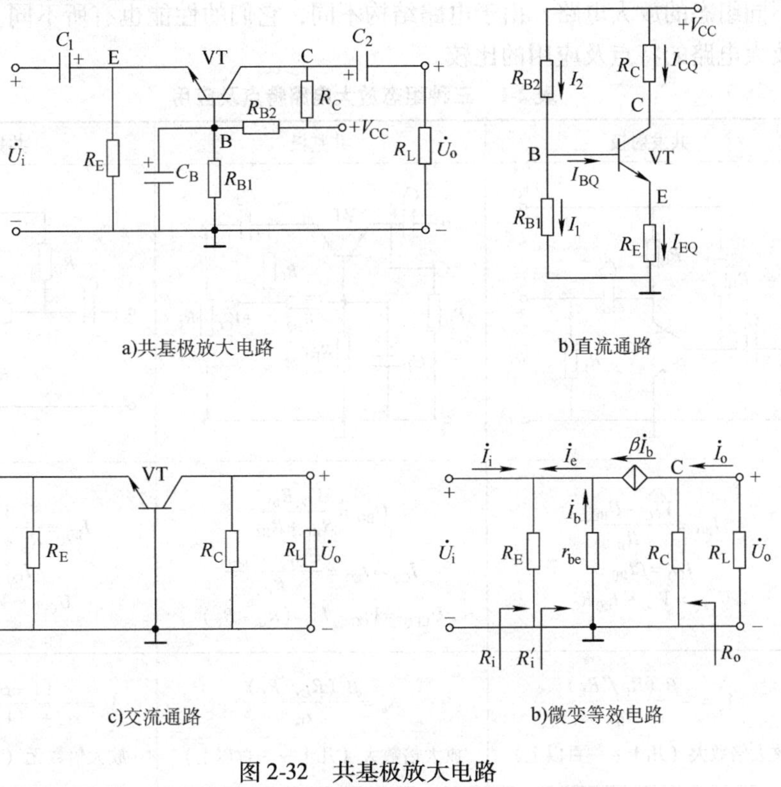

图 2-32 共基极放大电路

2. 电路分析

（1）静态分析　共基极放大电路的直流通路与分压式共发射极放大电路的直流通路相同，如图 2-32b 所示。因此，两电路静态工作点的计算公式一样。

（2）动态分析　根据前面所讲的等效电器法可得电压放大倍数、电流放大倍数、输入电阻和输出电阻为

$$A_u = \frac{U_o}{U_i} = \beta\left(\frac{R_C /\!/ R_L}{r_{be}}\right)$$

$$A_i = \frac{I_o}{I_i} \approx \frac{I_c}{-I_e} = -\alpha$$

$$R_i = R_E /\!/ R_i' = R_E /\!/ \left(\frac{r_{be}}{1+\beta}\right)$$

$$R_o \approx R_C$$

式中，α 为晶体管的共基极电流放大系数，由于 α 小于且接近于 1，所以共基极放大电路没有电流放大作用。

综上所述，共基极放大电路具有输入电阻小（只有几十欧）、输出电阻较大（与基本共发射极放大电路相同，均为 R_C），以及较强的同相电压放大能力，但它不具备电流放大作用。共基极放大电路的通频带是三种组态放大电路中最宽的，它的频率特性最好，适于作宽频带放大电路。

2.2.6　放大电路三种组态性能的比较

三种不同组态的放大电路，由于电路结构不同，它们的性能也有所不同。表 2-1 给出了不同组态放大电路的特点及应用的比较。

表 2-1　三种组态放大电路特点及应用

组态	共发射极	共基极	共集电极
电路	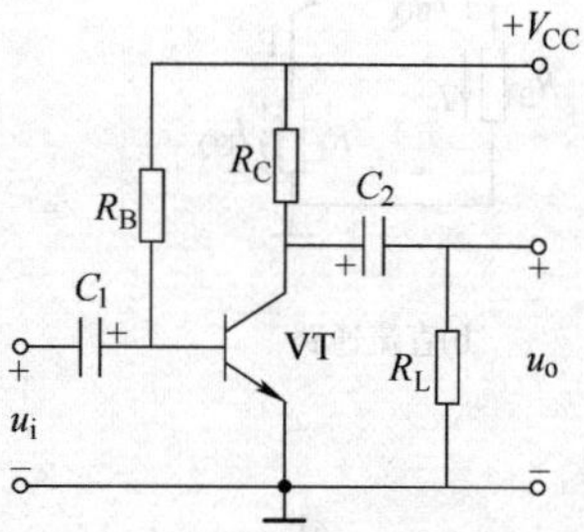	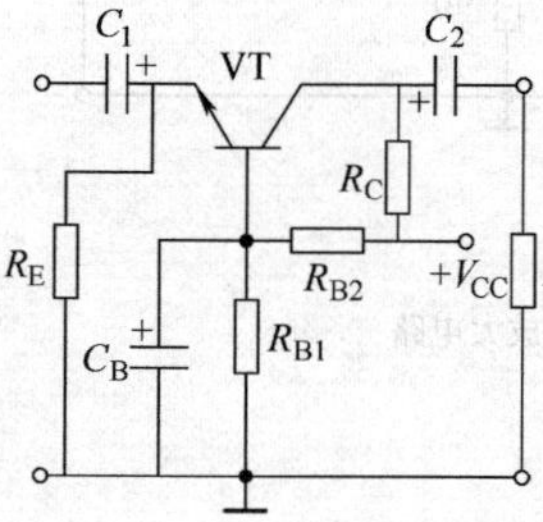	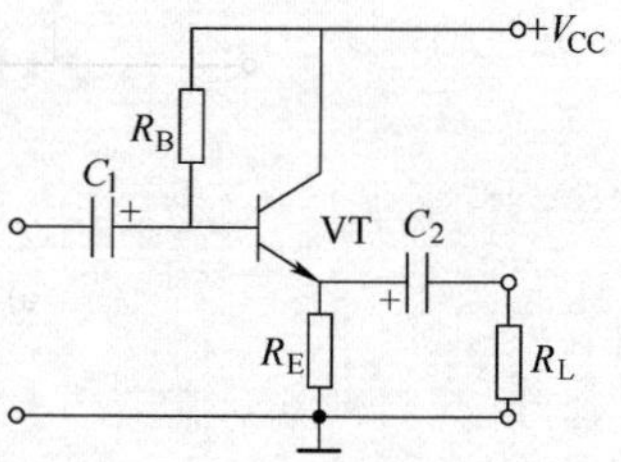
静态工作点的估算	$I_{BQ} = \frac{V_{CC} - U_{BEQ}}{R_B}$ $I_{CQ} = \beta I_{BQ}$ $U_{CEQ} = V_{CC} - I_{CQ}R_C$	$U_{BQ} = \frac{V_{CC}R_{B1}}{R_{B1} + R_{B2}}$ $I_{CQ} \approx I_{EQ} = \frac{U_{EQ} - U_{BEQ}}{R_E}$ $U_{CEQ} \approx V_{CC} - I_{CQ}(R_C + R_E)$	$I_{BQ} = \frac{V_{CC} - U_{BEQ}}{R_B + (1+\beta)R_E}$ $I_{CQ} = \beta I_{BQ}$ $U_{CEQ} \approx V_{CC} - I_{CQ}R_E$
A_u	$A_u = -\frac{\beta(R_C /\!/ R_L)}{r_{be}}$ 放大倍数大（几十～一百以上）	$A_u = \frac{\beta(R_C /\!/ R_L)}{r_{be}}$ 放大倍数大（几十～一百以上）	$A_u = \frac{(1+\beta)(R_E /\!/ R_L)}{r_{be} + (1+\beta)(R_E /\!/ R_L)}$ 放大倍数无（小于近似等于 1）

（续）

组态	共发射极	共基极	共集电极
A_i	$A_i=\beta$ 放大倍数大	$A_i=-\alpha$ 放大倍数无（α小于近似等于1）	$A_i=1+\beta$ 放大倍数大
R_i	$R_i=R_B /\!/ r_{be}$ 阻值中（几百欧~几千欧）	$R_i=R_E /\!/ [r_{be}/(1+\beta)]$ 阻值小（几十欧）	$R_i=R_B /\!/ [r_{be}+(1+\beta)(R_E /\!/ R_L)]$ 阻值大（几十千欧~几百千欧以上）
R_o	$R_o=R_C$ 阻值大（几千欧~几十千欧）	$R_o=R_C$ 阻值大（几千欧~几十千欧）	$R_o=\frac{(R_E+r_{be})}{1+\beta} /\!/ R_E$ 阻值小（几十欧~几百欧）
通频带	窄	宽	较宽
用途	用于低频小信号电压放大电路	用于高频、宽带放大电路及恒流源电路	用于多级放大电路的输入级、输出级或缓冲级

从表中可清晰地看出：

1）共发射极放大电路既能放大电流，又能放大电压，且输出电压与输入电压极性相反。

2）共集电极放大电路只能放大电流，不能放大电压，且输出电压与输入电压相同。

3）共基极放大电路只能放大电压，不能放大电流，且输出电压与输入电压极性相同。

4）在三种组态的放大电路中，输入电阻最大的是共集电极放大电路，最小的是共基极放大电路；输出电阻最小的是共集电极放大电路；通频带最宽的是共基极放大电路，最窄的是共发射极放大电路。

因此，三种组态放大电路的用途也不尽相同，在实际工程应用中，可根据需求选择合适的电路。

2.3 电流源电路

晶体管除了可以组成电压放大电路外，还可以构成电流源电路。电流源具有交流电阻大，直流电阻较小的特点。它多用于集成运算放大器电路中，可为运算放大器各级提供合适的静态工作点或作为有源负载取代高阻值的电阻，从而增大放大电路的电压放大倍数。下面介绍几种常见的电流源电路。

2.3.1 基本电流源电路

基本恒流源电路如图2-33所示。此电路实际上就是工作点稳定的分压式共发射极放大电路。

当$I_1 \gg I_B$时，有

$$I_1 \approx I_2 = \frac{V_{EE}}{R_1+R_2}$$

$$I_C \approx I_E \approx \frac{I_2R_2 - U_{BEQ}}{R_3}$$

$$= \frac{\frac{R_2}{R_1 + R_2}V_{EE} - U_{BEQ}}{R_3}$$

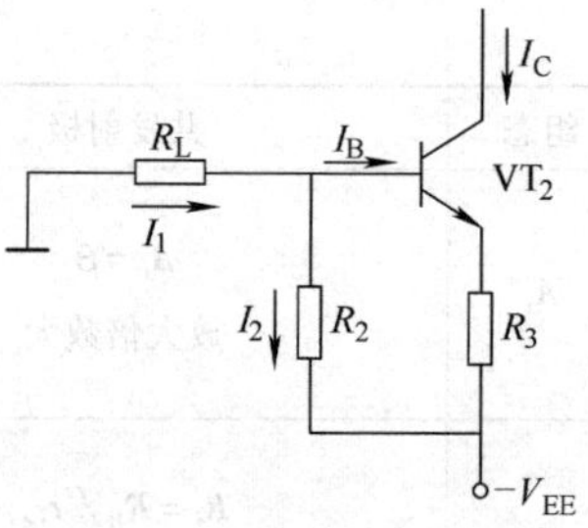

图 2-33　基本电流源电路

可见，当 R_1、R_2、R_3、V_{EE} 确定后，I_C 便被确定，而且为恒流。

2.3.2　镜像电流源

基本恒流源电路由于用了三个电阻，不利于集成化，所以常采用图 2-34 所示的镜像电流源。它是由两个特性对称的晶体管 VT_1、VT_2 及一个电阻 R 构成。图中 I_R 称基准电流（或参考电流），I_{C2} 是输出电流。

由于 VT_1、VT_2 特性相同，所以有

$$\beta_1 = \beta_2 = \beta,\ U_{BE1} = U_{BE2} = U_{BE}, I_{B1} = I_{B2} = I_B, I_{C1} = I_{C2}$$

流经电阻 R 上的电流 I_R 为

$$I_R = I_{C1} + 2I_B = I_{C2} + \frac{2I_{C2}}{\beta} = I_{C2}\left(1 + \frac{2}{\beta}\right)$$

当 $\beta \gg 2$ 时，有

$$I_R \approx I_{C2} = \frac{V_{CC} - U_{BE2}}{R} \approx \frac{V_{CC}}{R}$$

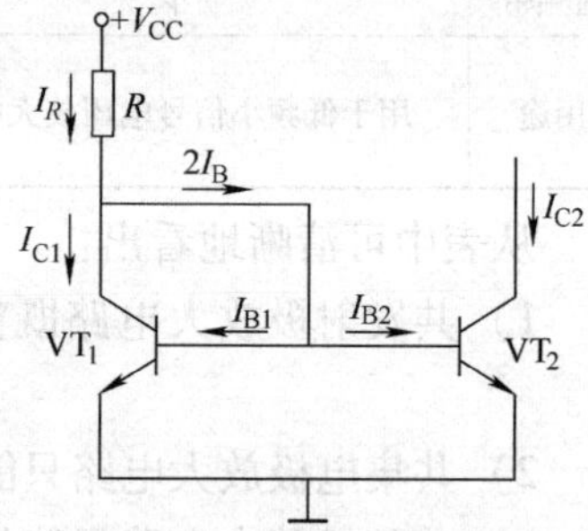

图 2-34　镜像电流源

可见，只要 V_{CC} 和 R 确定了，I_{C2} 便为恒定值，改变 V_{CC} 与 R 的值，可得到所需的 I_{C2}。VT_1 在电路中接成了二极管的形式，能有效地抑制 I_{C2} 随温度的变化。这种对 VT_2 的温度补偿作用可表示如下：

温度↑→I_{C2}↑（I_{C1}↑）→U_R↑→U_{BE1}↓（U_{BE2}↓）→I_{B2}↓→I_{C2}↓

由于 I_{C2} 与 I_R 相等成镜像关系，因此称此电路为镜像电流源。镜像电流源的优点是电路简单，具有一定的温度补偿作用；缺点是 I_{C2} 直接受电源 V_{CC} 的影响，所以它要求电源 V_{CC} 十分稳定。此外，R 取值不宜过大，否则不宜集成化。

在实际工程中，还需要一种能提供微安量级电流（μA）的电流源，可在镜像电流源的基础上，在 VT_2 管发射极电路接入电阻 R_E，R_E 的阻值只要几千欧就可得到微安量级的输出电流，如图 2-35 所示。

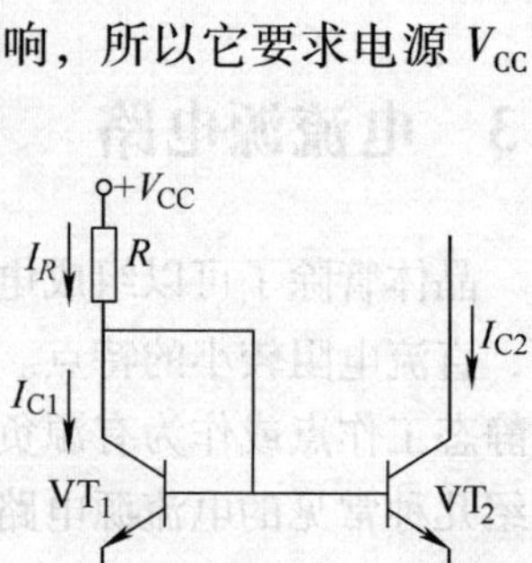

图 2-35　微电流源电路

2.3.3　以电流源为有源负载的共发射极放大电路

在共发射极放大电路中，为了提高电压放大倍数，行之有效的方法是增大集电极电阻 R_C。然而，要维持电路的静态工作点不变，在增大 R_C 的同时必须提高电源电压，这样不但不经济，而且当电源电压增大到一定程度时也难以实现。若用电流源取代共发射极放大电路中的 R_C，可以做到在电源电压不变的情况下，即可获得合适的静态工作点，对于交流信号又可以得到很大的等效电阻 R_C，达到了不改变静态工作点，便能提高电压放大倍数的目的。

因为晶体管是有源器件，而电路中又以晶体管作为负载，故称为有源负载。除了共发射极放大电路的 R_C 外，集成运算放大器内差动放大电路中的 R_E、射极跟随器中的 R_E 也常用电流源电路代替。

图 2-36a 所示为有源负载共发射极放大电路。VT_1 为放大管，VT_2 与 VT_3 构成镜像电流源，VT_2 是 VT_1 的有源负载。设 VT_2 与 VT_3 管特性完全相同，因而 $\beta_2=\beta_3=\beta$，$I_{C2}=I_{C3}$，基准电流为

$$I_R=\frac{(V_{CC}-U_{EB3})}{R}=2I_{B3}+I_{C3}=\frac{2I_{C3}}{\beta}+I_{C3}=\left(1+\frac{2}{\beta}\right)I_{C3}$$

则

$$I_{C3}=\frac{\beta I_R}{\beta+2}$$

空载时 VT_1 管的静态集电极电流为

$$I_{CQ1}=I_{C2}=I_{C3}=\frac{\beta I_R}{\beta+2}$$

可见，电路中并不需要很高的电源电压，只要 V_{CC} 与 R 相配合，就可设置合适的集电极电流 I_{CQ1}。当电路带上负载电阻 R_L 后，由于 R_L 对 I_{C2} 的分流作用，I_{CQ1} 将有所变化。

若负载电阻 R_L 不是很大，则有源负载共发射极放大电路的微变等效电路如图 2-36b 所示。

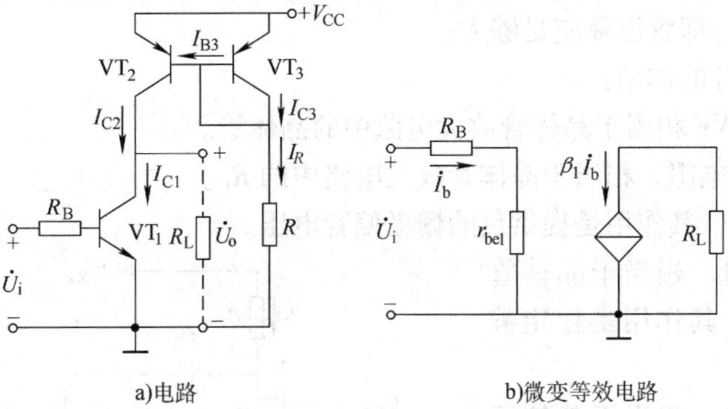

图 2-36　有源负载共发射极放大电路

由此图可得电压放大倍数为

$$A_u\approx-\frac{\beta_1 R_L}{(R_B+r_{be1})}$$

上式说明 VT_1 管集电极的动态电流 $\beta_1\dot{I}_b$ 几乎全部流向负载，可见有源负载将使 $|A_u|$ 大大提高。

2.4　场效应晶体管放大电路

晶体管放大电路不能放大十分微弱且内阻又较大的信号。这是因为由晶体管组成的放大电路放大信号时，需要给晶体管基极提供一定的电流，因此要从输入信号源中索取电流。而晶体管本身的输入电阻很小，使输入信号在其内阻上的损耗较大，所以送到放大电路输入端的信号就更小了，以至于不能被放大电路接收到。

场效应晶体管的输入电阻极高（最高可到$10^{15}\Omega$），几乎不吸取信号源电流，而且也具有放大作用，所以，由场效应晶体管组成的放大电路能很好地解决上述问题，除此之外，场效应晶体管还具有功耗低、温度稳定性好、噪声低、抗辐射能力强、制造工艺简单、便于集成等优点，因此在电子电路中被广泛应用。

场效应晶体管的三个电极源极、栅极和漏极与晶体管的三个电极发射极、基极和集电极相对应，因此在组成放大电路时与晶体管一样也有三种组态，即共源极放大电路、共漏极放大电路和共栅极放大电路。由于共栅极放大电路很少使用，在此仅对共源极、共漏极两种放大电路进行分析。

2.4.1 共源极放大电路

场效应晶体管放大电路组成的原则与晶体管放大电路相同，也是要求有合适的静态工作点，以避免输出波形失真，而且要求输出信号的幅度要大。其分析方法与晶体管放大电路相同。

常用的共源极放大电路有两种，一种是自给偏压式共源极放大电路，另一种是分压式共源极放大电路。

1. 自给偏压式共源极放大电路

（1）电路组成　图2-37a所示为N沟道结型场效应晶体管自给偏压式共源极放大电路。N沟道结型场效应晶体管工作在恒流区时，栅源电压为负值，其值大于夹断电压U_P且小于等于零；漏源电压，即管压降应足够大。

电路中各元器件的作用：

场效应晶体管VF相当于晶体管放大电路中的晶体管。

R_D为漏极负载电阻，相当于晶体管放大电路中的R_C。

R_G为栅极电阻，其作用是提供负的栅极偏置电压。

R_S为源极电阻，相当于晶体管放大电路中的R_E，其作用是稳定静态工作点。

C_S为旁路电容，相当于晶体管放大电路中的C_E。

C_1、C_2为耦合电容。

（2）电路分析

1）静态分析。将电路中的电容开路就可得直流通路，如图2-37b所示。静态分析就是要求出静态工作点参数U_{GS}、I_D、U_{DS}的值。

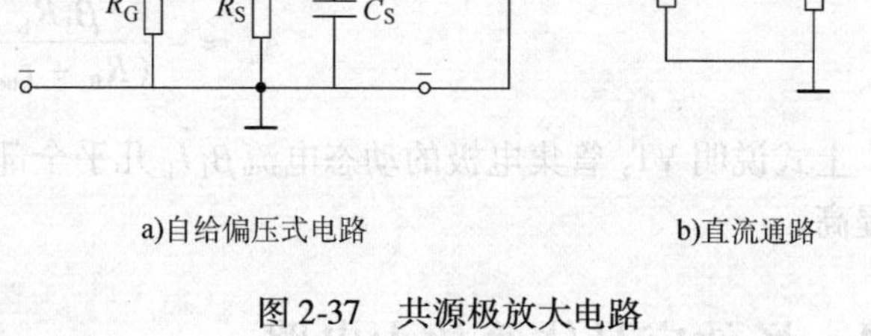

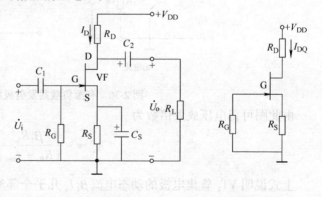

a)自给偏压式电路　　b)直流通路

图2-37　共源极放大电路

在图2-37b所示电路中，因为栅极电流为零，R_G中电流也为零，则栅极电位U_{GQ}为

$$U_{GQ}=0V$$

源极电位U_{SQ}为

$$U_{SQ}=I_{DQ}R_S$$

因此栅源间的电压U_{GSQ}为

$$U_{GSQ} = U_{GQ} - U_{SQ} = 0 - I_{DQ}R_S = -I_{DQ}R_S \tag{2-1}$$

可见，在正直流电源 V_{DD}作用下，电路靠 R_S 上的电压使栅、源极之间获得负偏压，因此称此电路为自给偏压。

由结型场效应晶体管的电流方程可得漏极静态电流为

$$I_{DQ} = I_{DSS}\left(1 - \frac{U_{GSQ}}{U_{GS(off)}}\right)^2 \tag{2-2}$$

式中，I_{DSS}为漏极饱和电流（A），即 $u_{GS}=0$ 时的漏极电流；$U_{GS(off)}$为夹断电压（V），可以通过查阅手册或实测得到。

联立式（2-1）、式（2-2）两方程，求解可得 I_{DQ}、U_{GSQ}。

由输出回路可得管压降 U_{DSQ}为

$$U_{DSQ} = V_{DD} - I_{DQ}(R_D + R_S)$$

自给偏压电路仅适用于耗尽型场效应晶体管。

2）场效应晶体管的微变等效电路。场效应晶体管和晶体管一样，可以看成一个双口网络。由于场效应晶体管栅、源极间的动态电阻很大（结型可达 $10^7\Omega$ 以上，绝缘栅型可达 $10^9\Omega$ 以上），因此可认为栅源极间开路（$r_{gs}=\infty$），基本不从信号源索取电流，即 $i_g=0$。当场效应晶体管工作在恒流区时，漏极动态电流 i_d 几乎仅仅取决于栅源电压 u_{gs}，所以可视场效应晶体管的漏、源极间为一电压控制的电流源。场效应晶体管的微变等效电路如图 2-38 所示。

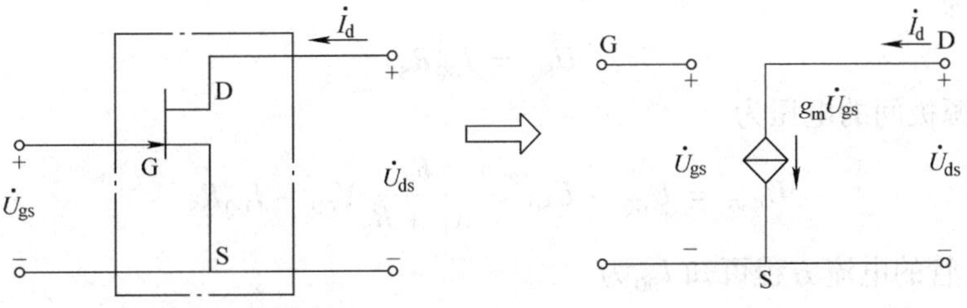

a)共源极接法的双口网络　　b)微变等效电路

图 2-38　场效应晶体管的微变等效电路

3）动态分析。场效应晶体管放大电路的动态分析与晶体管放大电路一样，在小信号作用下可采用微变等效电路法。场效应晶体管放大电路的微变等效电路的画法与晶体管放大电路的微变等效电路画法相同。图 2-37a 所示电路的微变等效电路如图 2-39 所示。

由图 2-39 可得，电压放大倍数 A_u 为

$$A_u = \frac{U_o}{U_i} = \frac{-g_m U_{gs} R'_D}{U_{gs}} = -g_m R'_D$$

式中，$R'_D = R_D // R_L$。

输入电阻 R_i 为

$$R_i = R_G$$

输出电阻 R_o 为

$$R_o = R_D$$

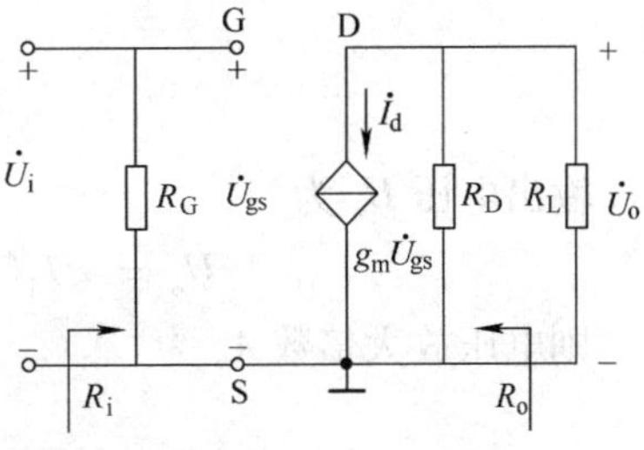

图 2-39　图 2-37a 所示电路的微变等效电路

2. 分压式共源极放大电路

（1）电路组成　分压式放大电路适用于一切场效应晶体管，图 2-40a 所示为 N 沟道增强型 MOS 管分压式共源极放大电路。图 2-40b、c 所示分别为该电路的直流通路和微变等效电路。

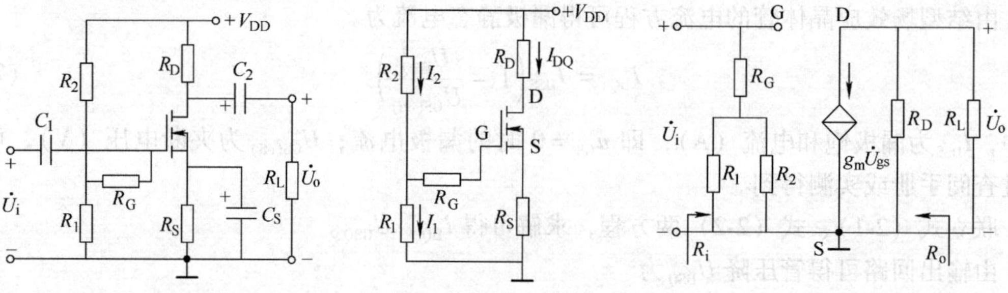

a)分压式电路　　b)直流通路　　c)微变等效电路

图 2-40　分压式共源极放大电路

（2）电路分析

1）静态分析。在图 2-40b 所示电路中，由于栅极电流为零，则电阻 R_G 中的电流为零，所以栅极的电位 U_{GQ} 为

$$U_{GQ} = \frac{R_1}{R_1 + R_2} V_{DD}$$

源极电位为

$$U_{SQ} = I_{DQ} R_S$$

因此，栅源极间的电压为

$$U_{GSQ} = U_{GQ} - U_{SQ} = \frac{R_1}{R_1 + R_2} V_{DD} - I_{DQ} R_S \tag{2-3}$$

根据 MOS 管的电流方程可知 I_{DQ} 为

$$I_{DQ} = I_{DO}\left(\frac{U_{GSQ}}{U_{GS(th)}} - 1\right)^2 \tag{2-4}$$

式中，U_T 为开启电压（V），I_{DO} 为 $U_{GS} = 2U_{GS(th)}$ 时的 I_D（A）。

联立式（2-3）和式（2-4），可得出 I_{DQ} 与 U_{GSQ}。

管压降 U_{DSQ} 为

$$U_{DSQ} = V_{DD} - I_{DQ}(R_D + R_S)$$

2）动态分析。由图 2-40c 可知，当输入电压为 U_i 时，栅源电压 U_{gs} 等于输入电压 U_i，即

$$U_{gs} = U_i$$

输出电压 U_o 为

$$U_o = -I_d(R_D \mathbin{/\!/} R_L) = -g_m U_{gs} R'_L = -g_m U_i R'_L$$

则电压放大倍数 A_u 为

$$A_u = \frac{U_o}{U_i} = -g_m R'_L$$

输入电阻 R_i 为

$$R_i = R_G + R_1 \mathbin{/\!/} R_2$$

输出电阻 R_o 为

$$R_o = R_D$$

例 2-4 在图 2-41 所示电路中，已知 $V_{DD}=15V$，$R_D=5k\Omega$，$R_S=2.5k\Omega$，$R_{G1}=200k\Omega$，$R_{G2}=200k\Omega$，$R_G=10M\Omega$，$R_L=5k\Omega$，$U_{GS(th)}=2V$，$I_{DO}=1.9mA$，$g_m=1.38mS$，求：

1）估算静态工作点 Q。

2）求 A_u、R_i、R_o。

解：1）静态工作点：

$$\begin{cases} U_{GSQ} = \dfrac{R_{G2}}{R_{G1}+R_{G2}}V_{DD} - I_{DQ}R_S = \left(\dfrac{200}{300+200}\times 15\right)V - 2.5k\Omega \times I_{DQ} = 6V - 2.5k\Omega \times I_{DQ} \\ I_{DQ} = I_{DO}\left(\dfrac{U_{GSQ}}{U_{GS(th)}} - 1\right)^2 = 1.9\left(\dfrac{U_{GSQ}}{2V} - 1\right)^2 mA \end{cases}$$

解联立方程得：

$U_{GSQ} = 3.5V$（负值舍去） $I_{DQ} = 1mA$

$$\begin{aligned} U_{DSQ} &= V_{DD} - I_{DQ}(R_D + R_S) \\ &= [15 - 1 \times (5 + 2.5)]V \\ &= 7.5V \end{aligned}$$

2）A_u、R_i、R_o 分别为

$$R'_L = R_D \mathbin{/\!/} R_L = 5 \mathbin{/\!/} 5k\Omega = 2.5k\Omega$$

$$A_u = -g_m R'_L = -1.38 \times 2.5 = -3.45$$

$$R_i = R_G + R_{G1} \mathbin{/\!/} R_{G2} = (10 + 0.2 \mathbin{/\!/} 0.2)M\Omega = 10.1M\Omega$$

$$R_o = R_D = 5k\Omega$$

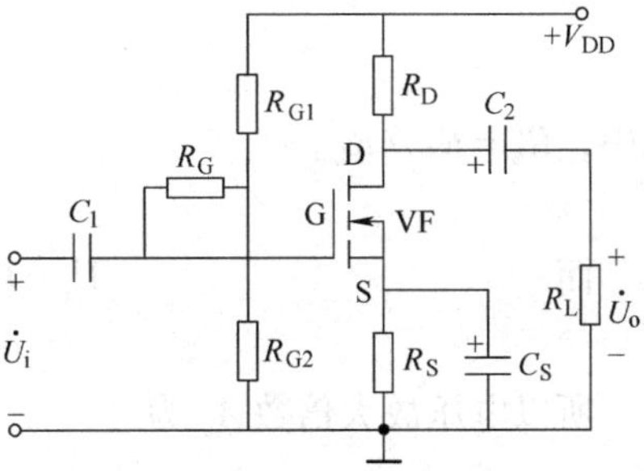

图 2-41 例 2-4 图

2.4.2 共漏极放大电路

共漏极放大电路又称为源极跟随器、源极输出器，它与晶体管射极跟随器有类似的特点，如输入阻抗高、输出电阻低、放大倍数小于并且接近 1 等，所以应用比较广泛。

1. 电路组成

图 2-42a 所示为共漏极放大电路。图 2-42b、c 为其直流通路和微变等效电路。

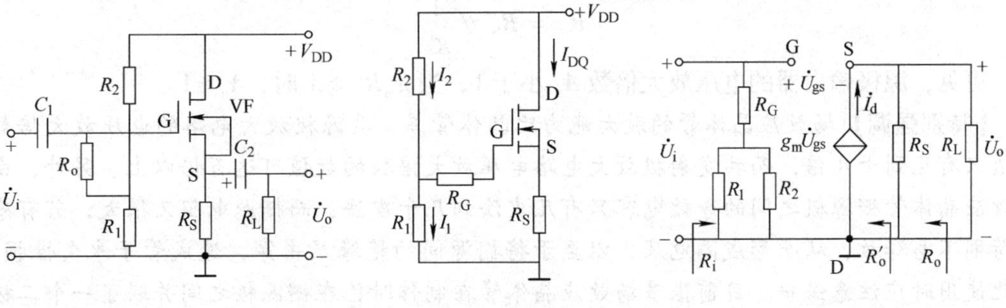

a)电路 b)直流通路 c)微变等效电路

图 2-42 共漏极放大电路

2. 电路分析

（1）静态分析　由图2-42b可得到

$$\begin{cases} U_{GSQ} = \dfrac{R_2}{R_1 + R_2} V_{DD} - I_{DQ} R_S \\ I_{DQ} = I_{DO} \left(\dfrac{U_{GSQ}}{U_{GS(th)}} - 1 \right)^2 \end{cases}$$

$$U_{DSQ} = V_{DD} - I_{DQ} R_S$$

解上述方程便可求出静态工作点。

（2）动态分析　由图2-42c可知

$$U_o = g_m U_{gs} R'_S$$

式中，$R'_S = R_S // R_L$。

而

$$U_i = U_{gs} + U_o = (1 + g_m R'_S) U_{gs}$$

所以电压放大倍数 A_u 为

$$A_u = \frac{U_o}{U_i} = \frac{g_m R'_S}{1 + g_m R'_S}$$

源极输出器的输入电阻 R_i 为

$$R_i = R_G + (R_1 // R_2)$$

源极输出器的输出电阻 R_o 为

$$R'_o = \frac{U_o}{I_o}\bigg|_{\substack{U_i = 0 \\ R_L = \infty}} = \frac{-U_{gs}}{-g_m U_{gs}} = \frac{1}{g_m}$$

$$R_o = R_S // \frac{1}{g_m}$$

可见，源极输出器的电压放大倍数 A_u 小于1，当 $g_m R' \gg 1$ 时，$A_u \approx 1$。

【特别强调】 场效应晶体管的放大能力比晶体管差，共源极放大电路的电压放大倍数的数值只有几到十几倍，而共发射极放大电路电压放大倍数的数值可达百倍以上。另外，由于场效应晶体管栅源极之间的等效电容只有几皮法到几十皮法，而栅源电阻又很大，若有感应电荷则不易释放，从而形成高电压，以至于将栅源间的绝缘层击穿，造成管子永久性损坏，因此使用时应注意保护。目前很多场效应晶体管在制作时已在栅源极之间并联了一个二极管以限制栅源电压的幅值，防止击穿。

2.5 多级放大电路

基本放大电路的电压放大倍数通常只有几十到几百倍。而实际应用中，需要放大的输入信号经常很微弱，基本放大电路不能满足要求。因此，常将若干个基本放大电路合理地串接起来构成多级放大电路，使信号逐级放大，得到所需要的输出信号。

2.5.1 多级放大电路的组成与耦合方式

1. 多级放大电路的组成

图 2-43 为多级放大电路的组成框图。

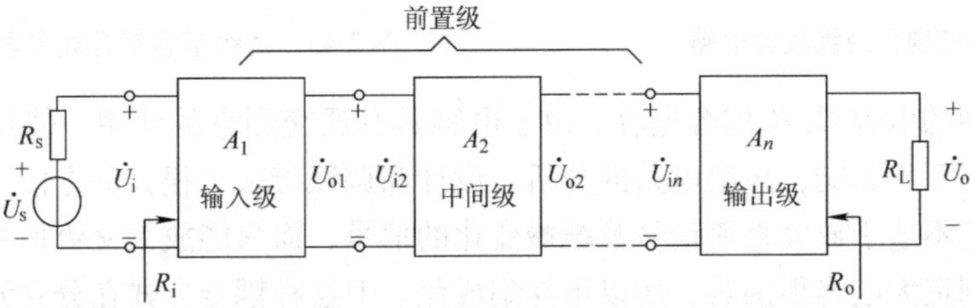

图 2-43 多级放大电路的组成框图

多级放大电路中的每一基本放大电路都称为一级，通常把与信号源相连接的第一级放大电路称为输入级，与负载相连接的末级放大电路称为输出级，输入级与输出级之间的放大电路称为中间级。由于输入级与中间级处于多级放大电路的前几级，所以又称为前置级。

输入级要求有较高的输入阻抗，使得它与信号源相接时，索取的电流小。因此，输入级常采用高输入阻抗的放大电路，如射极输出器、场效应晶体管放大电路等。

中间级主要承担电压放大任务。因此，它常采用共发射极放大电路。

输入级和中间级一般都工作在小信号状态，主要进行电压放大；输出级需要在不失真的情况下，向负载提供足够大的输出信号。所以，它工作在大信号状态下，常采用功率放大电路。

2. 多级放大电路的耦合方式

多级放大电路级与级之间的连接称为级间耦合。常见的耦合方式有四种：直接耦合、阻容耦合、变压器耦合和光耦合。

（1）直接耦合　将放大电路前级的输出端直接连接到后级的输入端的连接方式称为直接耦合，如图 2-44 所示。

图 2-44 中，R_{C1}既作为第一级的集电极电阻，又作为第二级的基极电阻，只要 R_{C1}取值合适，就可使 VT_2 管处于放大状态。

直接耦合放大电路的优点是电路元器件少，既能放大交流信号，也可以放大直流信号及变化缓慢的信号，并具有良好的低频特性，由于电路中没有大容量的电容，所以便于集成化。但直接耦合前后级之间存在直流通路，所以各级静态工作点相互影响，这给电路的分析、设计和调试带来一定困难。它存在的另一个问题就是零点漂移，解决的办法是在多级放大电路前加差动放大电路。这部分内容将在后面讲述。

（2）阻容耦合　将放大电路前级的输出端通过电容接到后级的输入端的连接方式称为阻容耦合。图2-45所示为两级阻容耦合放大电路。

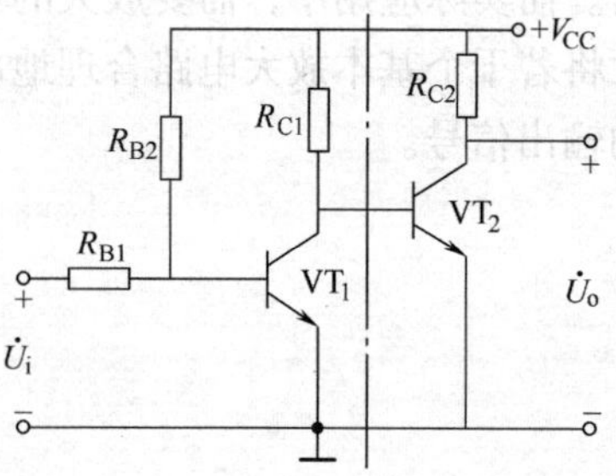

图2-44　直接耦合两级放大电路

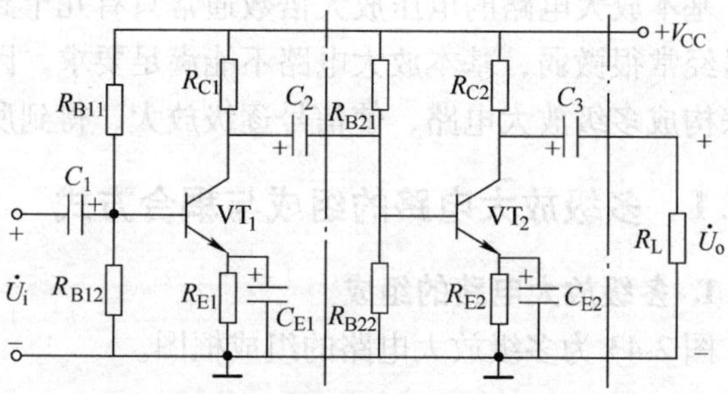

图2-45　两级阻容耦合放大电路

连接两级间的电容 C_2 称耦合电容。由于电容具有通交隔直的作用，使得各级的静态工作点彼此独立，互不影响，故给电路的分析、设计和调试带来了很大的方便。但由于电容的隔直作用，使它不适于放大直流信号及缓慢变化的信号，而只能放大交流信号。在集成运算放大器中由于制造大电容很困难，所以不易集成化。但这种耦合方式在分立元件交流放大电路中却获得了广泛应用。

（3）变压器耦合　将放大电路前级的输出端通过变压器接到后级的输入端的连接方式称为变压器耦合。图2-46所示为两级变压器耦合放大电路。

由于变压器耦合电路的前后级靠磁路耦合，所以与阻容耦合电路一样，只能放大交流，不能放大直流。各级放大电路的静态工作点相互独立，便于分析、设计和调试。与前两种耦合方式相比，变压器耦合放大电路最大特点是可以进行阻抗变换，使级间达到阻抗匹配，放大电路可以得到较大的输出功率。但由于变压器体积大、笨重、频率特性不好、不便于集成化，所以目前应用极少。

（4）光耦合　光耦合是以光信号为媒介来实现电信号的转换和传递的。光耦合器是实现光耦合的基本器件，其内部组成如图2-47所示。

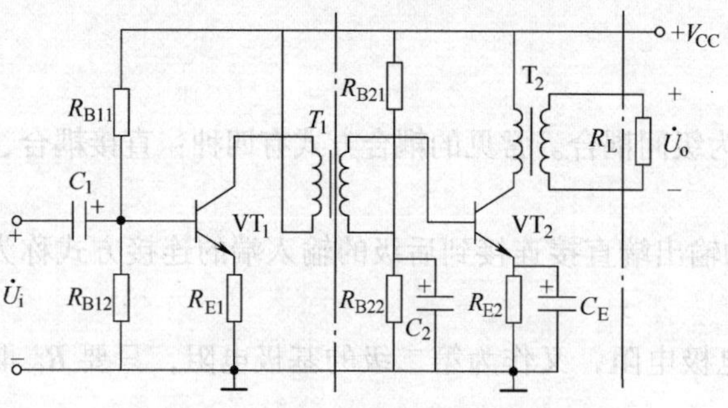

图2-46　两级变压器耦合放大电路

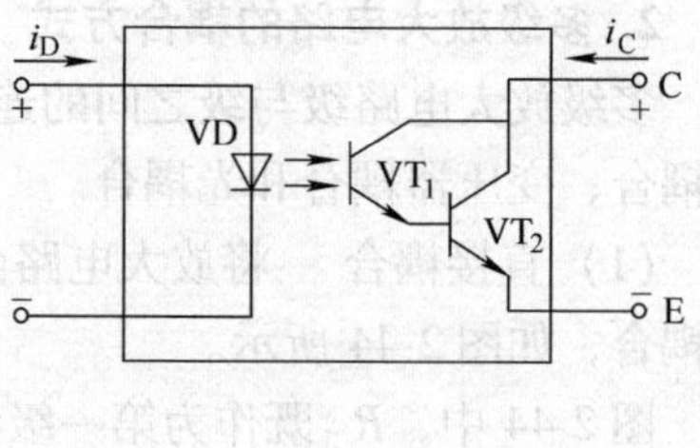

图2-47　光耦合器的内部结构

它是将发光器件（发光二极管）与光敏器件（光敏晶体管）相互绝缘地组合在一起。

发光器件为输入回路，它将电能转换成光能；光敏器件为输出回路，它将光能再转换成电能。输出回路采用复合管（也称达林顿结构）形式，目的是增大放大倍数。

当前级放大电路输出的电信号加在光耦合器的输入端时，发光二极管发光，光敏晶体管受光线照射后导通，输出相应的电信号，送到后级放大电路的输入端，实现了电信号的传递。因为它的输入与输出两部分电路在电气上是完全隔离的，因此可有效地抑制电干扰。正因为如此，光耦合得到越来越广泛的应用。

2.5.2 多级放大电路的分析

1. 多级放大电路的静态分析

多级放大电路静态工作点的计算，在阻容耦合、变压器耦合两种方式中，各级静态工作点都是相对独立的，每一级静态工作点的计算与基本放大电路的计算方法一样。对于直接耦合、光耦合方式，因各级间的直流相互有影响，在求解静态工作点时，要写出对应直流通路中的电流和电压方程，然后求出静态工作点。

2. 多级放大电路的动态分析

多级放大电路的动态性能指标与基本放大电路相同，其主要指标有电压放大倍数 A_u、输入电阻 R_i 及输出电阻 R_o。

（1）电压放大倍数 A_u　由图 2-43 可知，多级放大电路前级的输出电压即为后级的输入电压，因此有 $U_{o1}=U_{i2}$、$U_{o2}=U_{i3}$、…、$U_{o(n-1)}=U_{in}$。所以，多级放大电路的电压放大倍数为

$$A_u=\frac{U_o}{U_i}=\frac{U_{o1}}{U_i}\frac{U_{o2}}{U_{i2}}\cdots\frac{U_{on}}{U_{in}}=A_{u1}A_{u2}\cdots A_{un}$$

可见，多级放大电路的电压放大倍数等于其各级放大电路电压放大倍数之积。而每一级的电压放大倍数均是以其后级的输入电阻作为负载的放大倍数。

（2）输入电阻 R_i　多级放大电路的输入电阻等于第一级的输入电阻，即

$$R_i=R_{i1}$$

（3）输出电阻 R_o　多级放大电路的输出电阻等于最后一级的输出电阻，即

$$R_o=R_{on}$$

【特别提示】 在多级放大电路中，如果共集电极电路作为前级放大电路时，它的输入电阻 R_i 与其后级输入电阻有关；如果共集电极电路作为后级放大电路时，它的输出电阻与其前级放大电路的输出电阻有关。

例 2-5　已知在图 2-48 所示两级放大电路中，$R_1=15\text{k}\Omega$，$R_2=R_3=5\text{k}\Omega$，$R_4=2.3\text{k}\Omega$，$R_5=100\text{k}\Omega$，$R_6=R_L=5\text{k}\Omega$；$V_{CC}=12\text{V}$；晶体管的 β 均为 50，$r_{be1}=1.2\text{k}\Omega$，$r_{be2}=1\text{k}\Omega$，$U_{BEQ1}=U_{BEQ2}=0.7\text{V}$。试估算：

1）放大电路的静态工作点 Q。

2）放大电路的电压放大倍数 A_u、输入电阻 R_i 和输出电阻 R_o。

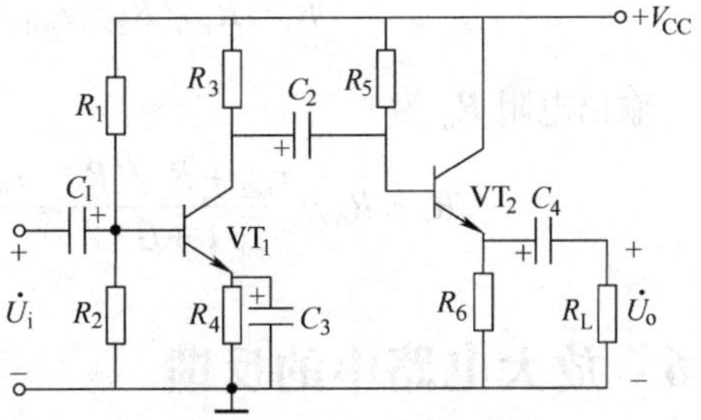

图 2-48　两级放大电路

解：1）静态工作点 Q。由于电路采用阻容耦合方式，所以每一级的 Q 点都可以按单管放大电路来求解。

第一级为分压式共发射极放大电路，其静态工作点为 Q_1：

$$U_{BQ1} \approx \frac{R_2 V_{CC}}{(R_1+R_2)} = \left(\frac{5}{5+15} \times 12\right) \text{V} = 3\text{V}$$

$$I_{CQ1} \approx I_{EQ1} = \frac{U_{BQ1} - U_{BEQ1}}{R_4} \approx \frac{3-0.7}{2.3} \text{mA} = 1\text{mA}$$

$$U_{CEQ1} \approx V_{CC} - I_{CQ1} (R_3 + R_4) = [12 - 1 \times (5+2.3)] \text{ V} = 4.7\text{V}$$

第二级为共集电极放大电路，其静态工作点为 Q_2：

$$I_{BQ2} = \frac{V_{CC} - U_{BEQ2}}{R_5 + (1+\beta) R_6} = \frac{12-0.7}{100+51 \times 5} \text{mA} \approx 0.032\text{mA} = 32\mu\text{A}$$

$$I_{CQ2} = \beta I_{BQ2} = 50 \times 32\mu\text{A} = 1.6\text{mA}$$

$$U_{CEQ2} \approx V_{CC} - I_{CQ2} R_6 = (12 - 1.6 \times 5) \text{ V} = 4\text{V}$$

2）估算 A_u、R_i 和 R_o。画出该电路的交流微变等效电路如图 2-49 所示。

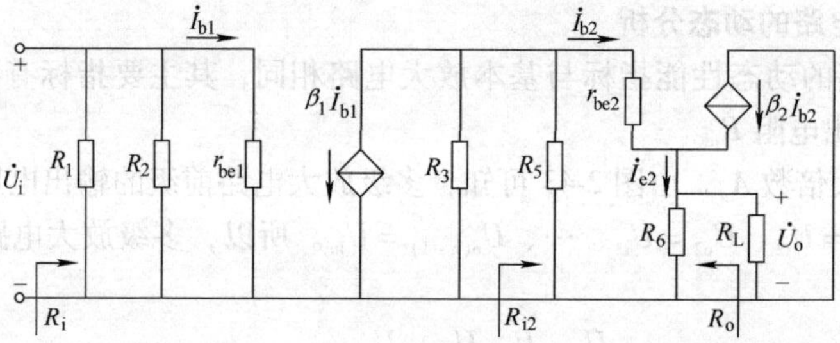

图 2-49　图 2-48 所示电路的交流微变等效电路

求第一级放大电路的电压放大倍数 A_{u1}，需先求出其负载电阻，即第二级的输入电阻为

$$R_{i2} = R_5 // [r_{be2} + (1+\beta)(R_6 // R_L)] \approx 56\text{k}\Omega$$

则
$$A_{u1} = -\frac{\beta (R_3 // R_{i2})}{r_{be1}} \approx -\frac{50 \times \frac{5 \times 56}{5+56}}{1.2} \approx -191$$

第二级的电压放大倍数应接近 1，根据微变等效电路得

$$A_{u2} = \frac{(1+\beta)(R_6 // R_L)}{r_{be2} + (1+\beta)(R_6 // R_L)} = \frac{51 \times 2.5}{1 + 51 \times 2.5} \approx 0.992$$

将 A_{u1} 与 A_{u2} 相乘，便可得出整个电路的电压放大倍数为

$$A_u = A_{u1} A_{u2} \approx -191 \times 0.992 \approx -189$$

输入电阻 R_i 为

$$R_i = R_1 // R_2 // r_{be1} = \left(\frac{1}{15} + \frac{1}{5} + \frac{1}{1.2}\right) \text{k}\Omega \approx 1.1\text{k}\Omega$$

输出电阻 R_o 为

$$R_o = R_6 // \frac{r_{be2} + R_3 // R_5}{1+\beta} \approx \frac{r_{be2} + R_3}{1+\beta} = \frac{1+5}{1+50} \text{k}\Omega \approx 0.118\text{k}\Omega = 118\Omega$$

2.6　放大电路中的反馈

反馈是改善放大电路性能的一个重要措施，在实用的放大电路中几乎都要引入反馈技

术，例如，语音放大器将声音通过送话器转换成微弱的电压信号并放大到足够大后，有时输出声音的稳定性、失真度以及音色和带载能力等指标仍不能满足需求。因此，需要对电路进一步改进，使其性能指标达到要求。

改进的措施是在放大电路中引入反馈技术。

因此，我们将系统地介绍反馈的基本概念、反馈的类型和判断方法、深度负反馈的计算以及负反馈放大电路产生自激振荡的原因和消除自激振荡的措施。

2.6.1 反馈的基本概念及判别方法

1. 反馈的基本概念

放大电路中的反馈，就是将放大电路的输出量（输出电压或输出电流）的一部分或者全部，通过一定的电路形式（反馈网络）回送到输入回路，用来影响输入量（输入电压或输入电流）。

反馈放大电路可分为两个功能部分，一部分是基本放大电路，另一部分是反馈网络，如图 2-50 所示。

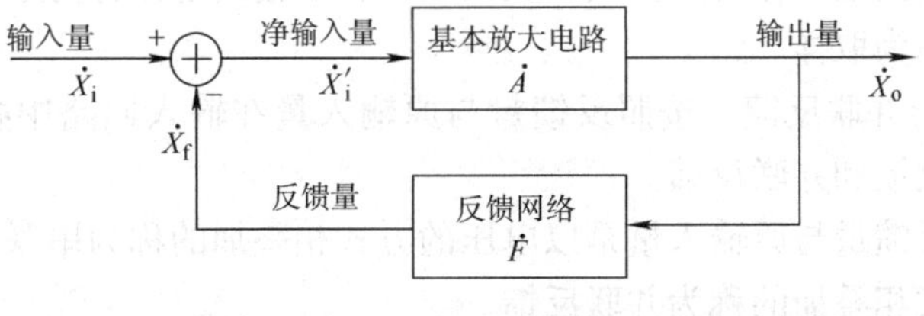

图 2-50 反馈放大电路的框图

框图中箭头线表示信号的传输方向，信号在基本放大电路中为正向传递，在反馈网络中为反向传递。

$\dot{A}$ 为无反馈时基本放大电路的放大倍数，基本放大电路的主要功能是对净输入量进行放大；

$\dot{F}$ 为反馈系数，反馈网络的主要功能是传输反馈信号；

$\dot{X}_i$为原始输入信号；

$\dot{X}_f$为反馈信号，指反馈网络把输出量的一部分或全部送回到输入端的信号；

$\dot{X}_i'$为净输入信号，指原始输入信号 $\dot{X}_i$与反馈信号 $\dot{X}_f$在输入端叠加后，送到基本放大电路输入端的信号；

$\dot{X}_o$为输出信号；

⊕为比较环节，表示 $\dot{X}_i$和 $\dot{X}_f$在此处进行比较（$\dot{X}_i$与 $\dot{X}_f$叠加的过程称为比较），得到净输入 $\dot{X}_i'$。若在⊕符号下方标注“ - ”号，表示净输入信号比原始输入信号减小；若在⊕符号下方标注“ + ”号，表示净输入信号比原始输入信号增大。

由于引入反馈后，基本放大电路与反馈网络构成一个闭合环路，因此称引入了反馈后的放大电路为闭环放大电路，而将未引入反馈的放大电路称为开环放大电路。

2. 反馈的分类

放大电路中的反馈可从不同角度来分类。常见的分类方法有如下几种：

（1）正反馈与负反馈　按照反馈量的极性划分，可分为正反馈与负反馈。

使放大电路净输入量 $\dot{X}'_i$增大的反馈称正反馈，使放大电路净输入量 $\dot{X}'_i$减小的反馈称负反馈。

（2）直流反馈、交流反馈与交直流反馈　按照反馈量中包含的交、直流成分不同来划分，可分为直流反馈、交流反馈和交直流反馈。

反馈量中只含有直流成分的称直流反馈。直流负反馈的主要作用是稳定静态工作点。

反馈量中只含交流成分的称交流反馈。交流负反馈的作用是用来改善放大电路的动态特性。

反馈量中既包含交流成分又包含直流成分的称为交直流反馈。

（3）电压反馈与电流反馈　按照从放大电路输出端取的反馈电量不同来划分，可分为电压反馈和电流反馈。

反馈量取自于输出电压称电压反馈；反馈量取自于输出电流称为电流反馈。通常把从输出端取信号的过程称为取样。

（4）串联反馈与并联反馈　按照反馈量与原输入量在输入回路中叠加的形式不同来划分，可以分为串联反馈和并联反馈。

从输入端看，反馈量与原输入量是以电压的方式相叠加的称为串联反馈；反馈量与原输入量是以电流的方式相叠加的称为并联反馈。

（5）本级反馈与级间反馈　在多级放大电路中，还分为本级反馈（局部反馈）与级间反馈。

本级反馈是把输出量回送到本级输入回路中，其作用是改善本级的性能。

级间反馈是把输出量回送到其他级输入回路中，反馈网络跨接级与级之间，其作用是改善放大电路的整体性能。

3. 反馈类型的判别方法

正确判断反馈的类型是研究反馈放大电路的基础。根据反馈的概念以及各类反馈的定义可总结出反馈类型判别的基本方法。

（1）正反馈与负反馈的判断　判断正、负反馈，通常采用瞬时极性法，具体方法是：

1）首先假定输入电压信号 $\dot{U}_i$某一瞬时对地的极性为正（负），用符号⊕（⊖）表示。

2）根据假定信号 $\dot{U}_i$的瞬时极性，沿着闭合回路信号传输的方向，逐步推出输出信号 $\dot{U}_o$和反馈信号 $\dot{U}_f$的瞬时极性，并在图中用符号⊕或⊖标注。

例如信号经过共发射极放大电路的晶体管时，晶体管三个电极的极性为基极与集电极的极性相反，与发射极的极性相同；信号经过电阻和电容时，极性不发生改变。

3）在放大电路的输入回路中，比较反馈信号 $\dot{U}_f$与原输入信号 $\dot{U}_i$的极性，如果反馈信号使净输入信号 $\dot{U}'_i$增强，即为正反馈，反之为负反馈。一般有：

反馈信号 $\dot{U}_f$与原输入信号 $\dot{U}_i$在放大电路输入回路的同一输入端时，二者极性相同为正反馈，相反为负反馈。

反馈信号 $\dot{U}_f$和原输入信号 $\dot{U}_i$在放大电路输入回路的不同输入端时，二者的极性相同为负反馈，相反为正反馈。

(2) 交、直流反馈的判断　交、直流反馈可通过画出反馈电路的交、直流通路来判断。反馈回路存在于直流通路中为直流反馈；反馈回路存在于交流通路中为交流反馈；反馈回路既存在于直流通路中，又存在于交流通路里，则为交直流反馈。

(3) 电压反馈与电流反馈的判断　判断是电压反馈还是电流反馈，通常有两种方法：

1) 假想输出负载短路法。假想将反馈放大器的负载短路（$u_o=0$），看反馈信号是否存在。若反馈信号不存在，则为电压反馈，否则为电流反馈。

2) 根据电路结构判断。在交流通路中，若放大电路的输出端和反馈网络的取样端处在同一个节点上，则为电压反馈，否则为电流反馈。

(4) 串联反馈与并联反馈的判断　判断是串联反馈还是并联反馈，通常有两种方法：

1) 假想输入信号短路法。假想将输入信号短路（$u_i=0$），看反馈信号是否存在。若反馈信号不存在，则为并联反馈，否则为串联反馈。

2) 根据电路结构判断。在交流通路中，若原输入信号和反馈信号接在输入回路的同一个节点上，则为并联反馈，否则为串联反馈。

例 2-6　试分析图 2-51 所示共集电极放大电路：

1) 是否存在反馈及反馈元件是什么?

2) 是正反馈还是负反馈?

3) 是交流反馈还是直流反馈?

4) 是电压反馈还是电流反馈?

5) 是串联反馈还是并联反馈?

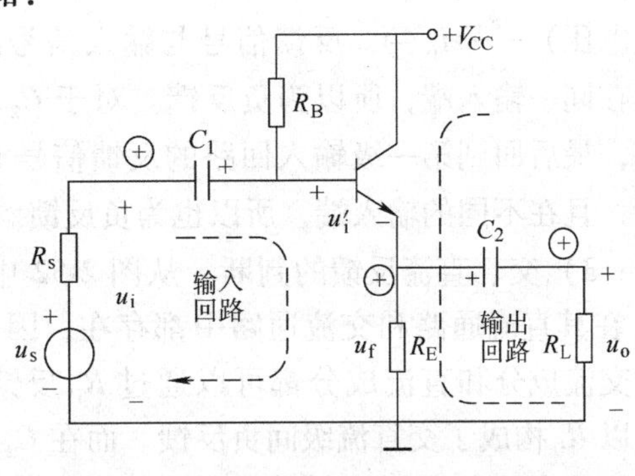

图 2-51　共集电极电路反馈类型分析

解： 1) 判别电路中有无反馈及反馈元件。判断一个电路是否存在反馈，要看该电路的输出回路与输入回路之间有无相互连接的反馈网络。构成反馈网络的元件称为反馈元件。

在图 2-51 所示的电路中，电阻 R_E 既包含于输出回路又包含于输入回路，通过 R_E 把输出电压信号 u_o 全部反馈到输入回路中，因此存在反馈，反馈元件为 R_E。

2) 判别正、负反馈。先假定输入电压信号 u_i 在某一瞬时的极性为正，用⊕标记。然后顺着信号的传输方向，逐步推出输出信号 u_o 的瞬时极性为正，反馈信号 u_f 的瞬时极性也为正。反馈信号 u_f 与输入电压信号 u_i 不在同一端，使净输入信号 u_i'减小，即 $u_i'=u_i-u_f$，所以为负反馈。

3) 判断交、直流反馈。共集电极放大电路的直、交流通路见图 2-29b 和图 2-30a，反馈元件 R_E 既存在于直流通路中，又存在于交流通路中，所以该电路为交直流负反馈。

4) 判断电压反馈与电流反馈。

① 假想输出负载短路法。在图 2-51 所示的电路中，假想将负载 R_L 短路，$u_o=0$，则

反馈信号消失，所以为电压反馈。

② 根据电路结构判断。在图 2-51 所示的电路中，可以看到电路的输出端和反馈网络的取样端处在同一个节点上，所以为电压反馈。

5）判断串联反馈与并联反馈。

① 假想输入信号短路法。在图 2-51 所示的电路中，假想输入信号短路，即 $u_i=0$，反馈网络仍然存在，反馈信号还能送到输入端，所以为串联反馈。

② 根据电路结构判断。在图 2-51 所示的电路中，可以看出原输入信号和反馈信号在输入回路中不在同一节点上，所以为串联反馈。

例 2-7 图 2-52 所示为两级放大电路，试分析该电路：

1）是否存在级间反馈，反馈元件有哪些?

2）是正反馈还是负反馈?

3）是交流反馈还是直流反馈?

解：1）判别电路中有无级间反馈。如图 2-52 所示，若电路中有级间反馈，应该在第一级输入与第二级输出之间存在一条通路。此电路中 R_{f1} 和 C_2、R_{f2} 是跨接在第一级的输入与第二级输出之间的两条通路。所以电路中存在级间反馈，两个反馈网络中的反馈元件分别为 R_{f1} 和 C_2、R_{f2}、R_{E1}。

2）正、负反馈的判断。如图 2-52 所示，$u_i\oplus\rightarrow u_{c1}\ominus$（第一级的集电极电压）$\rightarrow u_{e2}\ominus$（第二级的发射极电压）$\xrightarrow{R_{f1}} i_{f1}\ominus$，反馈信号与输入信号的极性相反且在同一输入端，所以为负反馈。对于 C_2、R_{f2} 反馈通路，最后回到第一级输入回路的反馈信号 u_{f2} 的极性为正，且在不同的输入端，所以也为负反馈。

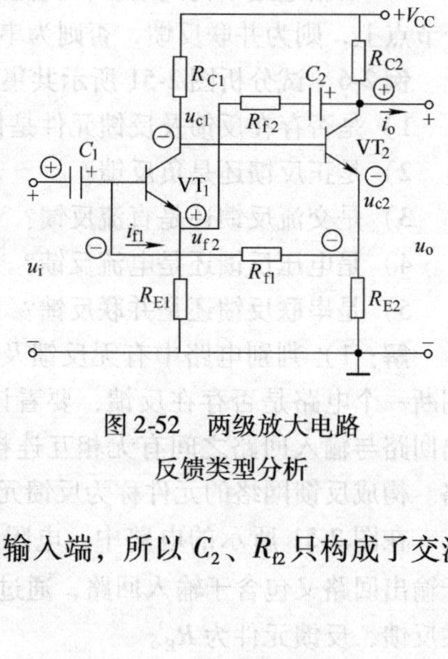

图 2-52 两级放大电路反馈类型分析

3）交、直流反馈的判断。从图 2-52 中可以看出，R_{f1} 在其直流通路和交流通路中都存在，因此输出信号的交流成分和直流成分都可以通过 R_{f1} 反馈到输入端，所以 R_{f1} 构成了交直流级间负反馈。而在 C_2、R_{f2} 这一反馈通路中，由于 C_2 的隔直作用，输出信号的直流成分被隔断，无法反馈到输入端，只有交流信号可以反馈到输入端，所以 C_2、R_{f2} 只构成了交流级间负反馈。

2.6.2 负反馈放大电路的四种组态

工程上应用十分广泛的是交流负反馈。交流负反馈根据反馈信号在输出端的取样及输入回路的连接方式不同有四种组态，分别为电压串联负反馈、电压并联负反馈、电流串联负反馈和电流并联负反馈。下面介绍这四种负反馈放大电路的特性。

1. 电压串联负反馈

图 2-53a 所示为电压串联负反馈的实际电路。交流反馈网络由 R_{E1}、R_F 构成。为了便于分析电压串联负反馈放大电路的特性，常用框图表示，电压串联负反馈放大电路的框图如图 2-53b 所示。下面对电压串联负反馈放大电路的特性进行分析。

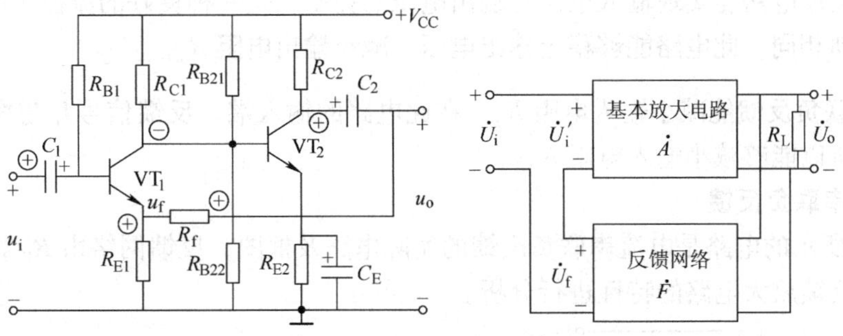

a)电路图　　b)框图

图 2-53　电压串联负反馈电路

（1）电压负反馈能稳定输出电压　假设输入信号不变即 $\dot{U}_i$恒定，由于某种原因，例如 R_L 增大使 $\dot{U}_o$增大，在负反馈的作用下，将引起下列自动调节过程：

$$R_L \uparrow \rightarrow \dot{U}_o \uparrow \rightarrow \dot{U}_f \uparrow \rightarrow \dot{U}_i' \downarrow \rightarrow \dot{U}_o \downarrow$$

可见，引入电压负反馈后，通过反馈的自动调节，可以使输出电压稳定。这种负反馈电路能实现输入电压对输出电压的控制，是一种良好的压控压放大器。

（2）电压负反馈能减小输出电阻 R_{of}　因为电压负反馈具有稳定输出电压的作用，使输出端具有恒压源特性，所以电压负反馈放大电路能使输出电阻 R_{of}减小。

（3）串联负反馈能增大输入电阻 R_{if}　在此电路的输入端，反馈信号 $\dot{U}_f$与净输入信号 $\dot{U}_i'$是相串联的，所以能使输入电阻 R_{if}增大。

2. 电压并联负反馈

图 2-54a 所示的电路是电压并联负反馈的实际电路，反馈网络由 R_f 构成。电压并联负反馈放大电路的框图如图 2-54b 所示。下面对电压并联负反馈放大电路的特性进行分析。

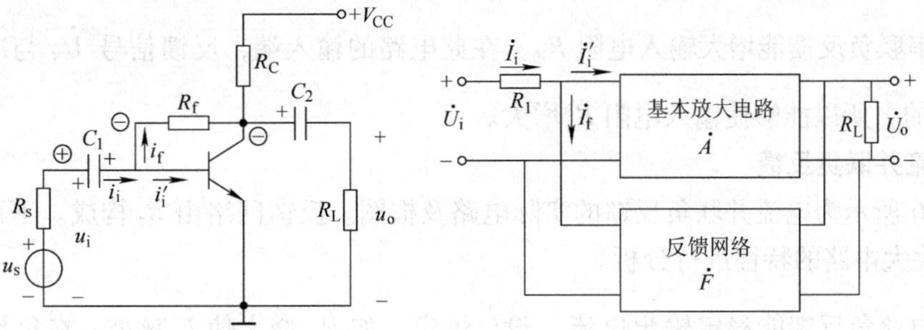

a)电路图　　b)框图

图 2-54　电压并联负反馈电路

（1）电压负反馈能稳定输出电压　设 $\dot{U}_i$恒定，如 R_L 增大使 $\dot{U}_o$增大，在负反馈的作用下，将引起下列稳压调节过程：

$$R_L \uparrow \rightarrow \dot{U}_o \uparrow \rightarrow \dot{I}_f \uparrow \rightarrow \dot{I}_i' \downarrow \rightarrow \dot{U}_o \downarrow$$

这种负反馈电路能实现输入电流对输出电压的控制，是一种良好的流控压放大器。与电压串联负反馈相同，此电路能够稳定输出电压，减小输出电阻 R_{of}。

（2）并联负反馈能减小输入电阻 R_{if}　在此电路的输入端，反馈信号 $\dot{I}_f$ 与净输入信号 $\dot{I}_i'$ 是并联的，所以能够减小输入电阻 R_{if}。

3. 电流串联负反馈

图 2-55 所示的电路是电流串联负反馈的实际电路及框图，反馈网络由 R_E 构成。下面对电流串联负反馈放大电路的特性进行分析。

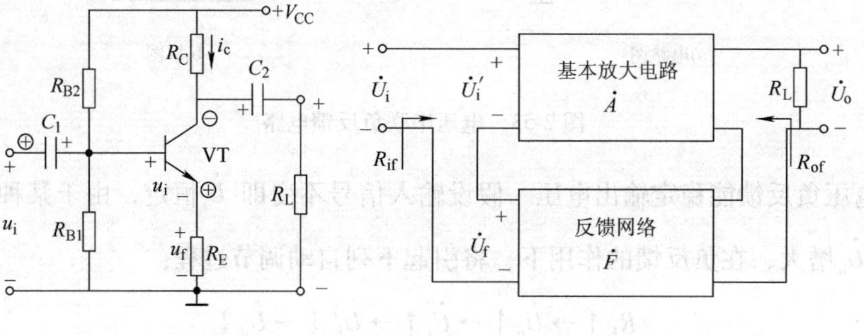

图 2-55　电流串联负反馈电路

（1）电流负反馈能稳定输出电流　设输入信号不变即 $\dot{U}_i$ 恒定，如 R_L 增大使 $\dot{I}_o$ 减小，在负反馈的作用下，将引起下列自动调节过程：

$$R_L\uparrow\rightarrow\dot{I}_o\downarrow\rightarrow\dot{U}_f\downarrow\rightarrow\dot{U}_i'\uparrow\rightarrow\dot{I}_o\uparrow$$

可见，此电路引入电流负反馈后，通过反馈的自动调节，使输出电流趋于稳定。这种负反馈电路能实现输入电压对输出电流的控制，是一种良好的压控流放大器。

（2）电流负反馈能增大输出电阻 R_{of}　因为电流反馈具有稳定输出电流的作用，因此输出端具有恒流源特性，所以电流负反馈放大电路能使输出电阻 R_{of} 增大。

（3）串联负反馈能增大输入电阻 R_{if}　在此电路的输入端，反馈信号 $\dot{U}_f$ 与净输入信号 $\dot{U}_i'$ 是串联的，所以能够使输入电阻 R_{if} 增大。

4. 电流并联负反馈

图 2-56 所示为电流并联负反馈的实际电路及框图。反馈网络由 R_f 构成。下面对电流并联负反馈放大电路的特性进行分析。

（1）电流负反馈能稳定输出电流　设 $\dot{U}_i$ 恒定，如 R_L 增大使 $\dot{I}_o$ 减小，在负反馈的作用下，将引起下列自动调节过程：

$$R_L\uparrow\rightarrow\dot{I}_o\downarrow\rightarrow\dot{I}_f\downarrow\rightarrow\dot{I}_i'\uparrow\rightarrow\dot{I}_o\uparrow$$

这种负反馈电路能实现输入电流对输出电流的控制，是一种良好的流控流放大器。与电流串联负反馈相同，此电路能够稳定输出电流，增大输出电阻 R_{of}。

（2）并联负反馈能减小输入电阻 R_{if}　在此电路的输入端，反馈信号 $\dot{I}_f$ 与净输入信号 $\dot{I}_i'$

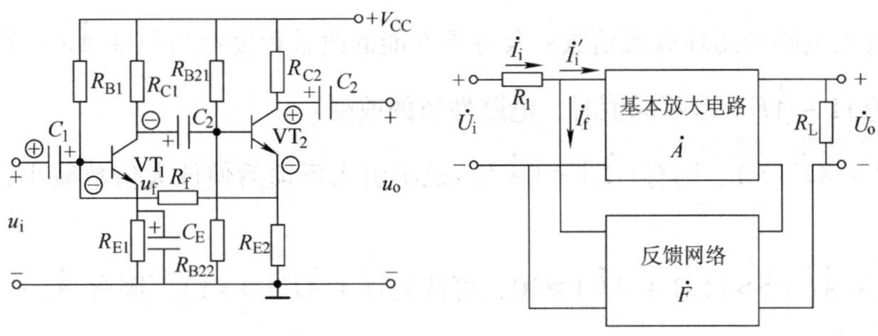

a)电路图　　b)框图

图 2-56　电流并联负反馈电路

是并联的，所以能够使输入电阻 R_{if} 减小。

2.6.3　反馈放大电路的一般表达式及深度负反馈的近似估算

在反馈放大电路中，除了可以用框图来描述电路外，还可以用数学表达式来研究引入负反馈后放大电路的一般规律。

1. 反馈的一般表达式

由图 2-50 所示反馈放大电路的框图可得：

开环放大倍数 $\dot{A}$ 为　　$\dot{A}=\dfrac{\dot{X}_o}{\dot{X}_i'}$

闭环放大倍数 $\dot{A}_f$ 为　　$\dot{A}_f=\dfrac{\dot{X}_o}{\dot{X}_i}$

反馈系数 $\dot{F}$ 为　　$\dot{F}=\dfrac{\dot{X}_f}{\dot{X}_o}$

净输入信号 $\dot{X}_i'$ 为　　$\dot{X}_i'=\dot{X}_i-\dot{X}_f$

根据上述关系式可推导出

$$\dot{X}_o=\dot{A}\dot{X}_i'$$

$$\dot{X}_i=\dot{X}_i'+\dot{X}_f=\dot{X}_i'+\dot{F}\dot{X}_o=\dot{X}_i'+\dot{A}\dot{F}\dot{X}_i'=\dot{X}_i'(1+\dot{A}\dot{F})$$

因此有

$$\dot{A}_f=\frac{\dot{X}_o}{\dot{X}_i}=\frac{\dot{A}\dot{X}_i'}{\dot{X}_i'(1+\dot{A}\dot{F})}=\frac{\dot{A}}{1+\dot{A}\dot{F}}$$

$\dot{A}_f$ 与 $\dot{A}$ 间的这一关系式，称为反馈放大电路的一般表达式，也叫闭环增益方程。式中，$1+\dot{A}\dot{F}$ 称为反馈深度，用字母 D 表示，它是衡量反馈强弱程度的一个重要指标。引入

负反馈后，放大电路的闭环放大倍数$\dot{A}_f$及各项性能的改善程度都与$|1+\dot{A}\dot{F}|$的大小有关。

下面讨论$|1+\dot{A}\dot{F}|$取不同值时，电路性质的改变：

1）若$|1+\dot{A}\dot{F}|>1$，则有$|\dot{A}_f|<|\dot{A}|$。说明引入反馈后使放大倍数减小，这种反馈称为负反馈。

2）若$|1+\dot{A}\dot{F}|>>1$（$|1+\dot{A}\dot{F}|\geqslant 10$，可认为$|1+\dot{A}\dot{F}|>>1$），则有$\dot{A}_f=\dot{A}/(1+\dot{A}\dot{F})\approx\dot{A}/\dot{A}\dot{F}=1/\dot{F}$。说明闭环放大倍数$\dot{A}_f$只与反馈系数$\dot{F}$有关，而与放大电路的放大倍数$\dot{A}$几乎无关，这种负反馈称为深度负反馈。

由于开环放大倍数$\dot{A}$与晶体管的β等参数有关，因此温度等因素变化将导致$\dot{A}$发生变化。而反馈网络一般是由电阻组成，所以反馈系数$\dot{F}$的数值是很稳定的，从而保证了闭环放大倍数$\dot{A}_f$的稳定，这是深度负反馈放大电路的一个突出优点。

3）若$|1+\dot{A}\dot{F}|<1$，则$|\dot{A}_f|>|\dot{A}|$，说明引入反馈后放大倍数比原来增大，这种反馈称为正反馈。

正反馈虽然可以提高增益，但使放大电路的稳定性、失真度等性能显著变坏。所以，放大电路中一般不采用正反馈。正反馈主要用于振荡电路中。

4）若$|1+\dot{A}\dot{F}|=0$，即$\dot{A}\dot{F}=-1$，则$|\dot{A}_f|\to\infty$。说明当$\dot{X}_i=0$时，$\dot{X}_o\neq 0$。此时放大电路虽然没有外加输入信号，但仍具有一定的输出信号。放大电路的这种状态称为自激振荡。

当放大电路发生自激振荡时，输出信号将不再受输入信号的控制，放大电路失去放大作用。所以在放大电路中应当避免产生自激振荡。例如使用语音放大器时，如果送话器和扬声器摆放的位置不正确或放大器的音量调的过大，扬声器都会发出尖叫，而听不到人的说话声，这种现象便为自激振荡。

2. 深度负反馈放大电路电压放大倍数的估算

实用的放大电路中多引入深度负反馈，并常需要对电路的放大倍数进行定量计算。利用深度负反馈的特点，可以很方便地将电路的放大倍数估算出来。

在深度负反馈条件下，闭环放大倍数$\dot{A}_f$为

$$\dot{A}_f\approx\frac{1}{\dot{F}}$$

又因为

$$\dot{A}_f=\frac{\dot{X}_o}{\dot{X}_i}$$

$$\dot{F}=\frac{\dot{X}_f}{\dot{X}_o}$$

可以推出

$$\dot{X}_i \approx \dot{X}_f$$

则净输入量为

$$\dot{X}' = \dot{X}_i - \dot{X}_f \approx 0$$

因此有如下结论：

1）对于深度串联负反馈，$\dot{X}_i$与 $\dot{X}_f$均为电压信号，则有

$$\dot{U}_i \approx \dot{U}_f,\quad \dot{U}_i' \approx 0$$

2）对于深度并联负反馈，$\dot{X}_i$与 $\dot{X}_f$均为电流信号，则有

$$\dot{I}_i \approx \dot{I}_f,\quad \dot{I}_i' \approx 0$$

下面介绍深度负反馈放大电路电压放大倍数的两种估算方法。

（1）利用近似公式 $\dot{A}_f \approx 1/\dot{F}$ 估算闭环电压放大倍数　用此方法进行计算时，需先求 $\dot{F}$，再求 $\dot{A}_f$。在四种组态的负反馈中，只有电压串联负反馈可用这种方法直接计算结果（其他三种组态需对输入、输出电阻作近似处理，转换后方可求出）。

（2）利用关系式 $\dot{X}_i \approx \dot{X}_f$估算闭环电压放大倍数　根据负反馈放大电路，列出 $\dot{U}_i$和 $\dot{U}_f$（或 $\dot{I}_i$ 和 $\dot{I}_f$）的表达式，然后利用 $\dot{X}_i \approx \dot{X}_f$的关系式，估算出闭环电压放大倍数。

例 2-8　设图 2-57 中的电路均为深度负反馈放大电路，试估算各电路的闭环电压放大倍数。

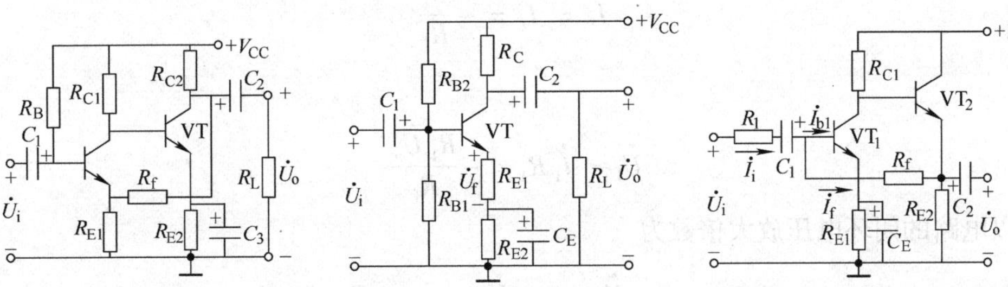

图 2-57　深度负反馈放大电路

解：1）首先判断负反馈电路的组态，图 2-57a 所示电路的组态为电压串联负反馈。

因为该电路是两级共发射极放大电路，所以 $\dot{U}_o$与 $\dot{U}_i$同相。电路中的 R_{E1} 和 R_f 组成了反馈网络，R_{E1}上获得的电压为反馈电压，因此反馈系数 $\dot{F}$ 为

$$\dot{F} = \frac{\dot{U}_f}{\dot{U}_o} = \frac{R_{E1}}{R_{E1} + R_f}$$

电路的闭环电压放大倍数 $\dot{A}_{uf}$为

$$\dot{A}_{uf}=\frac{\dot{U}_o}{\dot{U}_i}\approx\frac{1}{\dot{F}}=1+\frac{R_f}{R_{E1}}$$

2）判断图 2-57b 所示电路的组态，为电流串联负反馈。电路中 R_{E1} 组成了交流反馈网络，R_{E1} 上获得的电压为反馈电压，所以有

$$\dot{U}_i\approx\dot{U}_f$$

由图 2-57b 可得

$$\dot{U}_f=\dot{I}_E R_{E1}\approx\dot{I}_C R_{E1}\approx\dot{U}_i$$

$$\dot{U}_o=-\dot{I}_C(R_C/\!/R_L)$$

所以电路的闭环电压放大倍数为

$$\dot{A}_{uf}=\frac{\dot{U}_o}{\dot{U}_i}\approx\frac{-\dot{I}_C(R_C/\!/R_L)}{\dot{I}_C R_{E1}}=-\frac{R_C/\!/R_L}{R_{E1}}$$

3）判断图 2-57c 所示电路的级间负反馈组态，为电压并联负反馈。电路中 R_f 组成了级间反馈网络，R_f 上获得的电流为反馈电流。

因为是电压并联负反馈，所以有

$$\dot{I}_i\approx\dot{I}_f$$

如图 2-57c 所示，由于 VT_1 管发射结压降 u_{be1} 很小，可以忽略，可得

$$\dot{U}_i\approx\dot{I}_i R_1$$

$$\dot{I}_i=\dot{I}_f=-\frac{\dot{U}_o}{R_f}$$

则

$$\dot{U}_i\approx\dot{I}_i R_1=-\frac{R_1\dot{U}_o}{R_f}$$

所以电路的闭环电压放大倍数为

$$\dot{A}_{uf}=\frac{\dot{U}_o}{\dot{U}_i}=\frac{\dot{U}_o}{-R_1\dot{U}_o/R_f}=-\frac{R_f}{R_1}$$

上述对负反馈放大电路的估算，必须满足深度负反馈的条件，否则将会引起较大的误差。

2.6.4 负反馈对放大电路性能的改善

放大电路引入负反馈后，虽然降低了放大倍数，但却可以改善放大电路多方面的性能，如稳定放大倍数、改变输入和输出电阻、展宽频带、减小非线性失真等。直流负反馈可以稳定静态工作点，交流负反馈可以改善电路的交流参数，而且改善的程度与反馈深度有关。

1. 交流负反馈可以提高放大倍数的稳定性

放大电路的放大倍数由于受电源电压波动、环境温度及负载变化、器件更换或老化等因

素的影响会发生变化。如果在放大电路中引入交流负反馈，就会大大减小这些因素对放大倍数的影响，使放大倍数的稳定性得到提高。

当放大电路引入深度负反馈时，$\dot{A}_f \approx 1/\dot{F}$，$\dot{A}_f$仅取决于反馈网络，而反馈网络通常由电阻组成，所以可获得很好的稳定性。

负反馈放大电路能稳定放大倍数，可证明如下：

在中频段，$\dot{A}_f$、$\dot{A}$ 和 $\dot{F}$ 均为实数，故 $\dot{A}_f$的表达式可写成

$$A_f = \frac{A}{1+AF}$$

对上式求微分可得

$$dA_f = \frac{dA}{(1+AF)^2}$$

在所得等式两边除以 $A_f = \frac{A}{1+AF}$得

$$\frac{dA_f}{A_f} = \frac{1}{1+AF}\frac{dA}{A}$$

上式表明，闭环放大倍数 A_f 的相对变化量 dA_f/A_f，仅为开环放大倍数 A 的相对变化量 dA/A 的 $1/(1+AF)$。可见负反馈越深，放大器的放大倍数越稳定。

应当指出，在 A_f 的稳定性提高到 A 的 $1+AF$ 倍的同时，其放大倍数 A_f 也减小到 A 的 $1/(1+AF)$，A_f 的稳定性是以损失放大倍数为代价的。

2. 交流负反馈可以改变输入电阻和输出电阻

放大电路中引入不同组态的交流负反馈，可以改变其输入电阻和输出电阻，实现电路的阻抗匹配，提高带载能力。

（1）交流负反馈对输入电阻的影响　交流负反馈对输入电阻的影响取决于反馈网络在输入端的连接方式。

1）串联负反馈增大输入电阻。图 2-58 所示为串联负反馈放大电路框图。由图可得基本放大电路的输入电阻为

$$R_i = \frac{U'_i}{I_i}$$

引入串联负反馈后，电路的输入电阻 R_{if}为

$$R_{if} = \frac{U_i}{I_i} = \frac{U'_i + U_f}{I_i} = \frac{U'_i + AFU'_i}{I_i} = (1+AF)\ R_i$$

上式表明，引入串联负反馈放大电路的输入电阻 R_{if}为无反馈时输入电阻 R_i 的 $1+AF$ 倍。

2）并联负反馈减小输入电阻。图 2-59 所示为并联负反馈放大电路框图。由图可得基本放大电路的输入电阻 R_i 为

$$R_i = \frac{U_i}{I'_i}$$

引入并联负反馈后，电路的输入电阻 R_{if}为

$$R_{if}=\frac{U_i}{I_i}=\frac{U_i}{I_i'+I_f}=\frac{U_i}{I_i'+AFI_i'}=\frac{R_i}{1+AF}$$

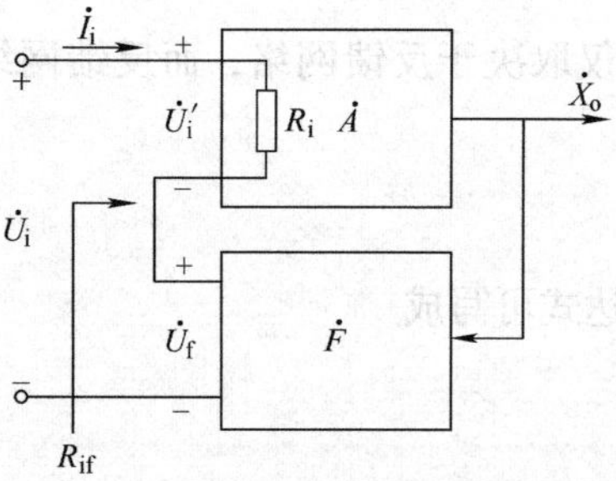

图 2-58　串联负反馈放大电路框图

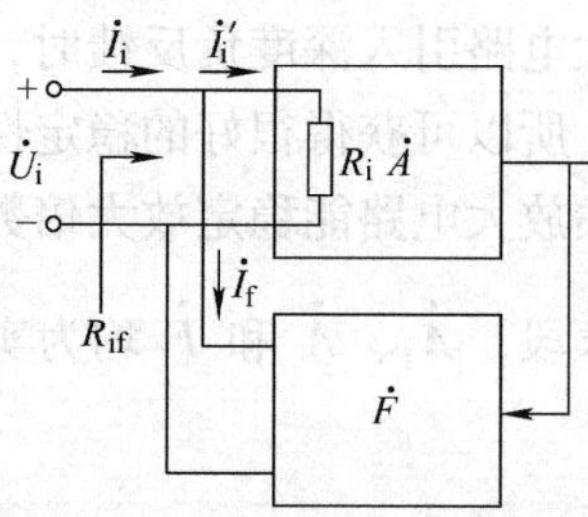

图 2-59　并联负反馈放大电路框图

可见，引入并联负反馈后的输入电阻 R_{if} 仅为无反馈时输入电阻 R_i 的 $1/(1+AF)$。

（2）交流负反馈对输出电阻的影响　交流负反馈对输出电阻的影响取决于反馈网络在输出端的取样。

基本放大电路的输出电阻为 R_o，当引入电压负反馈后，放大器的输出电压非常稳定，相当于电压源，可以证明电压负反馈放大电路的输出电阻 R_{of} 为

$$R_{of}=\frac{R_o}{1+AF}$$

引入电压负反馈后电路的输出电阻 R_{of} 为无反馈时电路的输出电阻 R_o 的 $1/(1+AF)$。

当引入电流负反馈后，放大器的输出电流非常稳定，相当于电流源，可以证明电流负反馈放大电路的输出电阻 R_{of} 为

$$R_{of}=(1+AF)R_o$$

引入电流负反馈后的输出电阻 R_{of} 为无反馈时输出电阻 R_o 的 $1+AF$ 倍。因此，当 $1+AF$ 趋于无穷大时，电流负反馈电路的输出可等效为恒流源。

3. 交流负反馈可以扩宽通频带

引入交流负反馈后，使放大电路的放大倍数减小，其幅频特性也随之变化，如图 2-60 所示。有交流负反馈的频率特性，其上线截止频率升高，下线截止频率降低，扩宽了通频带。

通常情况下，放大电路的放大倍数与带宽的乘积为一常数，即

$$A_f(f_{Hf}-f_{Lf})=A(f_H-f_L)$$

一般情况有 $f_H>>f_L$，所以有

$$A_f f_{BWf}\approx Af_{BW}$$

这表明，引入负反馈后，电压放大倍数 A_f 下降多少，通频带 f_{BWf} 就扩宽几倍。因此有

$$f_{BWf}=(1+AF)f_{BW}$$

可见，引入负反馈后，通频带可以扩宽 $(1+AF)$ 倍，但这是以降低放大倍数为代价的。

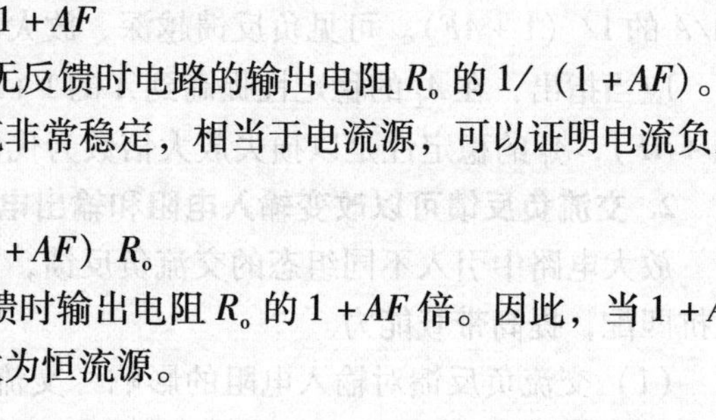

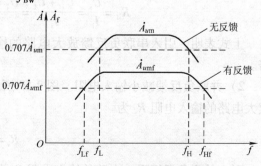

图 2-60　引入负反馈通频带扩宽

4. 交流负反馈可以减小非线性失真

由于晶体管的输入特性、输出特性都是

非线性的，因此只有在小信号输入时才可近似作线性处理。当输入信号较大时，电路将进入非线性区，使输出波形产生非线性失真。引入负反馈可以有效地改善放大电路的非线性失真。

当放大电路无反馈时，假设电路的输入信号为正弦波，由于晶体管输入特性的非线性，使输出波形的幅值出现上大下小的失真波形，如图 2-61a 所示。

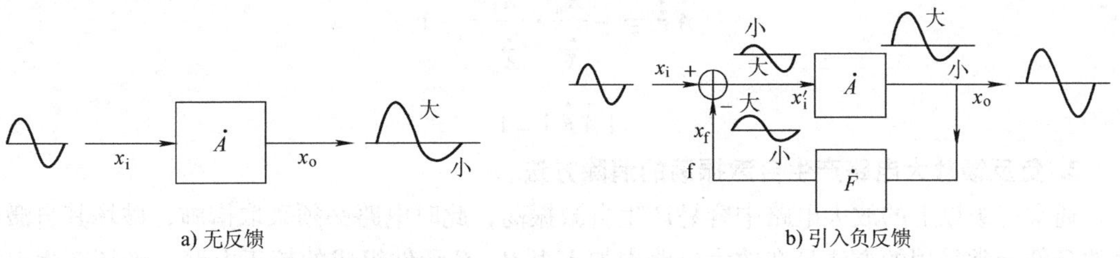

图 2-61　利用负反馈减小非线性失真

电路中引入负反馈后，由于反馈信号取自输出信号，它也是上大下小的波形。而净输入信号为 $x_i' = x_i - x_f$，因此净输入信号就会呈现上小下大的波形。此信号再经过放大电路放大后，便可输出正、负半周幅值趋于对称的正弦波，从而减小了非线性失真，如图 2-61b 所示。

可以证明，在输入信号不变的情况下，引入负反馈后，电路的非线性失真减小到基本放大电路的 $1/(1+\dot{A}\dot{F})$。

2.6.5　负反馈放大电路的自激振荡及消除方法

交流负反馈可以改善放大电路的性能，而且反馈深度越大，对放大电路性能改善得越好。但如果电路的组成不合理，反馈过深，会出现输入为零，输出却不为零，即输出仍有一定频率和一定幅值的信号，这种现象称电路产生了自激振荡。此时，不但不能改善放大电路的性能，反而使放大电路不能正常工作。因此，放大电路引入负反馈时，应避免产生自激振荡现象。

1. 负反馈放大电路产生自激振荡的原因和条件

（1）产生自激振荡的原因　前面讨论的负反馈，是在中频信号的条件下，反馈信号与输入信号极性相反，使净输入信号减小。但当频率变高或变低时，由于电路中的耦合电容、旁路电容、半导体器件的极间电容及连线等效电容的影响，不仅使电路的放大倍数发生变化，还使相位产生超前或滞后的相移，这种相移称为附加相移。当附加相移满足一定条件时，会使电路的负反馈变成正反馈。此时，净输入信号增强，当反馈信号加强使其幅值等于净输入信号时，即使去掉输入信号，借助反馈信号也有输出，电路便产生自激振荡。

（2）产生自激振荡的条件　负反馈产生自激振荡的原因是由于负反馈变成了正反馈，而且负反馈信号的幅值足够大。因此，产生自激振荡应同时满足两方面的条件，即相位条件和幅度条件。

自激振荡的相位条件：负反馈变成了正反馈，也就是总的附加相移 φ_{AF} 为 180°，即

$$\varphi_{AF} = \varphi_A + \varphi_F = (2n+1)\pi \quad (n\text{ 为整数})$$

式中，φ_A 为基本放大电路的相移；φ_F 为反馈网络的相移。

自激振荡的幅度条件：反馈信号等于净输入信号，即

$$\dot{X}_f = \dot{X}_i' \quad (\dot{X}_i = 0)$$

也可用放大倍数和反馈系数表示，即

$$\dot{A}\dot{F} = -\frac{\dot{X}_o}{\dot{X}_i'} \cdot \frac{\dot{X}_f}{\dot{X}_o} = -1$$

$$|\dot{A}\dot{F}| = 1$$

2. 负反馈放大电路产生自激振荡的消除方法

通常三级以上的放大电路中容易产生自激振荡，此时电路必须采取措施，破坏其自激振荡的条件。常采用的方法是在放大电路中加入由 R、C 元件组成的校正电路，破坏产生自激振荡的条件。

（1）电容补偿法　电容补偿法是在本级基本放大电路输出端对地上并接一补偿电容 C，如图 2-62 所示。

采用电容补偿法，简单易行，但电路接入补偿电容后，会使放大电路的通频带变窄。

（2）RC 滞后补偿法　电容补偿法虽然可以消除自激振荡，但以通频带变窄为代价。RC 滞后补偿法是用 RC 串联网络来取代电容补偿法中的补偿电容 C，如图 2-63 所示。这种方法不仅可以消除自激振荡，而且可以使通频带宽度的损失得到减小。

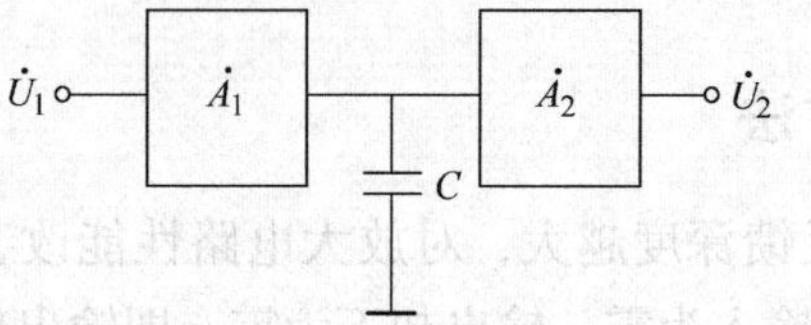

图 2-62　电容补偿法

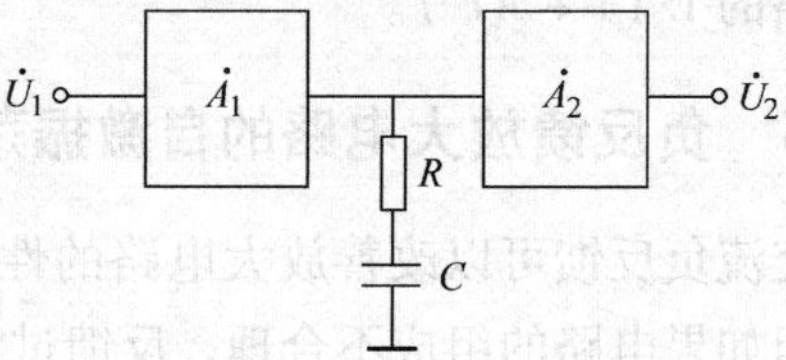

图 2-63　RC 滞后补偿法

●任务实施

1. 输入放大电路的原理

声音信号经送话器转化成的电压信号通常都很微弱，不能直接驱动扬声器发声。因此需要将转换后的微弱电压信号进行放大，并且希望放大电路具有稳定性好、失真度小、带载能力强的特点。为了达到这些要求，本语音放大电路的输入级采用了工作点稳定的共发射极放大电路及射极跟随器，其电路如图 2-1 所示。

工作点稳定的共发射极放大电路具有较高的电压放大能力和稳定的静态工作点。此电路中引入了交、直流电流串联负反馈，其中 R_{17} 为直流负反馈元件，它的作用是稳定静态工作点。R_{14} 为交直流反馈元件，它的主要作用是提高电路的输入电阻，增大输出电压。除此之外，该电路还具有负反馈电路的共同特点，即电压放大倍数稳定、非线性失真小等特点。

射极跟随器具有输入电阻大、输出电阻小的特点，在输入电路与音调调整电路两级之间

加入射极跟随器的目的是减少前后级之间的影响，起到缓冲的作用。

本输入放大电路的技术指标为：电压放大倍数 $A_u \geqslant 10$。

2. 电路仿真

用 Multisim 画出输入放大电路，如图 2-64 所示。

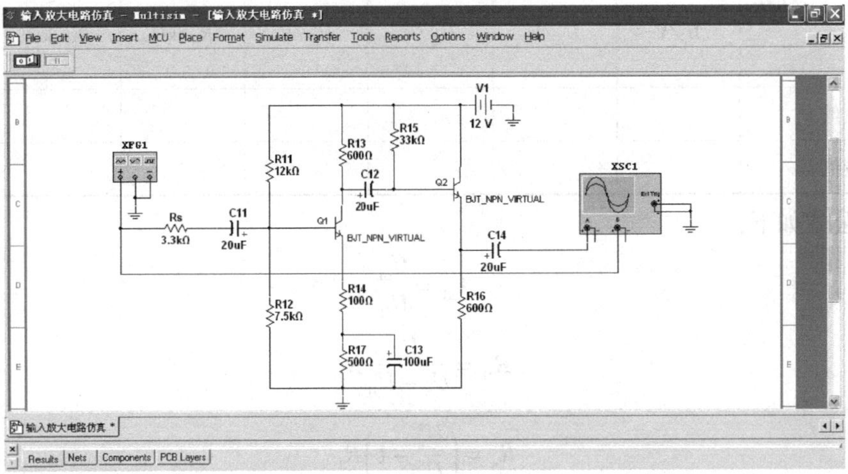

图 2-64　输入放大电路仿真连线图

（1）观测输出波形　调节图 2-64 中信号发生器 XFG1，使其输出为峰值电压 $U_{im} = 100\text{mV}$、频率 $f = 1\text{kHz}$ 的正弦交流信号。将此信号送入输入放大电路的输入端，并用 XSC1 示波器观测该电路的输出波形和电压，估算放大倍数。

图 2-65 所示为输入、输出电压的仿真波形。

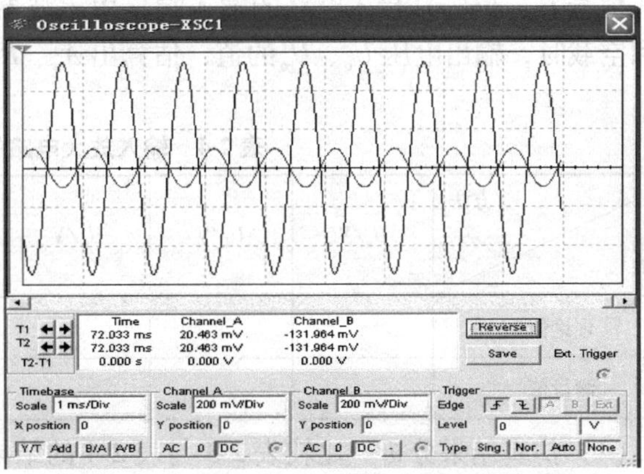

图 2-65　输入、输出电压波形仿真图

（2）测量静态工作点　断开电容 C_{11}、C_{12}，测量电路中第一级放大电路的静态工作点，即 U_{BQ}、U_{BEQ}、U_{CEQ}、I_{CQ} 的值，将结果记录在表 2-2 中，并与理论值比较。

表 2-2　第一级放大电路的静态工作点

方法 / 内容	U_{CC}/V	U_{BQ}/V	U_{BEQ}/V	U_{CEQ}/V	I_{CQ}/mA
理论值					
测量值					

（3）测量交流参数

1）测量第一级放大电路交流参数 A_{u1}、R_{i1}、R_{o1}。断开第二级电路，接上 C_{11}、C_{12} 及负

载 R_L（取 $R_L=600\Omega$）。将输入信号 U_{im}（U_{sm}）接入电路的输入端，用示波器观看输出波形，并用交流毫伏表测量带载和空载时，输出电压 U_{o1}、U'_{o1}的值，估算出 A_{u1}、R_{i1}、R_{o1}，将测量值及估算结果记录在表 2-3 中。

表 2-3　第一级放大电路的动态性能

方法 内容	U_s/V	U_{i1}/V	U_{o1}/V	U'_{o1}/V	R_{i1}/kΩ	R_{o1}/kΩ	A_{u1}
理论值							
测量值							

计算公式如下：

$$A_{u1}=\frac{U_{o1}}{U_{i1}}$$

$$R_{i1}=\frac{U_i}{U_s-U_{i1}}R_s$$

$$R_o=\left(\frac{U'_o}{U_o}-1\right)R_L$$

2）测量输入放大电路交流参数 A_u、R_i、R_o。接上第二级放大电路、C_{14}及负载 R_L，将输入信号 U_{im}（U_{sm}）接入电路的输入端，用示波器观看输出波形，并用交流毫伏表测量带载和空载时，输出电压 U_o、U'_o的值，估算出 A_u、R_i、R_o，将测量值及估算结果记录在表 2-4 中。

表 2-4　输入放大电路的动态性能

方法 内容	U_s/V	U_i/V	U_o/V	U'_o/V	R_i/kΩ	R_o/kΩ	A_u
理论值							
测量值							

（4）仿真结果分析　比较表 2-3 与表 2-4 的结果，说明原理。

3. 电路安装

（1）焊接　在语音放大器的印制电路板上找到相对应的元器件的位置，将元器件依次焊接。焊接时，注意电解电容及晶体管的电极。

（2）检查　检查焊点，看是否有虚焊、漏焊；检查电解电容及晶体管的电极，看是否连接正确。

4. 测试与调整

（1）通电观察　接通直流电源后，观测电路有无异常现象，如元器件是否发烫、电路有无短路现象等，如有异常立即断电，排除故障后重新通电。

（2）静态工作点的测量与调整　接通直流电源（不加输入信号），用万用表分别测量晶体管的三个电极对地电压 U_{BQ}、U_{CQ}、U_{EQ}。正常情况下：

$$U_{BQ}\approx 4.2\text{V}$$

$$U_{CQ} \approx 8.5V$$
$$U_{EQ} \approx 3.5V$$

若不正常，需要调整电路元器件参数或排除故障。

(3) 动态参数测量与调整　在电路的输入端接入适当幅度的电压信号 U_i，用示波器观察输出电压 U_o 的波形，在输出无失真时，用交流毫伏表测量它们的电压值，估算电压放大倍数 A_u，使其满足 $A_u \geqslant 10$ 技术指标的要求。若不满足，需要调整电路元器件参数或排除故障。

5. 常见故障排查

(1) 静态工作点不正常　若 $U_{CEQ} \approx V_{CC}$，则说明晶体管工作在截止状态；若 $U_{CEQ} < 0.5V$，则说明晶体管已进入饱和状态。

常见故障有晶体管损坏、上偏置电阻 R_{11} 选择的不合适以及电容短路。

(2) 输出信号不正常　在工作点正常的情况下，若没有输出信号或输出信号小不满足 $\dot{A}_u \geqslant 10$，则说明输入信号被阻断或负反馈作用增强。常见故障是级间耦合电容、发射极旁路电容断路。

●任务考核

任务考核按照表 2-5 中所列的标准进行。

表 2-5　任务考核标准

学生姓名	教师姓名	任务 2		
		放大电路的制作		
实际操作考核内容（60 分）		小组评价（30%）	教师评价（70%）	合计得分
(1) 电路仿真测试（15 分）				
(2) 电路安装（10 分）				
(3) 电路调试与数据测量（15 分）				
(4) 安全操作、正确使用设备仪器（10 分）				
(5) 任务报告（10 分）				
基础知识测试（40 分）				
任务完成日期	年　月　日		总分	

●思考与训练

2-1　填空题。

(1) 衡量放大器的主要技术指标是__________要高、__________特性要好、__________失真要小、__________和__________电阻要适当。

（2）放大电路的静态工作点由它的________通路决定，而放大电路的放大倍数、输入电阻、输出电阻等由它的________通路决定。

（3）放大电路只有加上合适的________电源，才能正常工作。

（4）共发射极放大电路的输出电压出现顶部削顶是________失真，出现底部削顶是________失真。

（5）直接耦合放大电路能放大________信号，阻容耦合放大电路能放大________信号。

（6）为了稳定静态工作点，应在放大电路中引入________反馈。

（7）为了扩宽频带，应在放大电路中引入________反馈。

（8）要得到一个输入电阻大、输出电阻小的阻抗变换器，应在放大电路中引入________反馈。

（9）要得到一个电流控制的电流源，应在放大电路中引入________反馈。

（10）欲从信号源获得更大的电流，增强带负载的能力，应在放大电路中引入________反馈。

2-2　图2-66所示电路中哪些能放大正弦波信号，哪些不能？为什么？（$R_B > R_C$）

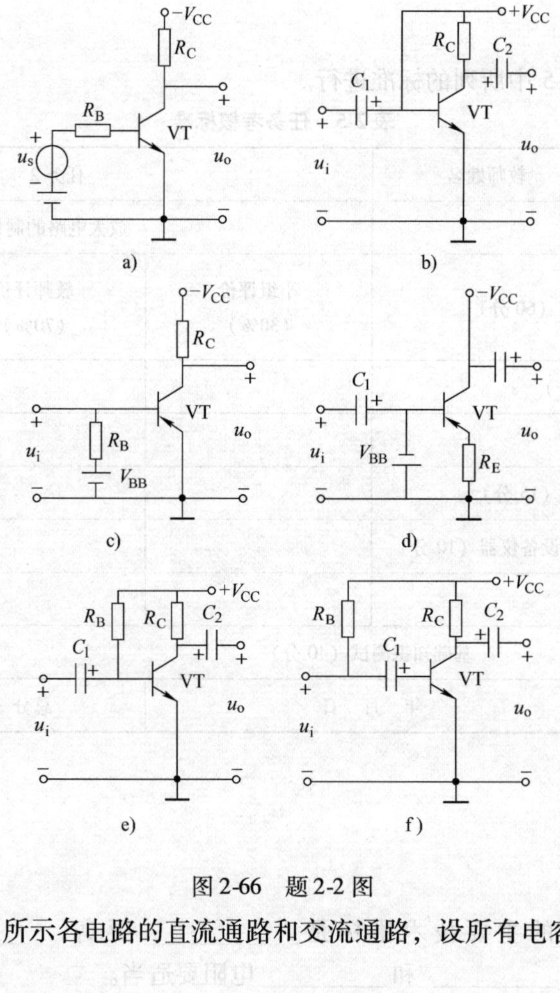

图2-66　题2-2图

2-3　画出图2-67所示各电路的直流通路和交流通路，设所有电容对交流信号均可视为短路。

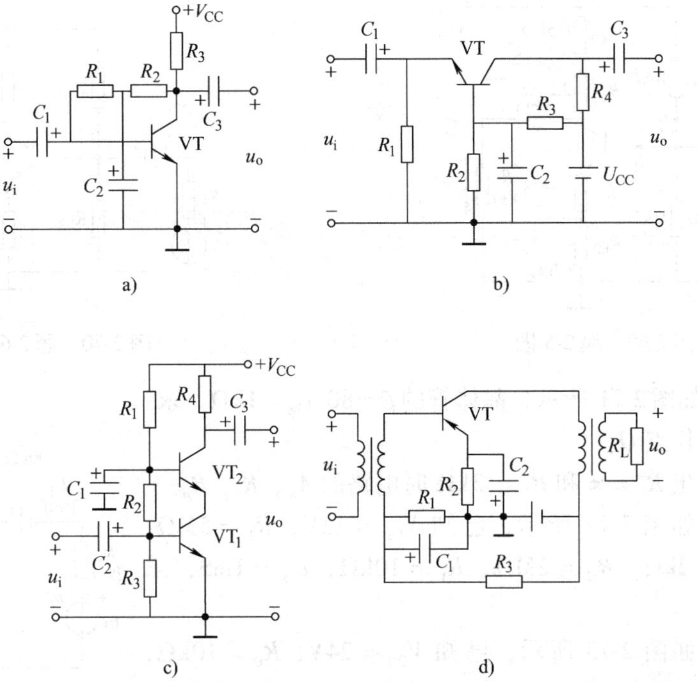

图 2-67　题 2-3 图

2-4　如图 2-68 所示，图 2-68b 是晶体管的输出特性，静态时 $U_{BEQ}=0.7V$。利用图解法求静态工作点和最大不失真电压 U_{om}（有效值）。

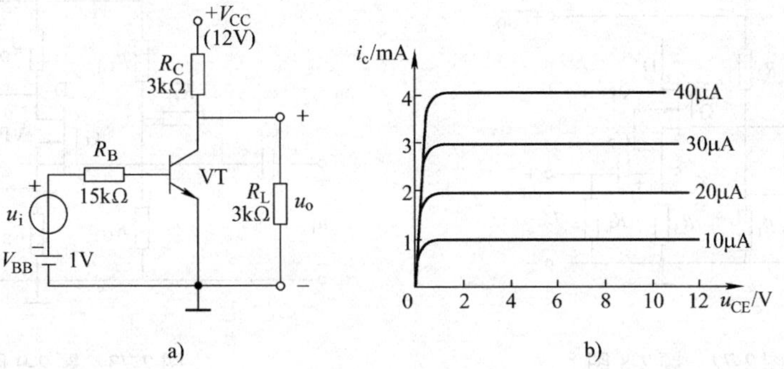

图 2-68　题 2-4 图

2-5　放大电路如图 2-69 所示，已知 $\beta=80$，$U_{BEQ}=0.7V$，试计算：

1）静态工作点。

2）画出微变等效电路。

3）求 A_u、R_i、R_o（已知 $r_{be}=0.86k\Omega$）。

2-6　电路如图 2-70 所示，设 $\beta=100$，$R_{B1}=20k\Omega$，$R_{B2}=15k\Omega$，$R_C=2k\Omega$，$R_E=2k\Omega$，$R_s=2k\Omega$，$V_{CC}=10V$。求：

1）静态工作点 Q。

2）晶体管的输入电阻 r_{be}，放大电路的输入电阻 R_i。

3）分别求放大电路的输出 1 端、2 端的电压放大倍数 A_{u1}、A_{u2} 及输出电阻 R_{o1}、R_{o2}。

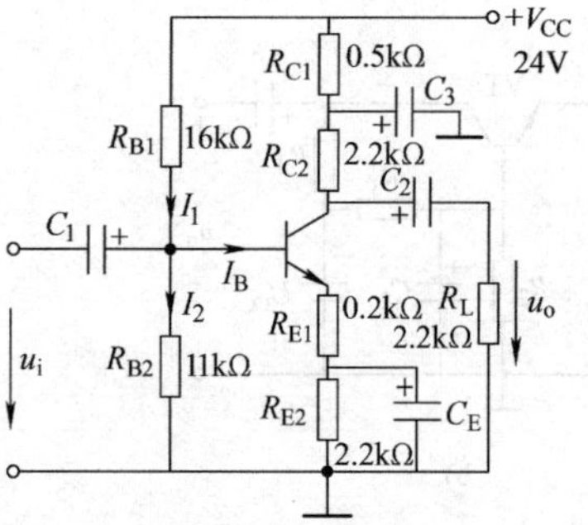

图 2-69　题 2-5 图

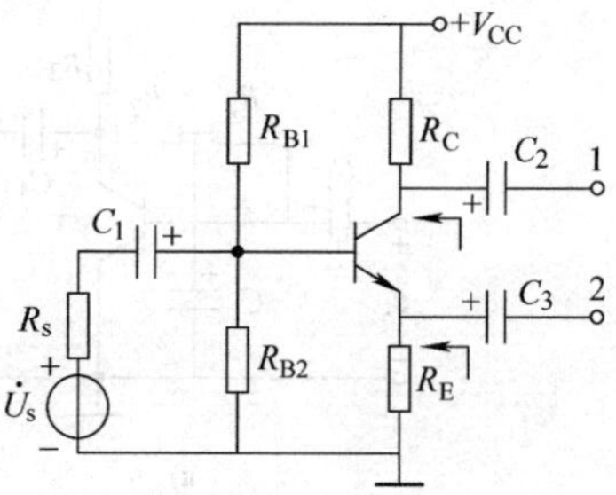

图 2-70　题 2-6 图

2-7　电路如图 2-71 所示，晶体管的 $\beta = 80, r_{be} = 1\text{k}\Omega$。求：

1）静态工作点 Q。

2）分别求出 $R_L = \infty$ 和 $R_L = 3\text{k}\Omega$ 时电路的 A_u、R_i、R_o。

2-8　电路如图 2-72 所示，已知 $V_{DD} = 12\text{V}$，$R_1 = 5\text{M}\Omega$，$R_2 = 3\text{M}\Omega, R_3 = 2\text{k}\Omega$，$R_G = 2\text{M}\Omega$，$R_L = 10\text{k}\Omega$，$g_m = 1\text{mS}$，求 A_u、R_i、R_o。

2-9　电路如图 2-73 所示，已知 $V_{DD} = 24\text{V}$，$R_D = 10\text{k}\Omega$，$R_S = 10\text{k}\Omega, R_L = 10\text{k}\Omega$，$R_G = 1\text{M}\Omega$，$R_{G1} = 200\text{k}\Omega$，$R_{G2} = 64\text{k}\Omega$，$g_m = 1.5\text{mA/V}$，$I_{OSS} = 0.9\text{mA}$，$U_{GS(off)} = -4\text{V}$，求静态工作点及电压放大倍数 A_u、输入电阻 R_i 和输出电阻 R_o。

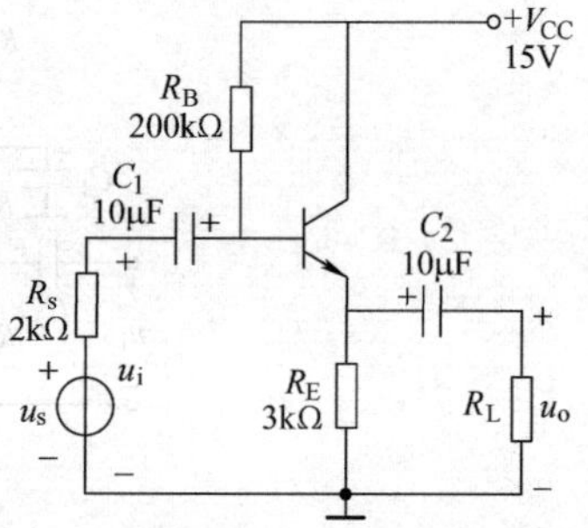

图 2-71　题 2-7 图

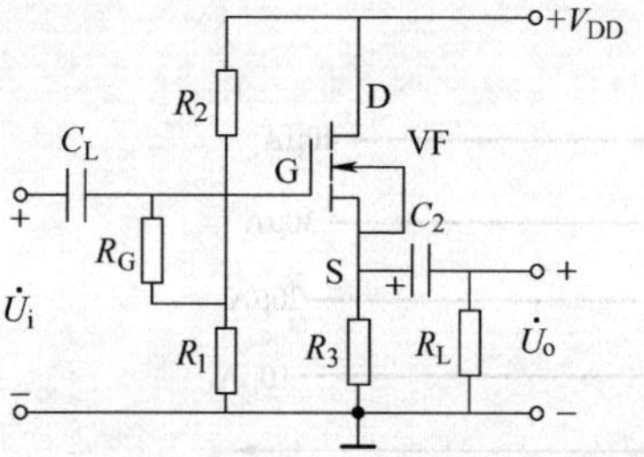

图 2-72　题 2-8 图

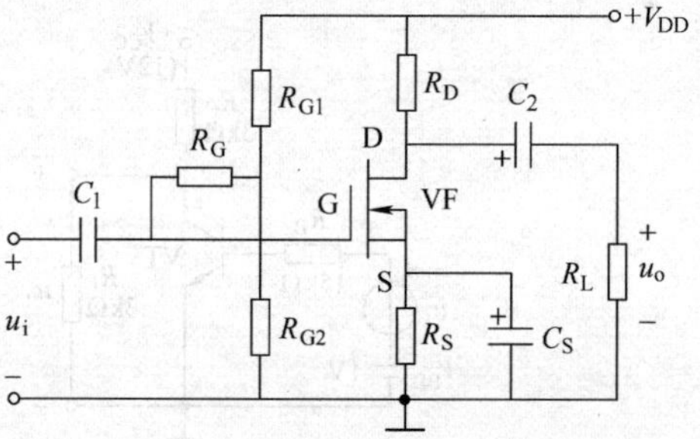

图 2-73　题 2-9 图

2-10　图 2-74 所示为音频放大电路的原理图，用 Multisim 仿真该语音放大电路并估算电压放大倍数。要求如下：

1）搭接电路。

2）观测第一级放大电路的静态工作点，估算空载时电压放大倍数 A_{u1}。

静态时，调节 R_P，使 $U_{CE1} = 6\text{V}$ 左右（常用直流负载线的中点代替交流负载线的中点）；动态时，输入信号 $u_i = 20\text{mV}$、$f = 1\text{kHz}$，观测 u_{o1} 的波形。调节 R_P 使 u_{o1} 的波形最大且不失真，记录 u_i 和 u_{o1} 数值，估算 A_{u1}。断开 u_i，测量静态工作点，此时的静态工作点为最佳工作点。

3）断开开关 S，在输入端接入输入信号 u_i，观测负载 R_L 上的波形及电压，估算开环放大倍数 A_u，并与理论上计算出的放大倍数相比较。

4）接通开关 S，在输入端接入输入信号 u_{i}，观测负载 R_{L} 上的波形及电压，估算闭环放大倍数 $A_{u\mathrm{f}}$。

5）比较有无负反馈电阻 R_{f} 时，输出波形、输出电压的变化情况，并分析原因。

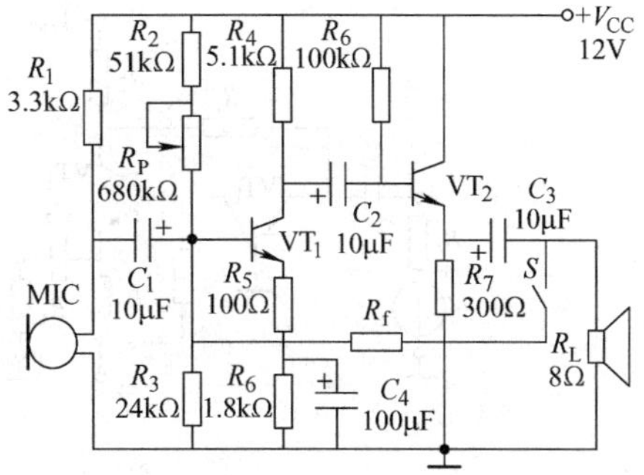

图 2-74　题 2-10 图

2-11　电路如图 2-75 所示，已知晶体管 VT_1、VT_2 的 $\beta_1=\beta_2=100$，$r_{\mathrm{be1}}=r_{\mathrm{be2}}=1.8\mathrm{k}\Omega$，$V_{\mathrm{CC}}=6\mathrm{V}$，求：

1）两级放大电路的静态工作点 Q。

2）放大电路的电压放大倍数 A_u、输入电阻 R_{i} 及输出电阻 R_{o}。

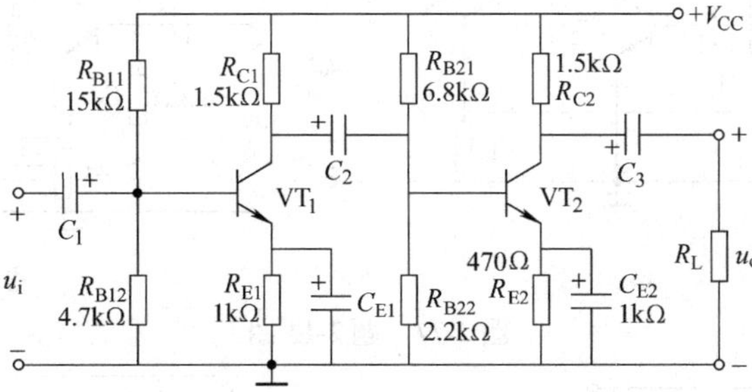

图 2-75　题 2-11 图

2-12　电路如图 2-76 所示，已知晶体管 VT_1、VT_2 的 $\beta_1=\beta_2=50$，均为硅管。求：

1）各级静态工作点。

2）放大电路的输入电阻 R_{i}、输出电阻 R_{o} 和电压放大倍数 A_u。

3）源电压放大倍数 A_{us}。

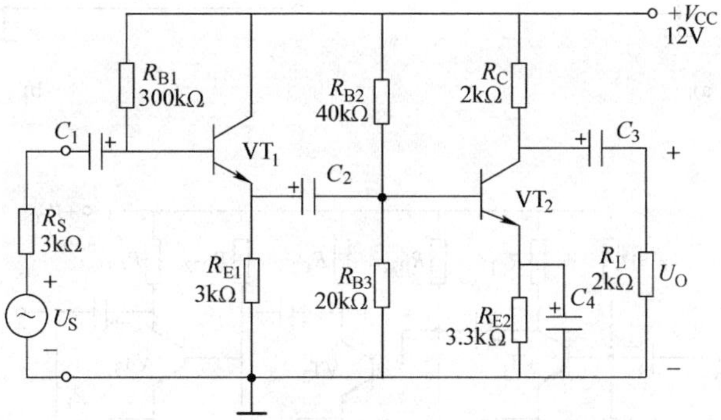

图 2-76　题 2-12 图

2-13　图 2-77 所示各放大电路中，试说明存在哪些反馈支路，并判断哪些是正反馈，哪些是负反馈，哪些是直流反馈，哪些是交流反馈。如为交流负反馈，请判断反馈的组态。

2-14　判断图 2-78 所示电路为哪种组态的交流负反馈？计算电路在深度负反馈条件下的电压放大倍数。

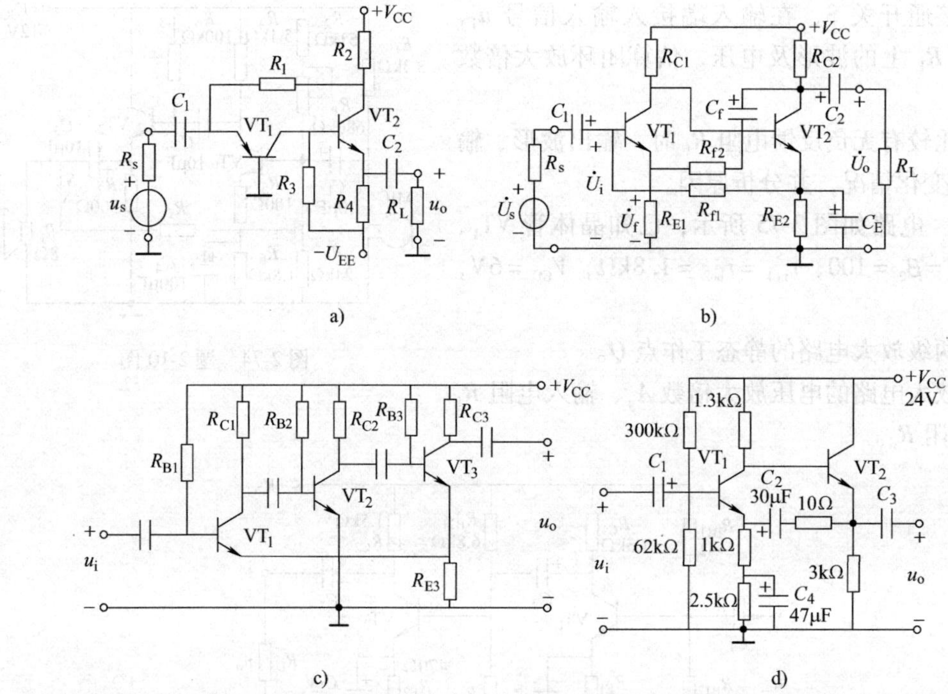

图 2-77　题 2-13 图

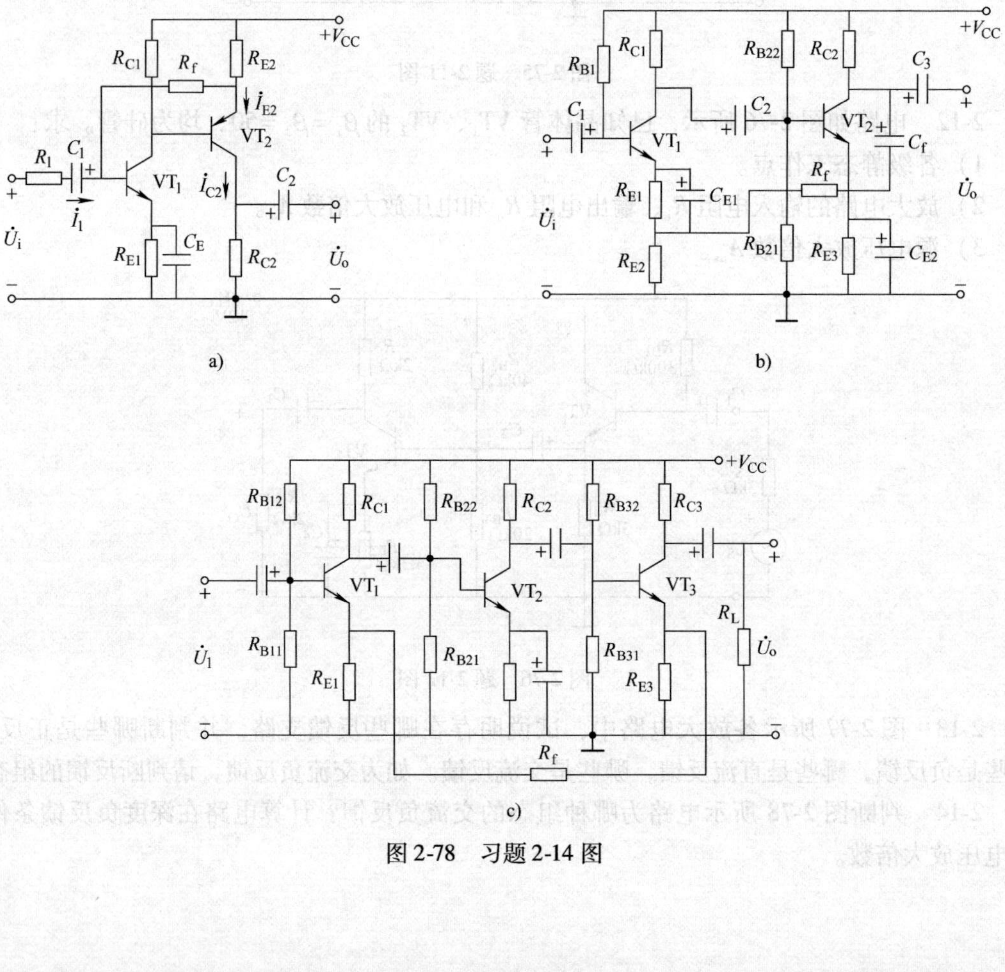

图 2-78　习题 2-14 图

任务3　音调调整电路的制作

●教学目标

1）掌握差动放大电路的基本电路及工作原理。

2）掌握集成运算放大电路的组成及其特点。

3）掌握集成运算放大电路的线性及非线性应用分析。

4）掌握有源滤波和无源滤波的工作原理。

●任务引入

为了使声音信号符合人们的听觉及爱好，通常在前置放大电路后增加音调调整电路。音调调整电路是通过对不同频率的衰减与提升，来改变信号原有的频率特性。

图3-1是本书中语音放大器的音调调整电路。这一电路能够实现高低音调调整并有一定的信号放大作用，同时还能够进行音量控制。本任务将介绍音调调整电路的相关原理及制作方法。

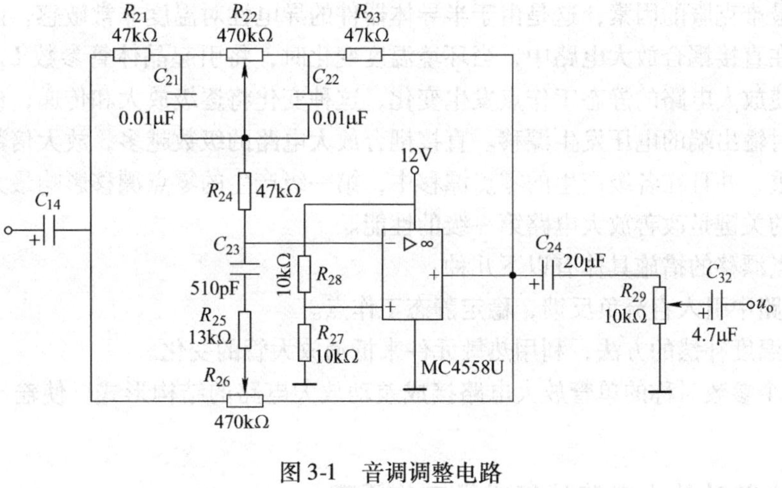

图3-1　音调调整电路

●相关知识

本任务相关内容包括：

1）基本差动放大电路的原理。

2）集成运算放大器。

3）集成运算放大器的应用。

集成运算放大器是一个高增益多级直接耦合放大器，主要由输入级、中间级、输出级以及偏置电路组成，外接不同反馈网络和输入网络就可构成具有各种功能的模拟电子电路，例如，比例放大、加法运算、减法运算、微分运算、积分运算等各种模拟运算电路。集成运算放大器是一种高放大倍数、性能优良、通用性强的多功能部件，应用极为广泛。

3.1 差动放大电路

3.1.1 直接耦合放大电路的零点漂移现象

直接耦合放大电路具有很好的低频特性，可以放大直流信号。由于电路中没有大容量电容，所以易于将全部电路集成在一片硅片上，构成集成放大电路。但是各级之间采用了直接耦合的连接方式后，出现前后级之间静态工作点相互影响及零点漂移的问题。

零点漂移是直接耦合放大电路存在的一个特殊问题。所谓零点漂移是指当放大电路在输入电压为零时，输出电压不为零且缓慢变化的现象。

在放大电路中，当输入信号为零(输入端接“地”)时，任何参数的变化，如电源电压的波动、电路元件的老化、半导体器件参数随温度变化而产生的变化，都将产生输出电压的漂移。

采用高质量的稳压电源和使用经过老化实验的元器件就可以大大减小零点漂移。由温度变化所引起的半导体器件参数的变化是产生零点漂移的主要原因，因而也称零点漂移为温度漂移，简称温漂。

温漂是最难克服的因素，这是由于半导体器件的导电性对温度非常敏感，而温度又很难维持恒定。在直接耦合放大电路中，当环境温度变化时，将引起晶体管参数 U_{BE}、β、I_{CBO} 的变化，从而使放大电路的静态工作点发生变化，这种变化将逐级放大和传递，最后导致当输入信号为零时输出端的电压发生漂移。直接耦合放大电路的级数越多，放大倍数越大，则零点漂移越严重，并且在各级产生的零点漂移中，第一级产生的零点漂移影响最大，因此，减小零点漂移的关键是改善放大电路第一级的性能。

抑制零点漂移的措施具体有以下几种：

1）在电路中引入直流负反馈，稳定静态工作点。

2）采用温度补偿的方法，利用热敏元件来抵消放大管的变化。

3）将两个参数对称的单管放大电路接成差动放大电路的结构形式，使输出端的零点漂移相互抵消。

3.1.2 基本差动放大电路的组成及工作原理

差动放大电路又叫差分电路，它不仅能有效地放大直流信号，而且还能有效地减小由于电源波动和晶体管随温度变化而引起的零点漂移，因而获得广泛的应用，特别是大量地应用于集成运算放大电路中。

基本差动放大电路的组成如图 3-2 所示，此电路由两个结构相同、参数完全对称的单管共射放大电路组成，该电路有两个输入端 u_{i1}、u_{i2} 和两个输出端 u_{o1}、u_{o2}。

对于双端输入的电路，其输入信号分为以下三种：

共模信号：大小相等极性相同的输入信号，共模输入信号用 u_{ic}表示。

差模信号：大小相等极性相反的输入信号，差模输入信号用 u_{id}表示。

不规则信号：大小不等，极性不定的输入信号，不规则信号用 u_i 表示。对于不规则信号可将其分解成一对差模信号和一对共模信号。

若两不规则信号分别为 u_{i1} 和 u_{i2}，则有

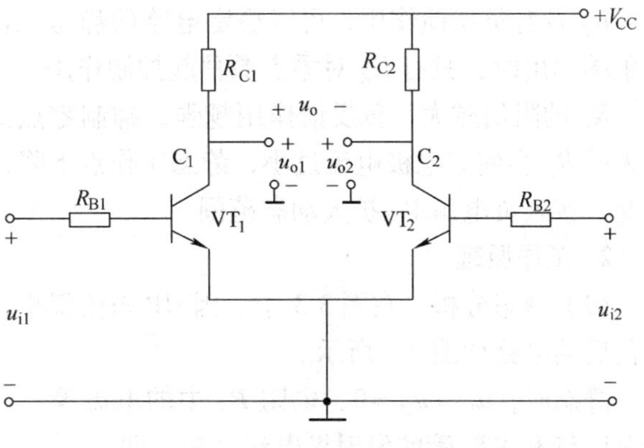

图 3-2 基本差动放大电路的组成

$$u_{i1} = u_{ic1} + u_{id1} \qquad u_{i2} = u_{ic2} + u_{id2}$$

式中，差模信号为 $u_{id1} = (u_{i1} - u_{i2})/2$，$u_{id2} = -(u_{i1} - u_{i2})/2$；共模信号为 $u_{ic1} = u_{ic2} = u_{ic} = (u_{i1} + u_{i2})/2$。

工作原理：在电路结构相同、参数完全对称的情况下，由于环境温度变化引起静态工作点的漂移折合到输入端相当于在两个输入端加上了大小相等、极性相同的共模信号，那么两只管子的集电极电位在温度变化时也相等，电路以两只管子集电极电位差作为输出，就克服了温度漂移。由此可知，该电路是靠电路的对称性消除零点漂移的。

3.1.3 长尾式差动放大电路的结构及工作原理

1. 电路结构

基本差动放大电路存在如下不足：

1）完全对称的元器件并不存在。

2）如果采用单端输出（输出电压从一个管子的集电极与“地”之间取出），零点漂移根本无法抑制。

所以单靠提高电路的对称性来抑制零点漂移是有限度的，为此，常采用图 3-3 所示的长尾式差动放大电路。

与基本差动放大电路相比，该电路增加了调零电位器 RP、发射极公共电阻 R_E 和负电源 V_{EE}。

下面介绍调零电位器 RP、发射极公共电阻 R_E 和负电源 V_{EE} 的作用及该电路抑制零点漂移的工作原理。

调零电位器 RP 的作用是调节电路的对称性。因为电路不可能完全对称，当输入电压为零时，输出电压不一定等于零。这时可以通过调节 RP，使输出电压为零。但 RP 在电路中起负反馈作用，因此阻值不宜过大，一般 RP 值取在几十欧姆到几百欧姆之间。

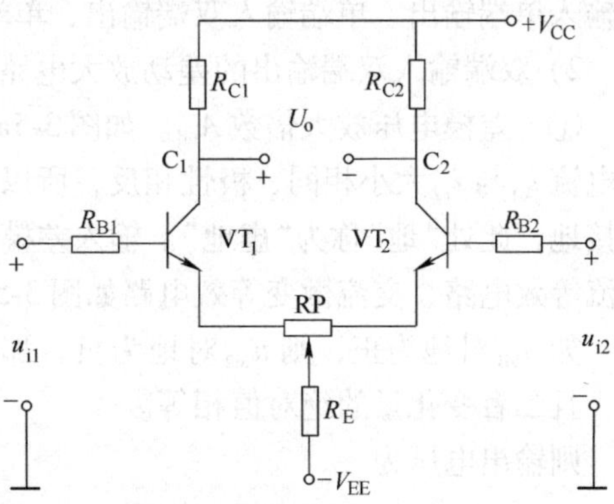

图 3-3 长尾式差动放大电路

R_E 具有负反馈作用，可以稳定电路的静态工作点，进一步抑制零点漂移。尤其在电路为单端输出时，只有 R_E 对零点漂移起抑制作用。

R_E 的阻值越大，负反馈作用越强，抑制零点漂移作用就越显著。但是，在 V_{CC} 一定时，过大的 R_E 会使集电极电流过小，静态工作点下降，导致动态范围变小，电压放大倍数下降。为此，接入负电源 V_{EE} 扩大动态范围。

2. 工作原理

（1）静态分析　在图 3-3 中，因 RP 阻值很小，为了简化分析过程，可忽略 RP 的影响，简化后的电路如图 3-4 所示。

静态时，$u_{i1}=u_{i2}=0$，电阻 R_E 中的电流等于 VT_1 管和 VT_2 管的发射极电流之和，即

$$I_{R_E}=I_{EQ1}+I_{EQ2}=2I_{EQ}$$

根据基极回路方程

$$I_{BQ}R_{B1}+U_{BEQ}+2I_{EQ}R_E=V_{EE}$$

可得

$$I_{EQ}=\frac{V_{EE}-U_{BEQ}}{2R_E+\dfrac{R_{B1}}{1+\beta}}\approx\frac{V_{EE}-U_{BEQ}}{2R_E}\approx\frac{V_{EE}}{2R_E} \quad (3\text{-}1)$$

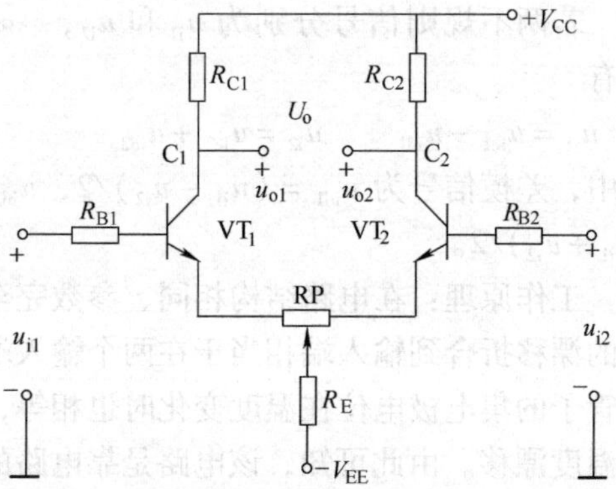

图 3-4　忽略 RP 后的长尾式差动放大电路

只要合理选择 R_E 的阻值，并与电源 V_{EE} 相配合，就可以设置合适的静态工作点。

$$I_{BQ}=\frac{I_{EQ}}{1+\beta}$$

$$U_{CEQ}=U_{CQ}-U_{EQ}\approx V_{CC}-I_{CQ}R_C-(-U_{BEQ})=V_{CC}-I_{CQ}R_C+U_{BEQ}$$

（2）动态分析

1）差动放大电路的四种接法。在差动放大电路中，若两个输入端与地之间分别接入信号源，称双端输入；若仅一个输入端与地之间接信号源，而另一输入端直接接地，称单端输入。负载接于两管集电极之间，称双端输出；负载接于某一单管的集电极与地之间，称为单端输出。差动放大电路按输入输出的不同，连接方式可分为四种，即双端输入双端输出、双端输入单端输出、单端输入双端输出、单端输入单端输出。

2）双端输入双端输出的差动放大电路。

①　差模电压放大倍数 A_{ud}。如图 3-5a 所示，差模信号引起两管电流反向变化，流过 R_E 的电流 i_{e1} 与 i_{e2} 大小相同、极性相反，所以 R_E 上的电流为零，电压也为零，此时发射极可视为接地，此处“地”称为“虚地”。输入差模信号时，R_E 对电路不起作用。图 3-5a 所示电路的交流等效电路、交流微变等效电路如图 3-5b、c 所示。

如 u_{id1} 对地为正，则 u_{id2} 对地为负，那么 VT_1 管集电极电压下降，VT_2 管集电极电压上升，且二者变化量的绝对值相等。

则输出电压为

$$u_{od}=u_{o1}-u_{o2}=2u_{o1}（或 -2u_{o2}）$$

输入电压为

$$u_{id}=u_{id1}-u_{id2}=2u_{id1}$$

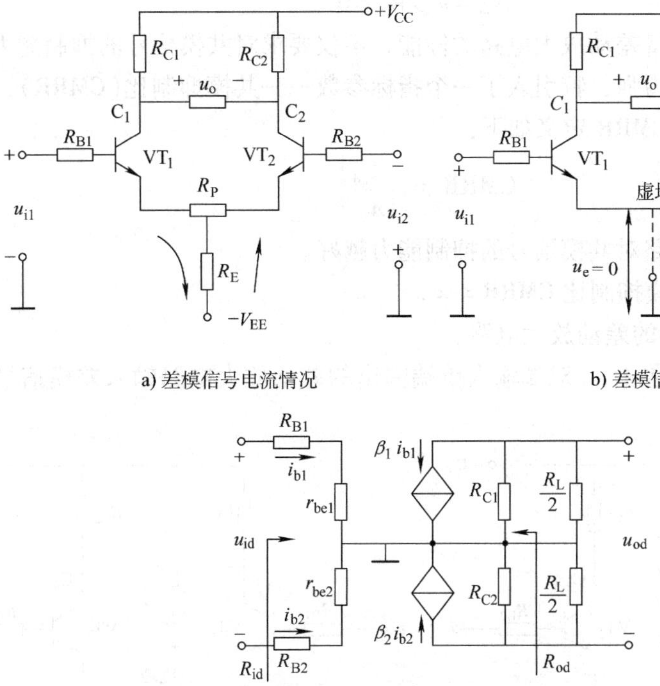

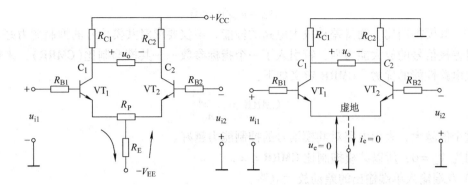

a) 差模信号电流情况　　b) 差模信号交流等效电路

c) 差模信号交流微变等效电路

图 3-5　输入差模信号分析

故

$$A_{ud}=\frac{u_{od}}{u_{id}}=\frac{2u_{o1}}{2u_{id1}}=\frac{u_{o1}}{u_{id1}}=-\frac{\beta R_L'}{R_{B1}+r_{be}} \tag{3-2}$$

式中，$R_L'=R_{C1}\,/\!/\,\frac{R_L}{2}=R_{C2}\,/\!/\,\frac{R_L}{2}$；$r_{be}=r_{be1}=r_{be2}$。

这说明，虽然差动放大电路用了两只晶体管，但它的差模电压放大能力只相当于单管共射放大电路。因而差动放大电路是以牺牲一只管子的放大倍数为代价，换取了抑制零点漂移的效果。

需要指出的是 R_L' 的求出，当空载($R_L\to\infty$)时，$R_L'=R_C=R_{C1}=R_{C2}$。双端输出时，如果电路对称，恰好在 $R_L/2$ 处电位为零，所以 $R_L'=R_C/\!/(R_L/2)$，这是在求放大倍数时需注意的问题。

②　输入、输出电阻。根据输入电阻的定义，从图 3-5c 可以看出：

$$R_{id}=2(R_B+r_{be})$$

式中，$R_B=R_{B1}=R_{B2}$。

它是单管共射放大电路输入电阻的两倍。

电路的输出电阻为

$$R_{od}=2R_C$$

③　共模电压放大倍数 A_{uc}。输出电压为

$$u_{oc}=u_{oc1}-u_{oc2}=0$$

即共模电压放大倍数为

$$A_{uc} = u_{oc}/u_{ic} = 0$$

④ 共模抑制比。衡量差动放大电路的性能，不仅要求对共模信号的抑制能力好，而且要求对差模信号的放大能力强，特引入了一个指标参数——共模抑制比(CMRR)，来衡量差动放大电路性能的优劣。CMRR 定义如下：

$$\text{CMRR} = \left|\frac{A_{ud}}{A_{uc}}\right| \tag{3-3}$$

这个值越大，表示电路对共模信号的抑制能力越好。

因为 $A_{uc}=0$，所以共模抑制比 CMRR = ∞ 。

3）双端输入单端输出的差动放大电路。

① 差模电压放大倍数 A_{ud}。双端输入单端输出的差动放大电路输入差模信号分析如图 3-6 所示。

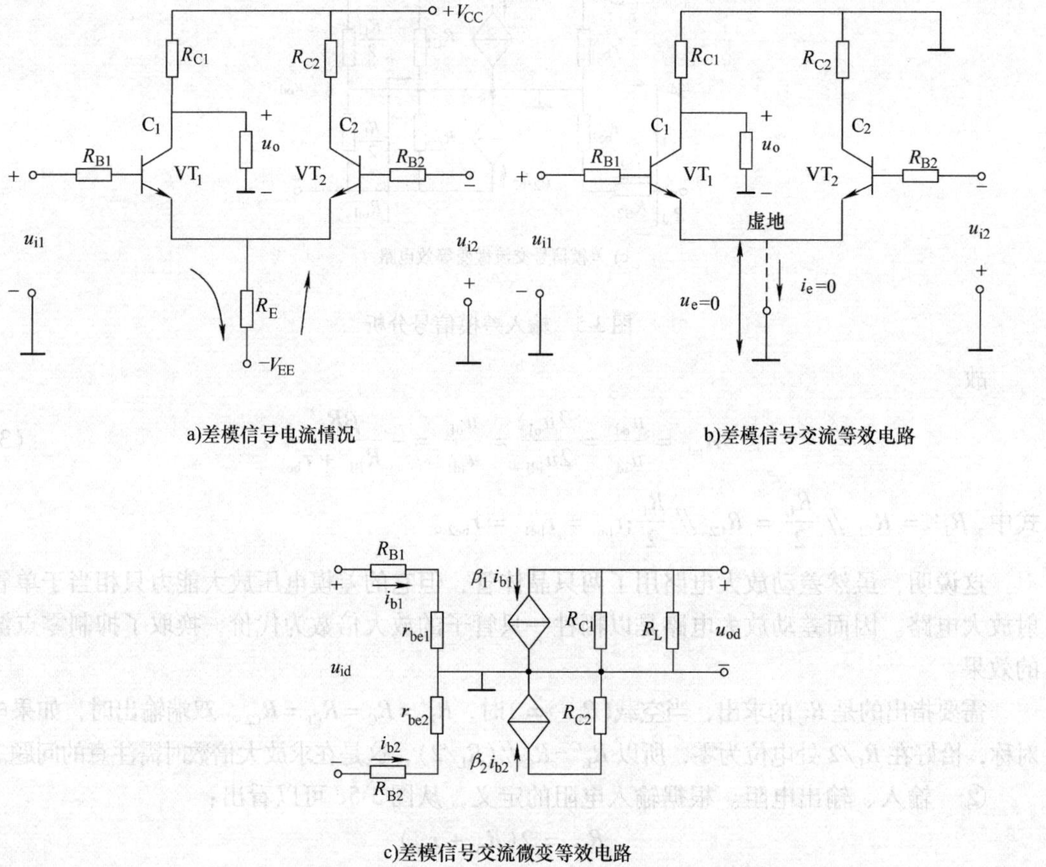

a)差模信号电流情况　　b)差模信号交流等效电路

c)差模信号交流微变等效电路

图 3-6　双端输入单端输出的差动放大电路输入差模信号分析

输出电压为

$$u_o = -\beta i_b(R_C \,/\!/\, R_L)$$

式中，$i_b = i_{b1} = i_{b2}$。

输入电压为

$$u_i = 2i_b(R_B + r_{be})$$

式中，$R_B = R_{B1} = R_{B2}$。

差模电压放大倍数为

$$A_{ud} = -\frac{1}{2}\frac{\beta R_L'}{R_B + r_{be}} \tag{3-4}$$

式中，$R_L' = R_C /\!/ R_L$。

② 输入、输出电阻。根据输入电阻的定义，从图 3-6c 可以看出：

$$R_{id} = 2(R_B + r_{be})$$

它是单管共射放大电路输入电阻的两倍。

电路的输出电阻为

$$R_{od} = R_C$$

③ 共模电压放大倍数 A_{uc}

$$A_{uc} \approx \frac{R_C /\!/ R_L}{2R_E}$$

④ 共模抑制比

$$\text{CMRR} \approx \frac{\beta R_E}{R_B + r_{be}}$$

以同样的方式可以推导出单端输入双端输出、单端输入单端输出的主要动态参数，四种差动放大电路主要动态参数见表 3-1。

表 3-1 四种差动放大电路主要动态参数

类 型	A_{ud}	A_{uc}	R_{id}	R_{od}	CMRR
双入双出	$-\frac{\beta\left(R_C /\!/ \frac{R_L}{2}\right)}{R_B + r_{be}}$	0	$2(R_B + r_{be})$	$2R_C$	∞
单入双出	$-\frac{\beta\left(R_C /\!/ \frac{R_L}{2}\right)}{R_B + r_{be}}$	0	$2(R_B + r_{be})$	$2R_C$	∞
双入单出	$-\frac{\beta(R_C /\!/ R_L)}{2(R_B + r_{be})}$	$\approx -\frac{R_L'}{2R_E}$	$2(R_B + r_{be})$	R_C	$\frac{\beta R_E}{R_B + r_{be}}$
单入单出	$-\frac{\beta(R_C /\!/ R_L)}{2(R_B + r_{be})}$	$\approx -\frac{R_L'}{2R_E}$	$2(R_B + r_{be})$	R_C	$\frac{\beta R_E}{R_B + r_{be}}$

3.1.4 恒流源差动放大电路

长尾式差动放大电路中，R_E 越大，抑制零点漂移能力越强。在 V_{EE} 一定的前提下，增大 R_E 将使电压放大倍数下降，因此必须提高 V_{EE}。而过高的 V_{EE} 既不经济又难以实现，另外 R_E 太大也不易集成化。于是想到了采用一种交流电阻大、直流电阻小的恒流源代替 R_E。图 3-7a 所示为恒流源差动放大电路，简画的恒流源差动放大电路如图 3-7b 所示。

例 3-1 在图 3-8 所示的差动放大电路中，已知 $V_{CC} = V_{EE} = 12\text{V}$，$\beta = 50$，$R_C = 30\text{k}\Omega$，$R_E = 27\text{k}\Omega$，$R_B = 10\text{k}\Omega$，$R_P = 500\Omega$，设 R_P 的活动端调在中间位置，负载电阻 $R_L = 20\text{k}\Omega$。试估算差动放大电路的静态工作点 Q、差模电压放大倍数 A_{ud}、差模输入电阻 R_{id} 和输出电阻 R_{od}。

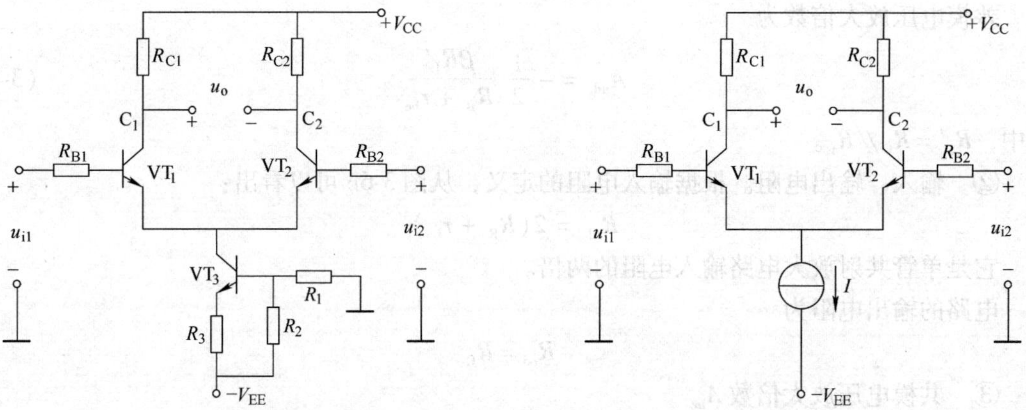

a)恒流源差动放大电路　　　　b)简画的恒流源差动放大电路

图 3-7　恒流源差动放大电路

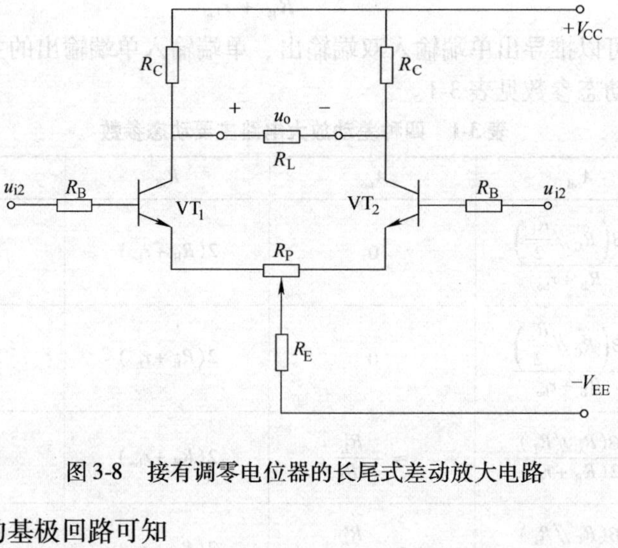

图 3-8　接有调零电位器的长尾式差动放大电路

解：由晶体管的基极回路可知

$$I_{BQ} = \frac{V_{EE} - U_{BEQ}}{R_B + (1+\beta)(2R_E + 0.5R_P)} = \frac{12 - 0.7}{10 + 51 \times (2 \times 27 + 0.5 \times 0.5)}\text{mA}$$

$$\approx 0.004\text{mA} = 4\mu\text{A}$$

则

$$I_{CQ} \approx I_{BQ} = 50 \times 0.004\text{mA} = 0.2\text{mA}$$

$$U_{CQ} = V_{CC} - I_{CQ}R_C = (12 - 0.2 \times 30)\text{V} = 6\text{V}$$

$$U_{BQ} = -I_{BQ}R_B = -0.004 \times 10\text{V} = -0.04\text{V} = -40\text{mV}$$

放大电路中引入 R_E 对差模电压放大倍数没有影响，但调零电位器只流过一个管子的电流，因此将使差模电压放大倍数降低。差动放大电路的交流通路如图 3-9 所示。

由图 3-9 可求得差模电压放大倍数为

$$A_{ud} = -\frac{\beta R_L'}{R_B + r_{be} + (1+\beta)\dfrac{R_P}{2}}$$

式中
$$R_L' = R_C \mathbin{/\!/} \frac{R_L}{2} = \frac{30 \times (20/2)}{30 + (20/2)}\text{k}\Omega = 7.5\text{k}\Omega$$

$$r_{be} = 300\Omega + (1+\beta)\frac{26\text{mV}}{I_{EQ}} = \left(300 + 51 \times \frac{26}{0.2}\right)\Omega = 6930\Omega = 6.93\text{k}\Omega$$

则
$$A_{ud} = -\frac{50 \times 7.5}{10 + 6.93 + 51 \times 0.5 \times 0.5} = -12.6$$

差模输入电阻为

$$R_{id} = 2\left[R_B + r_{be} + (1+\beta)\frac{R_P}{2}\right] = 2 \times (10 + 6.93 + 51 \times 0.5 \times 0.5)\text{k}\Omega \approx 59\text{k}\Omega$$

差模输出电阻为
$$R_o = 2R_C = 2 \times 30\text{k}\Omega = 60\text{k}\Omega$$

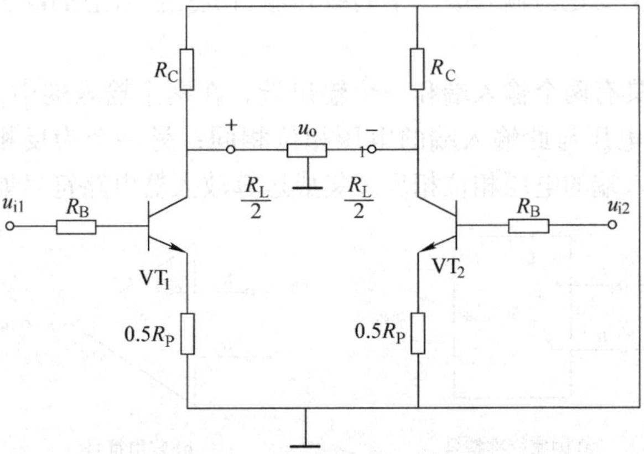

图 3-9　图 3-8 电路的交流通路

3.2　集成运算放大器

集成运算放大器是一种高放大倍数、高输入电阻、低输出电阻、集成化了的直接耦合多级放大器。它在自动控制、测量设备、计算技术和电信等几乎一切电子技术领域中获得了日益广泛的应用。

集成运算放大器的外形有多种，如图 3-10 所示。

图 3-10　集成运算放大器的外形

3.2.1 集成运算放大器的组成

集成运算放大器的内部通常包含四个基本组成部分，即输入级、中间级、输出级和偏置电路，如图 3-11 所示。

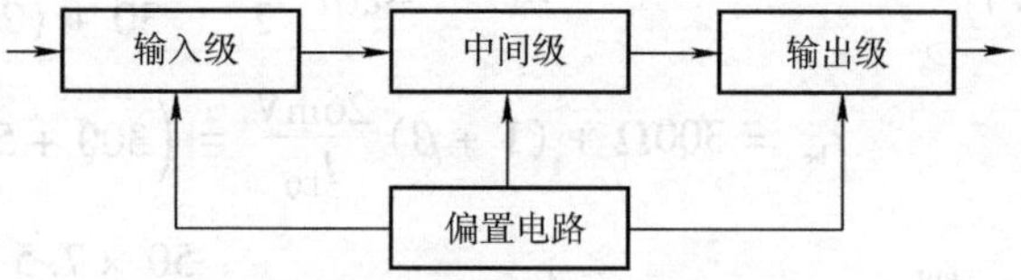

图 3-11 集成运算放大器的基本组成

由于集成运算放大器是一种多级直接耦合放大电路，所以，要求输入级具有抑制零点漂移的作用。另外，还要求输入级具有较高的输入电阻，因此在输入级常采用双端输入的差动放大电路。

中间级的作用是放大信号，要求有尽可能高的电压放大倍数。中间级常采用直接耦合共发射极放大电路。

输出级与负载相连，因此要求带负载能力要强，常采用直接耦合的功率放大电路。此外，输出级一般还有过电流保护电路，用以防止电流过大烧坏输出电路。

偏置电路的功能主要是为输入级、中间级和输出级提供合适的静态工作点。偏置电路一般采用电流源电路。

集成运算放大器具有两个输入端和一个输出端，在两个输入端中，一个为同相输入端，标注“+”，表示输出电压与此输入端的电压相位相同；另一个为反相输入端，标注“－”，表示输出电压与此输入端的电压相位相反。集成运算放大器电路符号如图 3-12 所示。

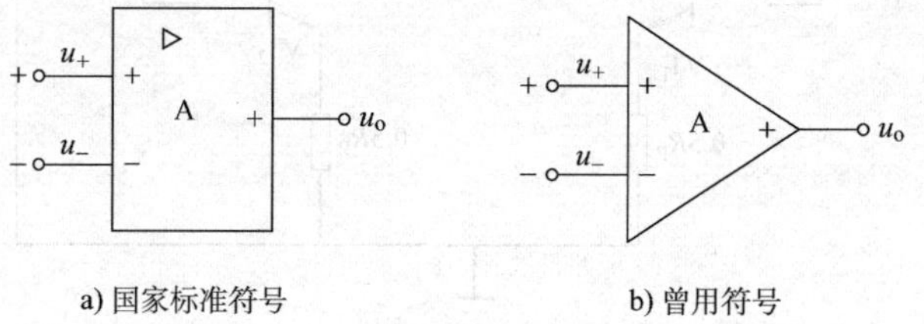

图 3-12 集成运算放大器电路符号

3.2.2 集成运算放大器的主要性能指标及选择方法

1. 集成运算放大器的主要性能指标

集成运算放大器在应用及选取时都应针对它的性能指标进行，而集成运算放大器的性能指标较多，这里介绍主要的性能指标。

（1）开环差模电压放大倍数 A_{od}　集成运算放大器在没有外部反馈作用时的差模电压增益称为开环差模电压放大倍数，定义为集成运算放大器开环时的差模输出电压与差模输入电压之比，即

$$A_{od} = \frac{u_{od}}{u_{id}}$$

（2）共模抑制比 CMRR　共模抑制比等于差模电压放大倍数与共模电压放大倍数之比的绝对值。它是衡量集成运算放大器抑制零点漂移能力的重要指标。通常 CMRR 为 80～160dB。

（3）差模输入电阻 R_{id}　它是集成运算放大器在开环情况下输入差模信号时的输入电阻。

该指标越大越好，一般为10kΩ～3MΩ。

（4）输入失调电压 U_{IO}　当输入电压为零，存在一定的输出电压时，将这个输出电压折算到输入端就是输入失调电压。它在数值上等于输出电压为零时，输入端应施加的直流补偿电压。它主要反映了输入级差动对管的失配程度，一般 U_{IO} 为2～10mV，高质量集成运算放大器 U_{IO} 小于1mV。

（5）输入失调电流 I_{IO}　当输出端电压为零时流入两输入端的静态基极电流之差称为输入失调电流 I_{IO}，记为

$$I_{IO} = | I_{B1} - I_{B2} |_{U_o=0}$$

它表示差分放大电路输入级两管 β 不对称所造成的影响，通常，I_{IO} 越小越好，一般为1～10nA。

（6）开环输出电阻 R_o　在开环条件下，集成运算放大器等效为电压源时的等效动态内阻称为集成运算放大器的输出电阻，其理想值为零，实际值一般为100Ω～1kΩ。

（7）最大输出电压 U_{om}　最大输出电压是指集成运算放大器在标称电源电压时，其输出端所能提供的最大不失真峰值电压，其值一般不低于电源电压2V。

（8）最大输出电流 I_{om}　最大输出电流是指集成运算放大器在标称电源电压和最大输出电压下，所能提供的正向或负向的峰值电流。

（9）开环带宽 f_{BW}　开环带宽 f_{BW} 又称 -3dB 带宽，是指开环差模电压放大倍数下降3dB时所对应的频率范围。

2. 集成运算放大器的选择

通常情况下，在设计集成运算放大器应用电路时，没有必要研究它的内部电路，而是根据设计需求寻找具有相应性能指标的芯片。因此，了解集成运算放大器的类型，理解其主要性能指标的物理意义，是正确选择集成运算放大器的前提。应根据以下几方面的要求选择集成运算放大器。

（1）信号源的性质　根据信号源是电压源还是电流源、内阻大小、输入信号的幅值及频率变化范围等，选择集成运算放大器的差模输入电阻 R_{id}、-3dB 带宽（或单位增益带宽）等指标参数。

（2）负载的性质　根据负载电阻的大小，确定所需集成运算放大器的输出电压和输出电流的幅值。对于容性负载和感性负载，还要考虑它们对频率参数的影响。

（3）精度要求　对集成运算放大器精度要求恰当，过低不能满足要求，过高将增加成本。

（4）环境条件　选择集成运算放大器时，必须考虑到工作温度范围、工作电压范围、功耗、体积限制及噪声源的影响等因素。

3. 集成运算放大器在使用中的一些问题

1）集成运算放大器的选择，从性价比方面考虑，应尽量选择通用集成运算放大器，只有在通用集成运算放大器不满足应用要求时，才采用特殊集成运算放大器。通用集成运算放大器是市场上销售最多的品种，只有这样才能降低成本。

2）使用集成运算放大器首先要会辨认封装形式，目前常用的封装是双列直插式和扁平式。

3）学会辨认引脚，不同公司的产品引脚排列是不同的，需要查阅手册，确认各个引脚

的功能。

4）一定要清楚集成运算放大器的电源电压、输入电阻、输出电阻、输出电流等参数。

5）集成运算放大器单电源使用时，要注意输入端是否需要增加直流偏置，使两个输入端的直流电位相等。

6）设计集成运算放大器电路时，应该考虑是否增加调零电路、输入保护电路、输出保护电路。

根据上述分析就可以通过查阅手册等手段选择某一型号的集成运算放大器，必要时还可以通过各种 EDA 软件进行仿真，最终确定最满意的芯片。目前，各种专用集成运算放大器和多方面性能俱佳的集成运算放大器种类繁多，采用它们会大大提高电路的质量。

3.2.3 常用集成运算放大器芯片介绍

集成运算放大器有很多型号，例如，AD826（低功耗、宽带、高速双集成运算放大器）、MC33172（单电源、低电压、低功耗双集成运算放大器）、EL2044C（单电源、低功耗、高速集成运算放大器）、μA741（通用型单集成运算放大器）、RC4558（低功耗、低噪声、宽带、双集成运算放大器）。下面以 RC4558 为例对集成运算放大器作简单介绍。

RC4558 为 8 脚双列直插式塑料封装，其引脚排列如图 3-13 所示。

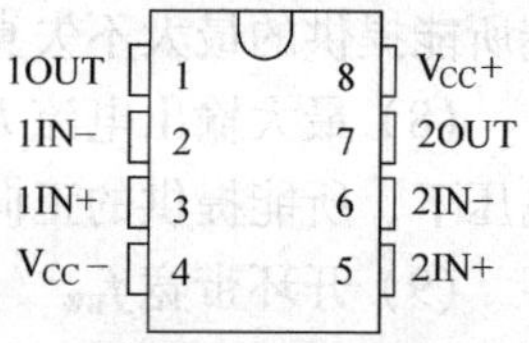

图 3-13 集成运算放大器 RC4558 引脚图

RC4558 引脚功能如下：

1 脚为通道 1 输出，2 脚为通道 1 反相输入，3 脚为通道 1 同相输入，4 脚为电源负，5 脚为通道 2 同相输入，6 脚为通道 2 反相输出，7 脚为通道 2 输出，8 脚为电源正。

RC4558 的各参数值见表 3-2，电气特性见表 3-3。

表 3-2 RC4558 的各参数值

参 数	符 号	数 值	单 位
电源电压	V_{CC}	±18	V
差模输入电压	U_{id}	30	V
输入电压	U_i	±15	V
工作温度	TOPR	0～70	℃
储存温度范围	TSTG	−65～150	℃

表 3-3 RC4558 的电气特性

参 数	符 号	最小值	典型值	最大值	单 位
输入失调电压	U_{IO}		2	6	mV
输入失调电流	I_{IO}		5	200	nA
共模抑制比	CMRR	70	90		dB
功耗	P_C		100	170	mW
开环输入电阻	R_i	0.3	1		MΩ
开环输出电阻	R_o		75		Ω

3.2.4 理想集成运算放大器

1. 理想集成运算放大器的指标

理想集成运算放大器的符号如图 3-14 所示。

在分析集成运算放大器的各种应用电路时，常常将它看成是一个理想的集成运算放大器。所谓理想集成运算放大器就是将集成运算放大器的各项技术指标理想化，即认为集成运算放大器的各项指标满足：

1）开环差模电压放大倍数 $A_{od}=\infty$。

2）开环差模输入电阻 $R_{id}=\infty$。

3）开环输出电阻 $R_o=0$。

4）共模抑制比 CMRR = ∞。

5）−3dB 带宽 $f_{BW}=\infty$。

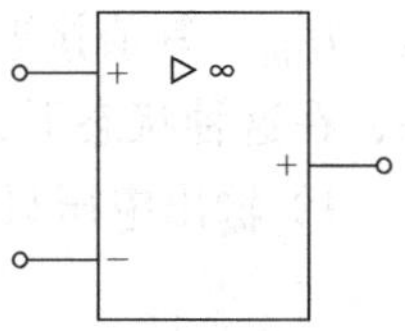

图 3-14　理想集成运算放大器的符号

由于实际集成运算放大器与理想集成运算放大器比较接近，因此在分析电路的工作原理时，用理想集成运算放大器代替实际集成运算放大器所带来的误差并不严重，这在一般工程计算中是允许的。但若需要对运算结果专门进行误差分析，则必须考虑实际的集成运算放大器，因为运算精度直接与实际集成运算放大器的技术指标有关。本章讨论的各种应用电路中，除特别注明外，都将集成运算放大器作为理想集成运算放大器来考虑。

2. 理想集成运算放大器的两种工作状态

在各种应用电路中，集成运算放大器的工作状态有两种，即线性工作状态和非线性工作状态，在其传输特性曲线上对应两个区域，即线性区和非线性区。其传输特性曲线如图 3-15 所示。

（1）线性区　当集成运算放大器工作在线性区时，其输入与输出满足如下关系：

$$u_o = A_{od}(u_+ - u_-)$$

式中，u_o 是集成运算放大器的输出电压；u_+ 和 u_- 分别是集成运算放大器的同相输入端电压和反相输入端电压；A_{od} 是其开环差模电压放大倍数。

如图 3-15 所示，输出量与输入量呈线性关系，图中虚线所示部分为线性区。通常，集成运算放大器接成闭环且为负反馈时工作在线性区。

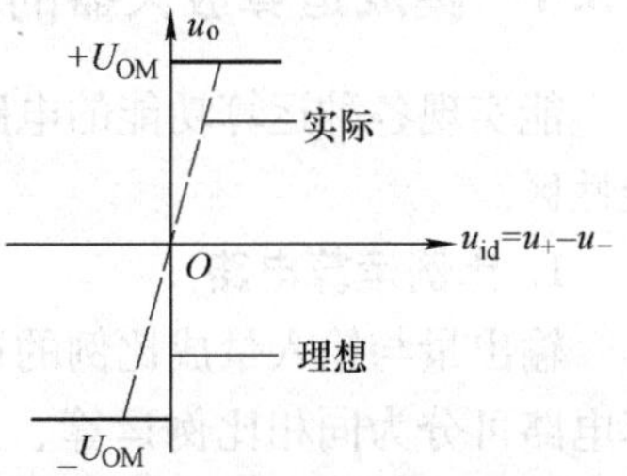

图 3-15　集成运算放大器传输特性曲线

理想集成运算放大器工作在线性区的两个重要特性如下：

1）虚短。因为

$$A_{od} = \frac{u_o}{u_+ - u_-} = \infty$$

$$u_+ - u_- \to 0$$

所以

$$u_+ \approx u_-$$

即反相输入端与同相输入端近似等电位，通常将这种现象称为虚短。

2）虚断。因为输入电阻为无穷大，所以两个输入端的输入电流也均为零，即

$$i_+ = i_- = 0$$

通常将这种现象称为虚断。

利用这两条结论会使集成运算放大器电路分析过程大为简化。

(2) 非线性区　集成运算放大器工作在开环状态或接成闭环且为正反馈时，输入端加微小的电压变化量都将使输出电压超出线性放大范围，达到正向最大电压 $+U_{OM}$ 或负向最大电压 $-U_{OM}$，其值接近正负电源电压，如图 3-15 所示。这时集成运算放大器工作在非线性状态，在这种状态下，也有如下两条重要特性：

1) 输出电压只有两种可能取值：

$$u_+ > u_- \text{时}, \ u_o = +U_{OM}$$
$$u_+ < u_- \text{时}, \ u_o = -U_{OM}$$

2) 输入电流为零，即

$$i_+ = i_- = 0$$

与线性区相同，集成运算放大器工作在非线性区时两个输入端的输入电流也均为零。

由此可知，在分析集成运算放大器电路时，首先应判断它是工作在什么区域，然后才能利用上述有关结论进行分析。

3.3 集成运算放大器的应用

集成运算放大器的应用十分广泛，在其外围加上一定形式的外接电路，即可构成各种功能的电路，例如能对信号进行加、减、微分和积分的运算电路，滤波电路，比较电路以及波形产生和变换电路。

3.3.1 集成运算放大器的线性应用分析

能实现各种运算功能的电路称为运算电路。在运算电路中，集成运算放大器必须工作在线性区。

1. 比例运算电路

输出量与输入量成比例的运算电路称为比例运算电路。按输入信号的不同接法，比例运算电路可分为同相比例运算、反相比例运算两种基本电路形式，它们是各种运算电路的基础。

(1) 反相比例运算电路　反相比例运算电路如图 3-16 所示，输入信号加在反相输入端，R_P 是平衡电阻，用以提高输入级的对称性，一般取 $R_P = R_1 // R_f$。反馈电阻 R_f 跨接在输出端与反相输入端之间，形成深度电压并联负反馈。因此，集成运算放大器工作在线性区。

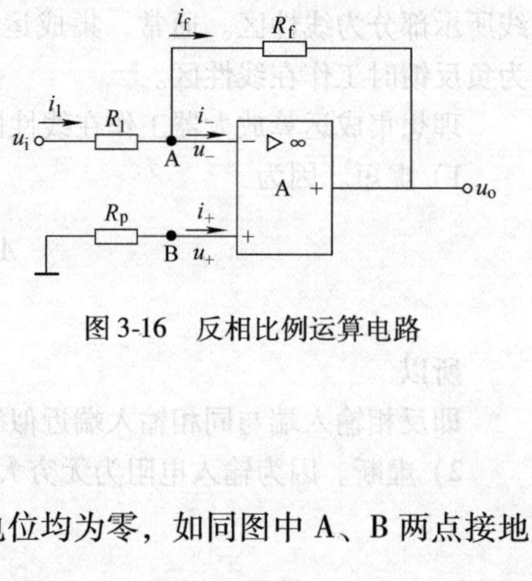

图 3-16　反相比例运算电路

由虚断 $i_+ = i_- = 0$，可得

$$u_+ = 0$$

由虚短 $u_- = u_+$，可得

$$u_- = 0$$

可见集成运算放大器的反相输入端与同相输入端电位均为零，如同图中 A、B 两点接地

一样，因此称 A、B 两点为“虚地”点。

由节点电流定律可得

$$i_1 = i_f$$

由电路可得

$$i_1 = \frac{u_i - u_-}{R_1} = \frac{u_i}{R_1}$$

$$i_f = \frac{u_- - u_o}{R_f} = -\frac{u_o}{R_f}$$

所以

$$u_o = -\frac{R_f}{R_1}u_i$$

由上式可知，该电路的输出电压与输入电压成比例，且相位相反，实现了信号的反相比例运算。其比值仅与 R_f/R_1 有关，而与集成运算放大器的参数无关，只要 R_f 和 R_1 的阻值精度稳定，便可得到精确的比例运算关系。当 R_f 和 R_1 相等时，$u_o = -u_i$，该电路成为一个反相器。

（2）同相比例运算电路　同相比例运算电路如图 3-17 所示，输入信号从同相端输入，反馈电阻 R_f 仍然接在输出端与反相输入端之间，形成电压串联深度负反馈。同理取 $R_p = R_1 /\!/ R_f$，由图可知：

$$u_i = u_+ = u_-$$

$$i_1 = i_f$$

$$\frac{0 - u_-}{R_1} = \frac{u_- - u_o}{R_f}$$

$$u_i = u_- = \frac{R_1}{R_1 + R_f}u_o$$

所以

$$u_o = \left(1 + \frac{R_f}{R_1}\right)u_i \tag{3-5}$$

上式表明输出电压与输入电压成同相比例关系，比例系数 $\left(1 + \frac{R_f}{R_1}\right) \geqslant 1$，且仅与电阻 R_1 和电阻 R_f 有关。当 $R_f = 0$ 或 $R_1 \to \infty$ 时，$u_o = u_i$，该电路构成了电压跟随器，如图 3-18 所示，其作用类似于射极跟随器。

同相比例运算电路引入的是电压串联负反馈，所以输入电阻很高，输出电阻很低。

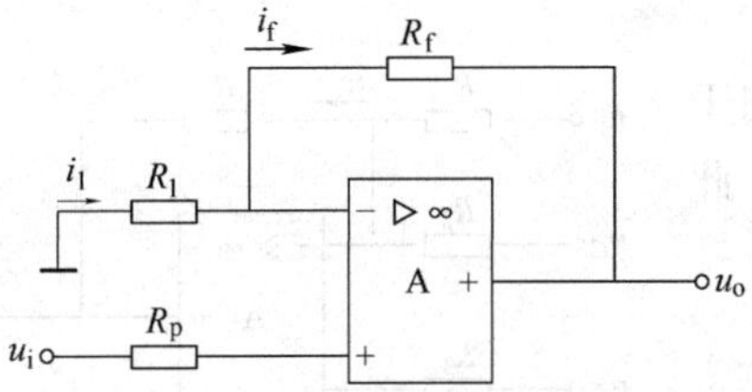

图 3-17　同相比例运算电路

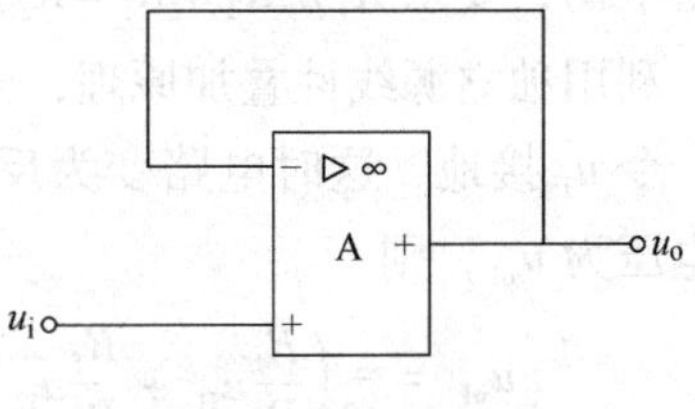

图 3-18　电压跟随器

2. 加法运算电路

加法运算电路如图3-19所示，图中画出三个输入端，实际上可以根据需要增加或减少输入端的数目，其中平衡电阻R_P为

$$R_P = R_1 /\!/ R_2 /\!/ R_3 /\!/ R_f$$

因为$u_- = u_+ = 0$，$i_- = 0$，所以

$$i_f = i_1 + i_2 + i_3$$

即
$$-\frac{u_o}{R_f} = \frac{u_{i1}}{R_1} + \frac{u_{i2}}{R_2} + \frac{u_{i3}}{R_3}$$

则
$$u_o = -\left(\frac{R_f}{R_1}u_{i1} + \frac{R_f}{R_2}u_{i2} + \frac{R_f}{R_3}u_{i3}\right)$$

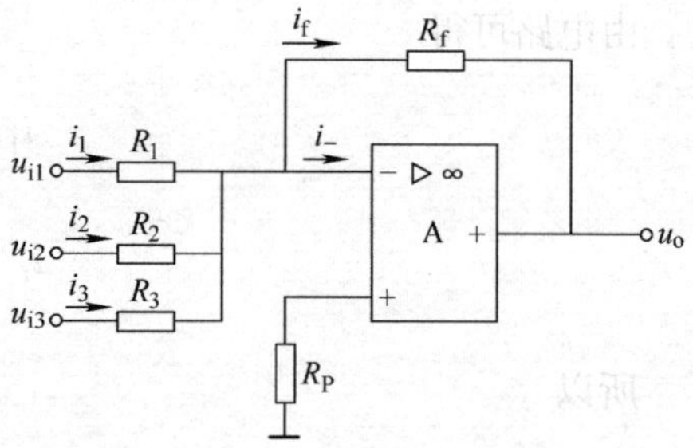

图3-19　加法运算电路

若$R_1 = R_2 = R_3 = R_f$，则输出电压为

$$u_o = -(u_{i1} + u_{i2} + u_{i3})$$

所以，该电路为一个反相加法电路。若将三个输入信号分别从同相端加入，则可得到同相加法电路，请读者自行证明，在此不再赘述。

3. 减法运算电路

减法运算电路如图3-20所示。由图可得

$$i_1 = i_f$$

$$\frac{u_{i1} - u_-}{R_1} = \frac{u_- - u_o}{R_f}$$

则
$$u_- = \frac{R_f u_{i1} + R_1 u_o}{R_1 + R_f}$$

又有
$$i_2 = i_3$$

$$\frac{u_{i2} - u_+}{R_2} = \frac{u_+}{R_3}$$

则
$$u_+ = \frac{R_3 u_{i2}}{R_2 + R_3}$$

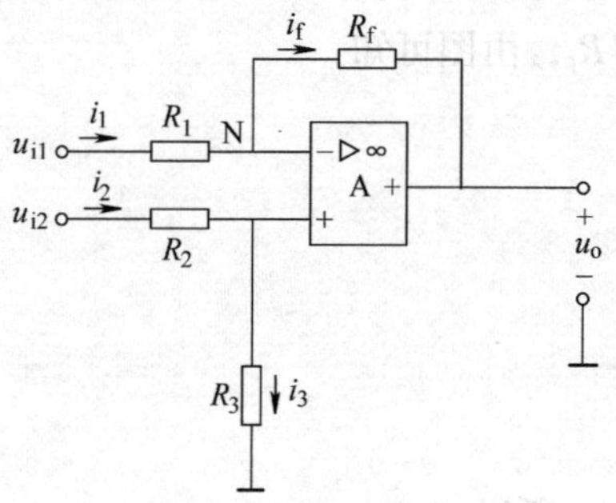

图3-20　减法运算电路

由于$u_- = u_+$，所以

$$u_o = \left(1 + \frac{R_f}{R_1}\right)\left(\frac{R_3}{R_2 + R_3}\right)u_{i2} - \frac{R_f}{R_1}u_{i1}$$

当$R_1 = R_2 = R_3 = R_f$时
$$u_o = u_{i2} - u_{i1}$$

可见该电路能实现减法功能。

例3-2　求图3-21所示电路输出电压与输入电压的表达式并说出该电路功能（为了保证外接电阻平衡，要求$R_1 /\!/ R_2 /\!/ R_f = R_3$）。

解：利用独立源线性叠加原理，当u_{i1}和u_{i2}作用于电路时，令u_{i3}接地，这时电路变为反相加法电路，此时输出电压为u_{o1}，则

$$u_{o1} = -\left(\frac{R_f}{R_1}u_{i1} + \frac{R_f}{R_2}u_{i2}\right)$$

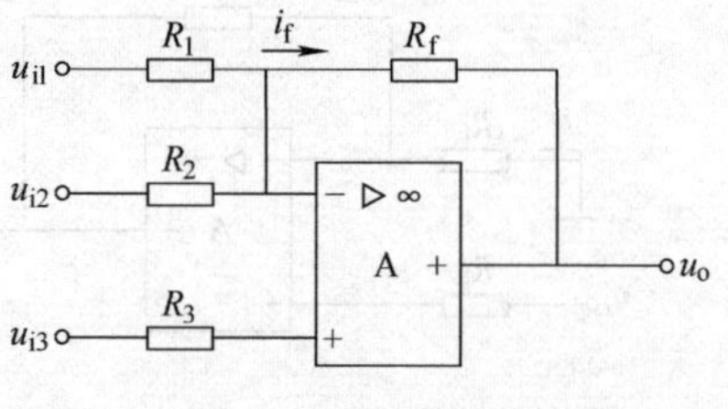

图3-21　加减法运算电路

同理，当u_{i3}作用于电路时，令u_{i1}和u_{i2}接地，这

时电路变为同相比例运算电路，此时输出电压为 u_{o2}，则

$$u_{o2} = \left(1 + \frac{(R_1 + R_2)R_f}{R_1 R_2}\right)u_{i3}$$

输出电压为

$$u_o = u_{o2} + u_{o1} = \left(1 + \frac{(R_1 + R_2)R_f}{R_1 R_2}\right)u_{i3} - \left(\frac{R_f}{R_1}u_{i1} + \frac{R_f}{R_2}u_{i2}\right)$$

该电路能实现加减法运算功能。

4. 积分电路

把前述的反相比例运算电路中的反馈电阻 R_f 用电容 C 代替，就构成了一个基本的积分电路，如图 3-22 所示。

由虚地和虚短的概念可得，$i_C = i_R = u_i/R$，所以输出电压 u_o 为

$$u_o = -u_C = -\frac{1}{C}\int i_C \mathrm{d}t = -\frac{1}{RC}\int u_i \mathrm{d}t$$

从而实现了输出电压与输入电压的积分运算。

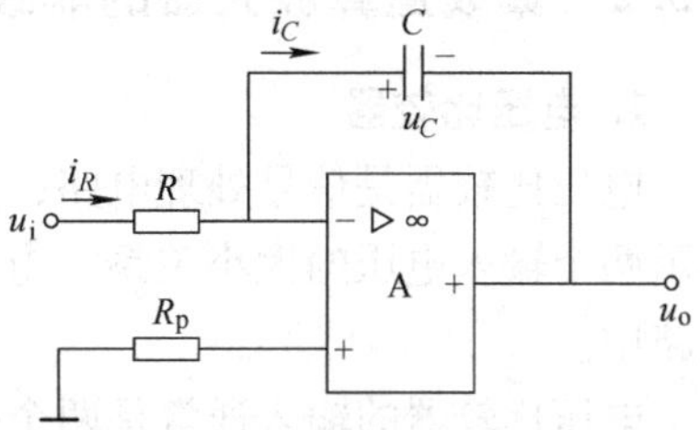

图 3-22　积分电路

当 $u_i = U_I$ 时，这时的输出为

$$u_o = -\frac{U_I}{RC}t + u_C\Big|_{t_0}$$

若 $t_0 = 0$ 时刻电容两端电压为零，则输出为

$$u_o = -\frac{U_I}{RC}t = -\frac{U_I}{\tau}t$$

$\tau = RC$ 为积分时间常数。当 $t = \tau$ 时，$u_o = -U_I$，这时 t 记为 t_1。当 $t > t_1$，u_o 值再增大，直到 $u_o = -U_{OM}$，这时集成运算放大器进入非线性区，积分作用停止，输出保持不变。

例 3-3　在图 3-22 所示积分电路中，$R = 20\text{k}\Omega$，$C = 1\mu\text{F}$，集成运算放大器的最大输出电压 $U_{OM} = \pm 15\text{V}$，u_i 为一正向阶跃电压：$u_i = \begin{cases} 0(t=0) \\ 1\text{V}(t>0) \end{cases}$

求 $t \geqslant 0$ 范围内 u_o 与 u_i 之间的运算关系，并画出波形。

解：

$$u_o = -\frac{U_I}{RC}t = -\frac{1}{20\times10^3\times1\times10^{-6}}t = -50t$$

当 $u_o = U_{OM} = -15\text{V}$ 时，有

$$t = \frac{-15}{-50}\text{s} = 0.3\text{s}$$

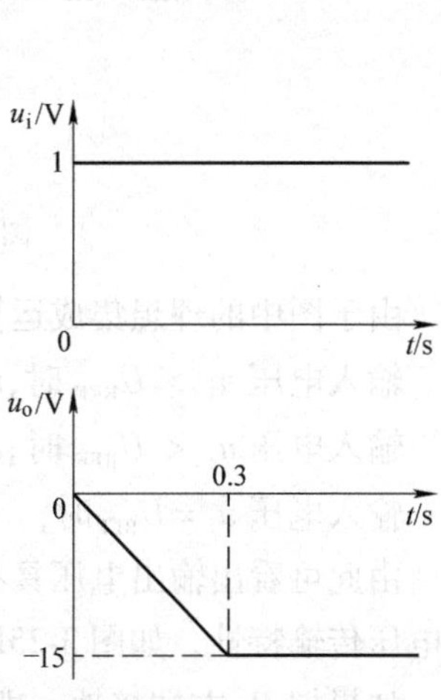

图 3-23　例 3-3 的波形图

计算结果表明，积分运算电路的输出电压受到集成运算放大器最大输出电压 U_{OM} 的限制。当 u_o 达到 $-U_{OM}$ 后就不再增长。波形图如图 3-23 所示。

积分电路除了作为基本运算电路之外，利用它的充、放电过程还可以用来实现延时、定时以及各种波形的产生和变换。

5. 微分电路

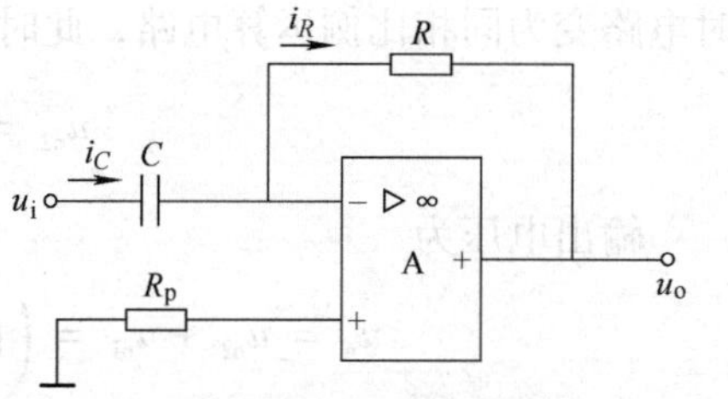

图 3-24　微分电路

微分是积分的逆运算，将基本积分电路中的电阻 R 与 C 互换位置，就构成了基本的微分电路，如图 3-24 所示。

根据虚地和虚短的概念可得 $i_C = i_R$，则输出电压为

$$u_o = -i_R R = -i_C R = -RC\frac{du_C}{dt} = -RC\frac{du_i}{dt}$$

由上式可知，该电路可以实现微分运算。

3.3.2　集成运算放大器的非线性应用分析

1. 电压比较器

电压比较器是信号处理电路，其功能是比较两个电压的大小，通过输出电压的高或低，表示两个输入电压的大小关系。电压比较器经常应用在波形变换、信号发生、模-数转换等电路中。

电压比较器的输入通常是两个模拟量，一般情况下，其中一个输入信号是固定不变的参考电压 U_{REF}，另一个输入信号则是变化的信号 u_i。电压比较器中的集成运算放大器工作在开环状态，其输出只有两种可能的状态：正向最大电压 $+U_{OM}$ 或负向最大电压 $-U_{OM}$。

(1) 基本电压比较器　图 3-25 是基本电压比较器的电路和电压传输特性。

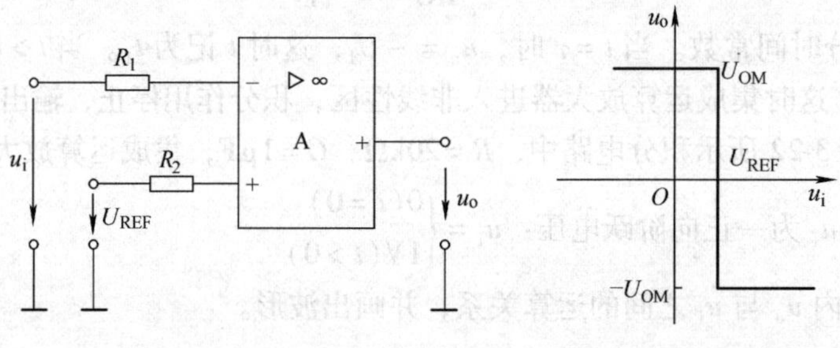

a) 电路　　b) 传输特性

图 3-25　基本电压比较器电路和电压传输特性

由于图中的理想集成运算放大器工作在非线性区，因此有：

输入电压 $u_i > U_{REF}$ 时，$u_o = -U_{OM}$。

输入电压 $u_i < U_{REF}$ 时，$u_o = +U_{OM}$。

输入电压 $u_i = U_{REF}$ 时，$-U_{OM} < u_o < +U_{OM}$，输出处于翻转状态。

由此可看出输出电压具有两值性，同时可作出电压比较器的输入输出电压关系曲线，也叫电压传输特性，如图 3-25b 所示。

如果把 R_2 左端接地，即 $U_{REF} = 0$，输入信号与零进行电压比较，则电路称为过零比较器。其电路和电压传输特性如图 3-26 所示。

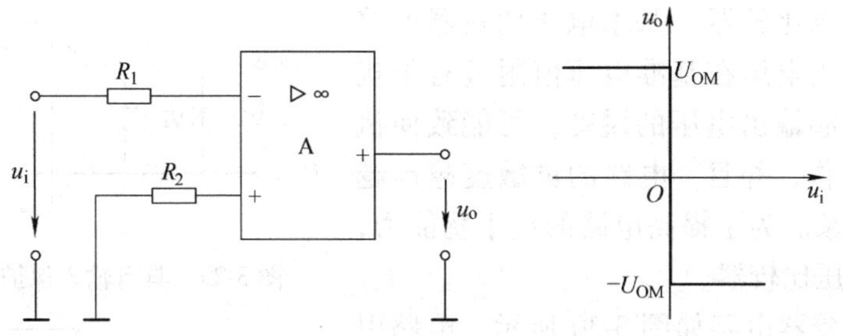

a) 电路　　　　　　b) 传输特性

图 3-26　过零比较器

例 3-4　在过零比较器的反相输入端加正弦波信号，画出其输出波形。

解：过零比较器的输出波形如图 3-27 所示。

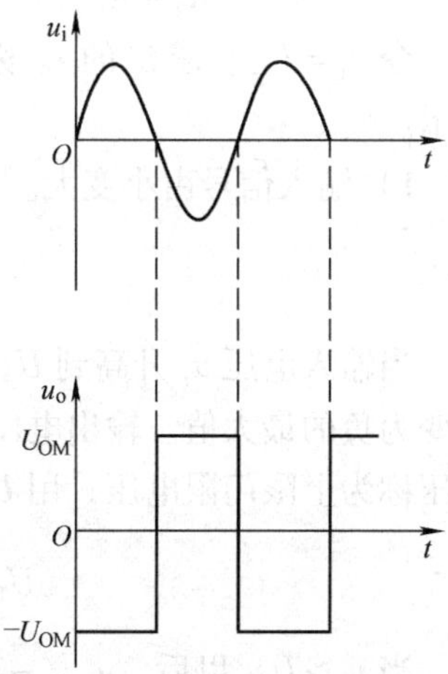

图 3-27　过零比较器的输出波形

可见，此电路能将输入的正弦波转换成矩形波，实现了波形变换。

有时为了获取特定输出电压或限制输出电压值，在输出端采取稳压二极管限幅，如图 3-28 所示。在图 3-28a 中，VS_1、VS_2 为两只反向串联的稳压二极管（也可以采用一个双向击穿稳压二极管），实现双向限幅。

当输入电压 u_i 大于 0 时，VS_1 正向导通，VS_2 反向导通限幅，不考虑稳压二极管正向管压降时，输出电压为

$$U_o = -U_Z$$

当输入电压 u_i 小于 0 时，VS_1 反向导通限幅，VS_2 正向导通，不考虑稳压二极管正向管压降时，输出电压为

$$U_o = +U_Z$$

因此，输出电压被限制在 $\pm U_Z$ 之间。

图 3-28a 也可接成图 3-28b 的形式，其原理相同。

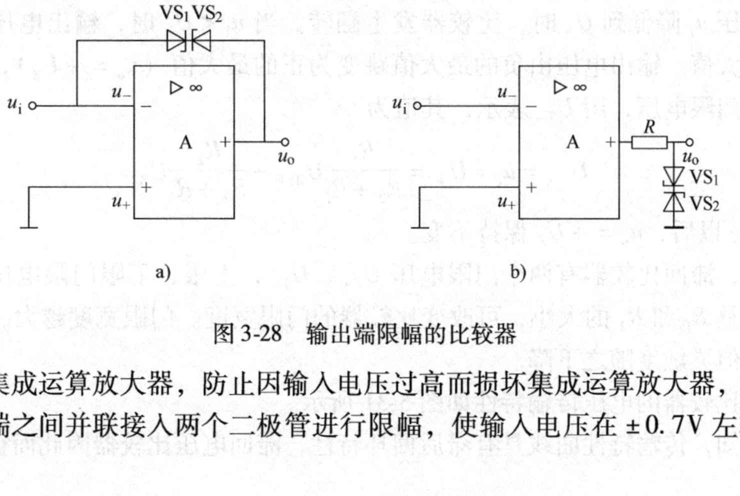

a)　　　　　　b)

图 3-28　输出端限幅的比较器

为了保护集成运算放大器，防止因输入电压过高而损坏集成运算放大器，在集成运算放大器的两输入端之间并联接入两个二极管进行限幅，使输入电压在 ±0.7V 左右，如图 3-29 所示。

(2) 滞回电压比较器　基本电压比较器电路比较简单，当输入电压在基准电压值附近有干扰波动时，将会引起输出电压的跳变，可能致使执行电路产生误动作，并且，电路的灵敏度越高越容易产生这种现象。为了提高电路的抗干扰能力，常常采用滞回电压比较器。

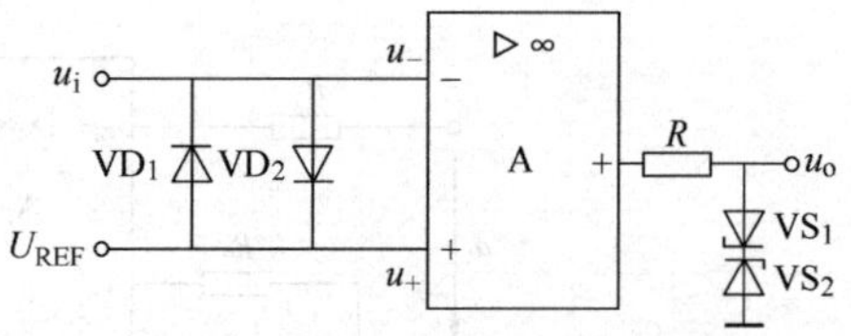

图 3-29　具有输入保护的电压比较器

滞回电压比较器电路如图 3-30 所示。电路引入了正反馈，因此集成运算放大器工作在非线性区。

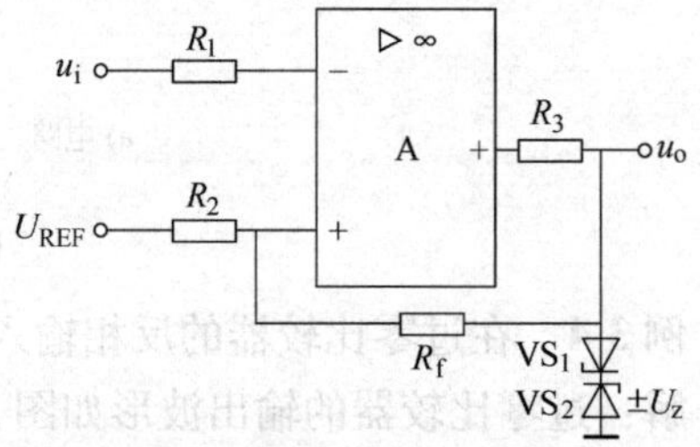

图 3-30　滞回电压比较器电路

根据叠加定理，由图可知，同相输入端电压为

$$U_+ = \frac{R_f}{R_2 + R_f}U_{REF} \pm \frac{R_2}{R_2 + R_f}U_Z$$

令 $u_i = U_+$，求出的 u_i 称为门限电压，用 U_T 表示。

1) 输入信号由小变大。当 u_i 足够小时，$u_o = +U_Z$，同相输入端电压为

$$U_+ = \frac{R_f}{R_2 + R_f}U_{REF} + \frac{R_2}{R_2 + R_f}U_Z$$

当输入电压 u_i 升高到 U_+ 时，比较器发生翻转。当 $u_i > U_+$ 时，输出电压由正的最大值跳变为负的最大值。输出电压由正的最大值跳变为负的最大值（$u_o = -U_Z$），所对应的门限电压称为上限门限电压，用 U_{T+} 表示，其值为

$$U_{T+} = u_i = U_+ = \frac{R_f}{R_2 + R_f}U_{REF} + \frac{R_2}{R_2 + R_f}U_Z$$

当 $u_i > U_{T+}$ 以后，$u_o = -U_Z$ 保持不变。

2) 输入信号由大变小。当 u_i 足够大时，$u_o = -U_Z$，同相输入端电压为

$$U_+ = \frac{R_f}{R_2 + R_f}U_{REF} - \frac{R_2}{R_2 + R_f}U_Z$$

当输入电压 u_i 降低到 U_+ 时，比较器发生翻转。当 $u_i < U_+$ 时，输出电压由负的最大值跳变为正的最大值。输出电压由负的最大值跳变为正的最大值（$u_o = +U_Z$），所对应的门限电压称为下限门限电压，用 U_{T-} 表示，其值为

$$U_{T-} = u_i = U_+ = \frac{R_f}{R_2 + R_f}U_{REF} - \frac{R_2}{R_2 + R_f}U_Z$$

当 $u_i < U_{T-}$ 以后，$u_o = +U_Z$ 保持不变。

由此可见，滞回比较器有两个门限电压 U_{T+}、U_{T-}，上限、下限门限电压之差称为回差电压 ΔU_T。调整 R_f 和 R_2 的大小，可改变比较器的门限宽度。门限宽度越大，比较器抗干扰的能力越强，但灵敏度随之下降。

滞回电压比较器的电压传输特性如图 3-31 所示。

从图中可知，传输特性曲线具有滞后回环特性，滞回电压比较器因此而得名，它又称为施密特触发器。

通过上述讨论可知，当输入电压在两个门限电压之间时，比较器的输出没有变化。只要干扰信号的幅度在上限、下限门限电压之间，则干扰信号对输出不产生影响。

例如在滞回比较器的反相输入端加入图 3-32 所示不规则的输入信号 u_i，则可在输出端得到矩形波 u_o。应用这一特点，滞回电压比较器不仅可以提高抗干扰能力而且还可以将不理想的输入波形整形成理想的矩形波。

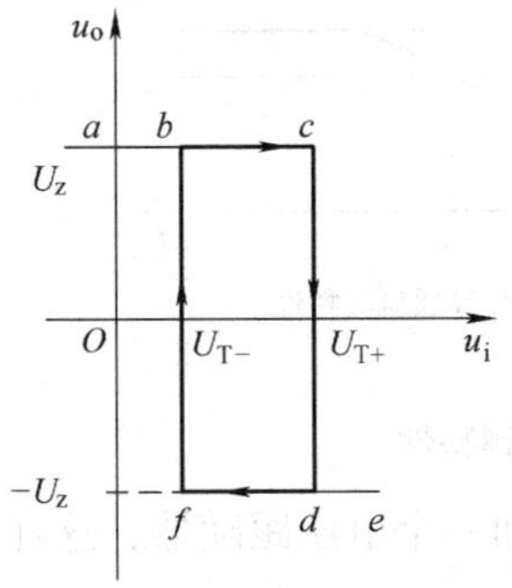

图 3-31　滞回电压比较器的电压传输特性

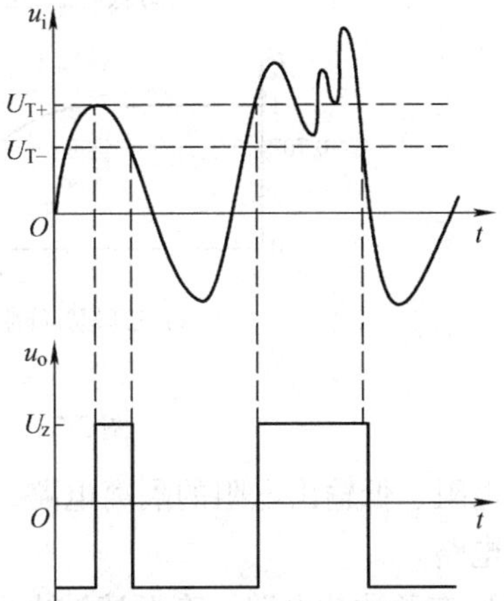

图 3-32　滞回电压比较器抗干扰作用及波形整形

2. 滤波器

滤波器的作用是允许信号中某一部分频率的信号顺利通过，而将其他频率的信号进行抑制。滤波器的分类方法通常有如下两种：

一是根据滤波器阻止或通过的频率范围不同，可分为：

低通滤波器：允许低频信号通过，将高频信号滤除。

高通滤波器：允许高频信号通过，将低频信号滤除。

带通滤波器：允许某一频带范围内的信号通过，将此频带以外的信号滤除。

带阻滤波器：阻止某一频带范围内的信号通过，而允许此频带以外的信号通过。

二是根据滤波器是否含有源元器件，可分为无源滤波电路和有源滤波电路。

（1）无源滤波电路　无源滤波电路是利用电阻、电容等无源元件构成的简单滤波电路。图 3-33 所示电路分别为低通滤波电路和高通滤波电路及其幅频特性。

在图 3-33a 所示低通滤波电路中，电容 C 对信号中的高频信号阻碍作用小，对低频信号阻碍作用大，所以信号中的高频信号相当于被短路，低频信号输出。同理，在图 3-33b 所示高通滤波电路中，低频信号被阻碍，高频信号输出。

图 3-33c 为低通滤波电路的幅频特性，f_L 为低通上限截止频率。图 3-33d 为高通滤波电路的幅频特性，f_H 为高通下限截止频率。

无源滤波电路结构简单，所以在一般的电路中常常被采用。但它难以满足较精密的电路要求，原因是它存在如下问题：

1）电路没有增益，且对信号有衰减，根本无法对微小信号进行滤波。

2）带负载能力差，在无源滤波电路的输出端接上负载时，其幅频特性将随负载 R_L 的变化而变化。为了使负载不影响滤波电路的滤波特性，可在无源滤波电路和负载之间加一个

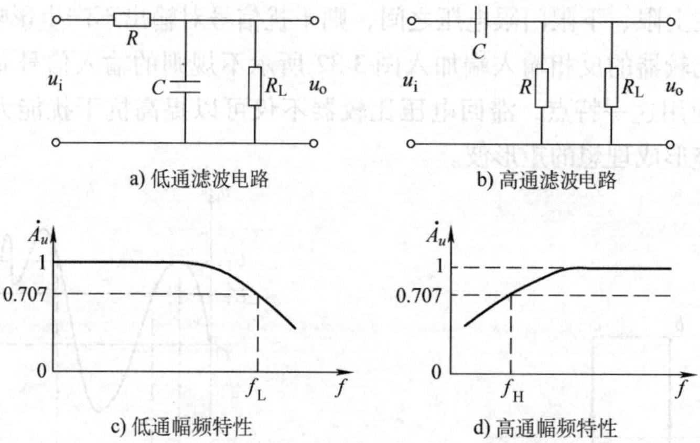

a) 低通滤波电路　b) 高通滤波电路

c) 低通幅频特性　d) 高通幅频特性

图 3-33　无源滤波电路及其幅频特性

高输入电阻、低输出电阻的隔离电路，最简单的方法是加一个电压跟随器，这样就构成了有源滤波电路。

（2）有源滤波电路　有源滤波电路应用较广泛的是将无源低通滤波网络 *RC* 与集成运算放大器结合起来的滤波电路。在有源滤波电路中，集成运算放大器起着放大作用，提高了电路的增益，由于集成运算放大器的输出电阻很低，因而大大增强了电路的带负载能力。同时，集成运算放大器将负载与无源低通滤波网络 *RC* 隔离，加之集成运算放大器的输入电阻很高，所以，集成运算放大器本身以及负载对 *RC* 网络的影响很小。组成电路时应选用带宽合适的集成运算放大器。

1）有源低通滤波电路。有源低通滤波电路如图 3-34 所示，在图 3-34a 中信号通过无源低通滤波网络 R_2C 接至集成运算放大器的同相输入端，这个电路的滤波作用实质还是依靠无源低通滤波网络 R_2C。在图 3-34b 中，信号经过 R_1 加到反相输入端。电容 *C* 对低频信号有阻碍作用，相当于开路，所以低频信号经集成运算放大器放大输出；而电容 *C* 对高频信号短路，此时集成运算放大器相当于跟随器，对高频信号没有放大能力。因此，此电路为有源低通滤波电路。

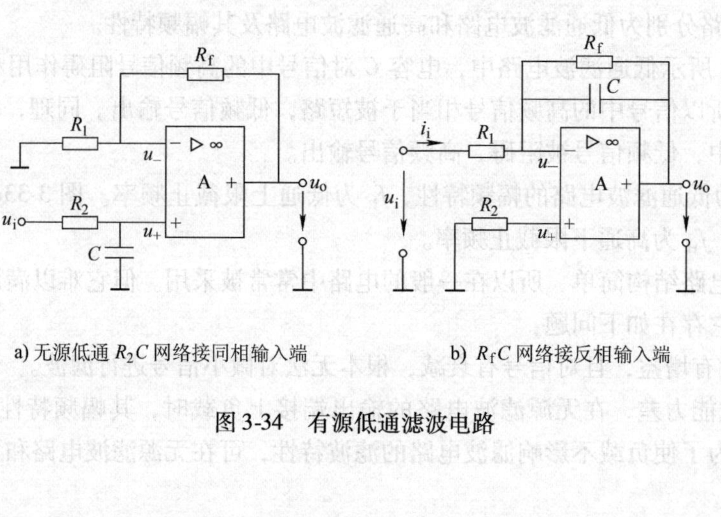

a) 无源低通 R_2C 网络接同相输入端　b) R_fC 网络接反相输入端

图 3-34　有源低通滤波电路

2）有源高通滤波电路。有源高通滤波电路如图 3-35 所示，其中图 3-35a 为同相输入接法，图 3-35b 为反相输入接法。

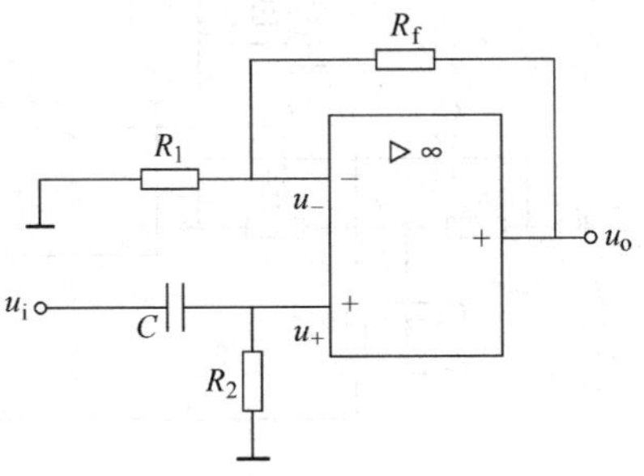

a) 同相输入

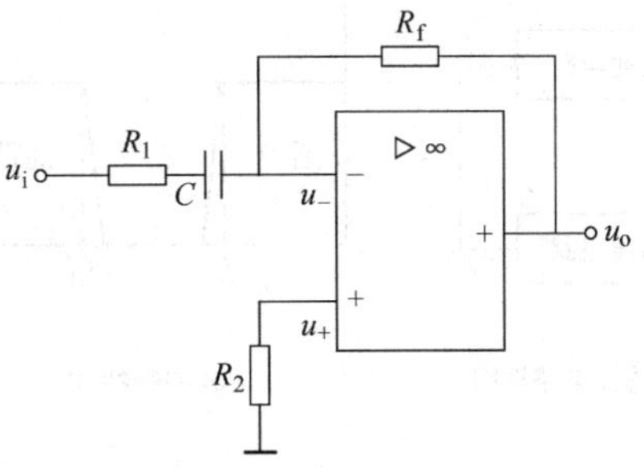

b) 反相输入

图 3-35　有源高通滤波电路

它们的原理是相同的，都是在无源高通滤波电路的基础上，加上集成运算放大器而成的，都是应用了电容 C 具有“通高频、阻低频”的特性。

3）有源带通滤波电路。电路只允许某一频段内信号通过，有上限和下限两个截止频率。将高通滤波电路与低通滤波电路串联，就可获得带通滤波电路。低通电路的上限截止频率 f_L 应大于高通电路的下限截止频率 f_H，因此，电路的通带为 f_L-f_H。图 3-36 为有源带通滤波电路原理示意图，图 3-37 为有源带通滤波电路，图中 R、C 组成低通电路，C_1、R_3 组高通电路。

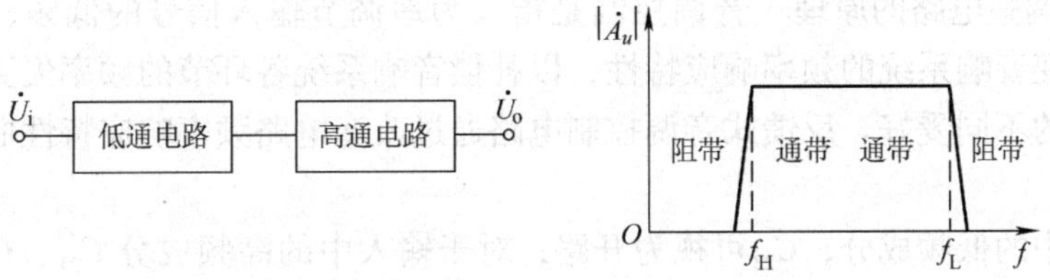

a) 带通滤波电路框图　　b) 幅频特性

图 3-36　带通滤波电路原理示意图

4）有源带阻滤波电路。电路阻止某一频段的信号通过，而让该频段之外的所有信号通过。将低通滤波电路和高通滤波电路并联，就可以得到带阻滤波电路，低通滤波电路的截止频率 f_L 应小于高通滤波电路的截止频率 f_H，因此，电路的阻带为 f_H-f_L。图 3-38a 为带阻滤波电路框图，图 3-38b 为幅频特性，图 3-39 为有源带阻滤波电路，图中 $C_3=2C$，$C_1=C_2=C$，$R_2=R_3=R$，$R_4=R/2$。C_1、C_2、R_4 构成高通滤波电路，R_2、R_3、C_3 构成低通滤波电路。

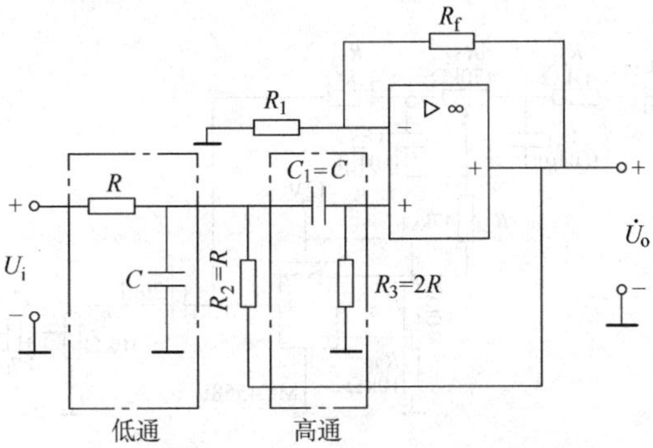

图 3-37　有源带通滤波电路

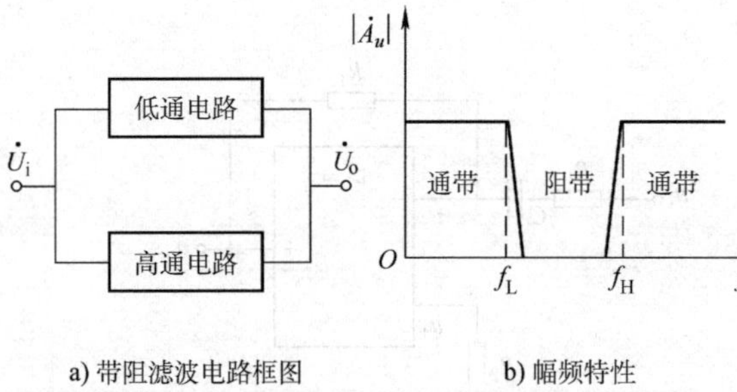

图 3-38　带阻滤波电路原理示意图

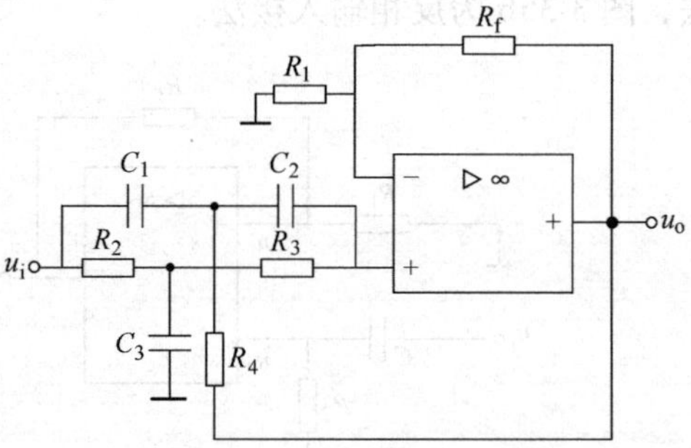

图 3-39　有源带阻滤波电路

●任务实施

1. 音调调整电路的组成及原理

（1）音调调整电路的组成　音调调整电路如图 3-1 所示。

语音放大器的音调调整电路由一个分别控制高低音的衰减式音调控制电路和集成运算放大器 MC4558U 以及电源供电电路三大部分组成。音调控制电路部分中的 R_{21}、R_{22}、C_{21}、C_{22}组成低音控制电路，R_{25}、R_{26}、C_{23}组成高音控制电路。

（2）音调调整电路的原理　音调控制是指人为地调节输入信号的低频、中频、高频成分的比例，改变音响系统的频率响应特性，以补偿音响系统各环节的频率失真，或用来满足聆听者对音色的不同爱好。反馈式音调控制电路通过改变电路频率响应特性曲线的转折频率来改变音调。

对于输入中的低频成分，C_{23}可视为开路；对于输入中的高频成分 C_{21}、C_{22}可视为短路。调节 R_{26}可提高或衰减高音增益，调节 R_{22}可提高或衰减低音增益，从而实现了音频调节作用。低音控制等效电路、高音控制等电路如图 3-40、图 3-41 所示。

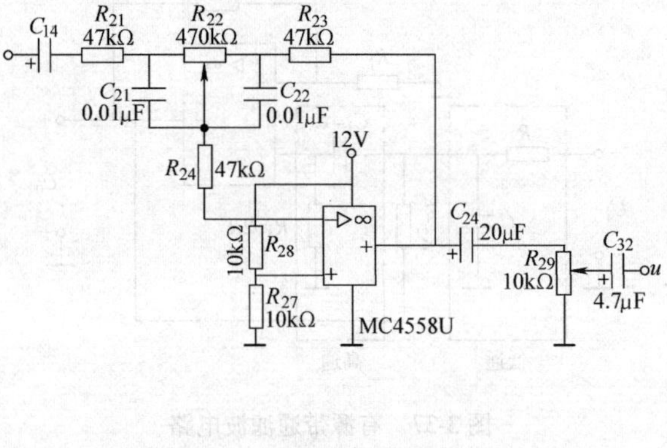

图 3-40　低音控制等效电路

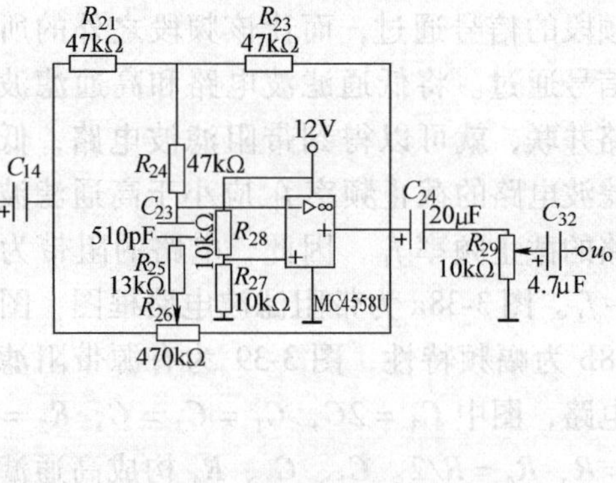

图 3-41　高音控制等效电路

2. 电路仿真

为了提高效率，节省资源，在连接实际电路前，用仿真软件对音调控制电路进行仿真测试，如果电路没有问题，再进行连线。反馈式音调控制仿真电路如图 3-42 所示。

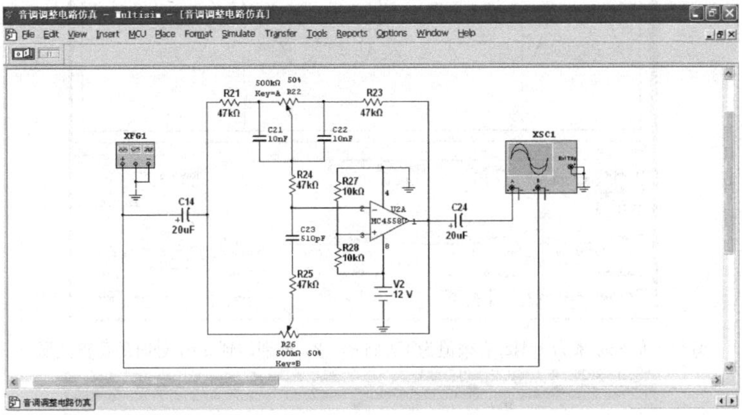

图 3-42　反馈式音调控制仿真电路

1）对于音调控制电路，首先加入不同频率的输入信号，对输出端进行测试，观测此电路对不同频率信号的衰减程度。将测量结果记入表 3-4 中。

2）用虚拟示波器观测输出波形。图 3-43 用示波器仿真了电位器调节在不同位置时的输出波形。

3）频率特性测试。频率特性测试通过电位器 R_{22}、R_{26}来实现。

①　高音低音中间时的特性：当 R_{22}调节在 50%、R_{26}调节在 50% 时的伯德图如图 3-44 所示。

从图 3-44 中可以看出，中频时衰减 0dB。

②　低音保持高音压低特性：当 R_{22}调节在 50%、R_{26}调节在 100% 时的伯德图如图 3-45 所示。

从图 3-45 中可以看出，8. 5kHz 时衰减 12dB。

③　低音提升高音压低特性：当 R_{22}调节在 100%、R_{26}调节在 100% 时的伯德图如图3-46 所示。

从图 3-46 可以看出，80Hz 时增益可提高 12dB。

④　低音提升高音提升特性：当 R_{22}调节在 100%、R_{26}调节在 0% 时的伯德图如图 3-47 所示。

从图 3-47 可以看出，8. 5kHz 时增益可提高 12dB。

⑤　低音压低高音提升特性：当 R_{22}调节在 0%、R_{26}调节在 0% 时的伯德图如图 3-48 所示。

从图 3-48 可以看出，80Hz 时可衰减 12dB。

⑥　高音压低低音压低特性：当 R_{22}调节在 0%、R_{26}调节在 100% 时的伯德图如图 3-49 所示。

4）仿真结果。仿真结果填入表 3-4 中。

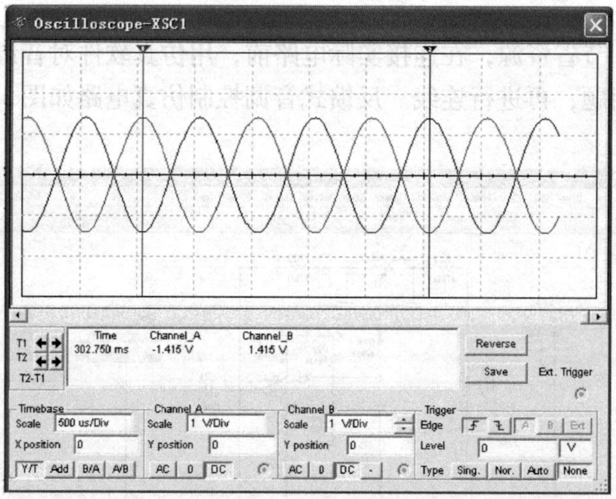

a) 输入信号频率为 1kHz, 有效值为 1V, 将R_{22}、R_{26}分别调到 50% 处时的仿真波形

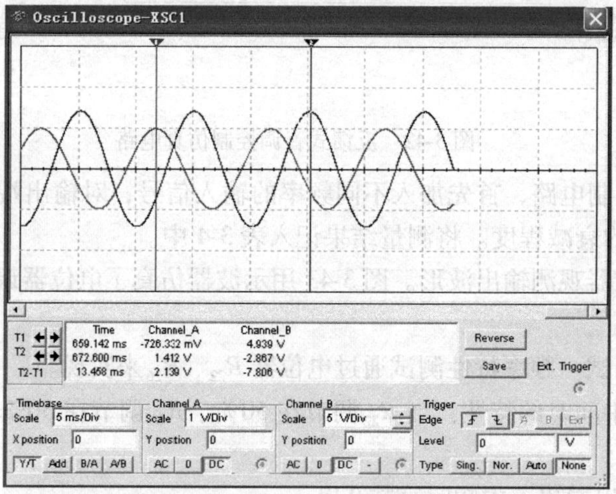

b)R_{22}调到 100%, R_{26} 调到 50%, 输入信号频率为 100Hz 时的仿真波形

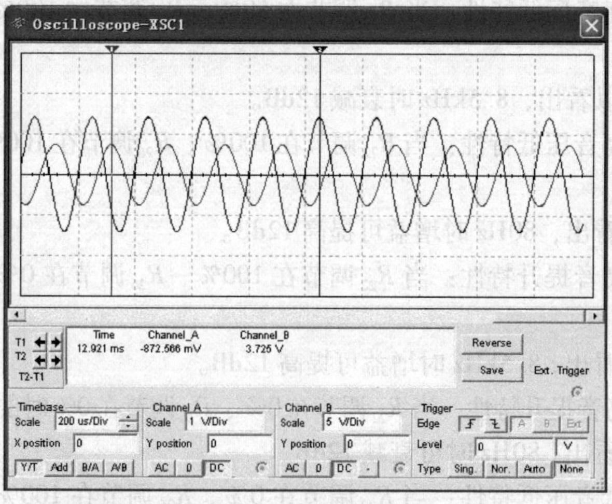

c) R_{22}调到 50%, R_{26}调到 0%, 输入信号频率为 5000Hz 时的仿真波形

图 3-43 R_{22}、R_{26}处在不同位置时的仿真波形

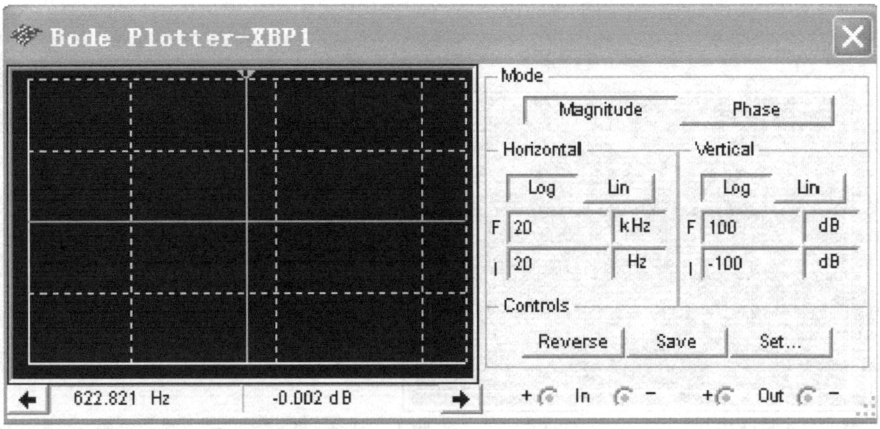

图 3-44　高音低音中间时的特性

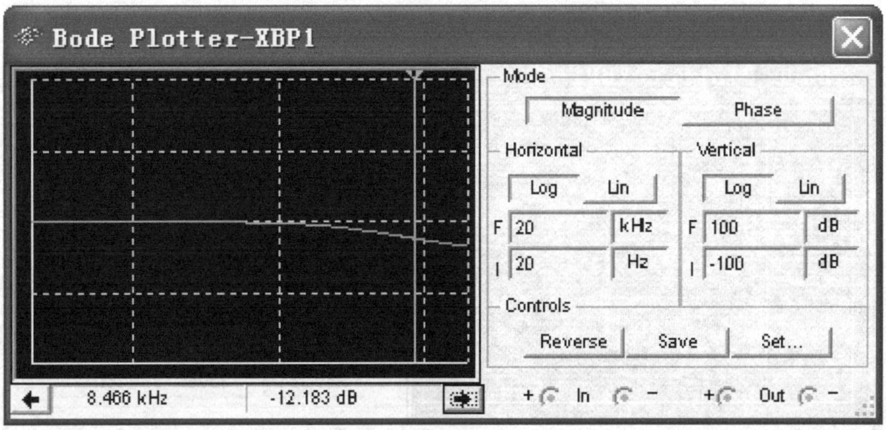

图 3-45　低音保持高音压低特性

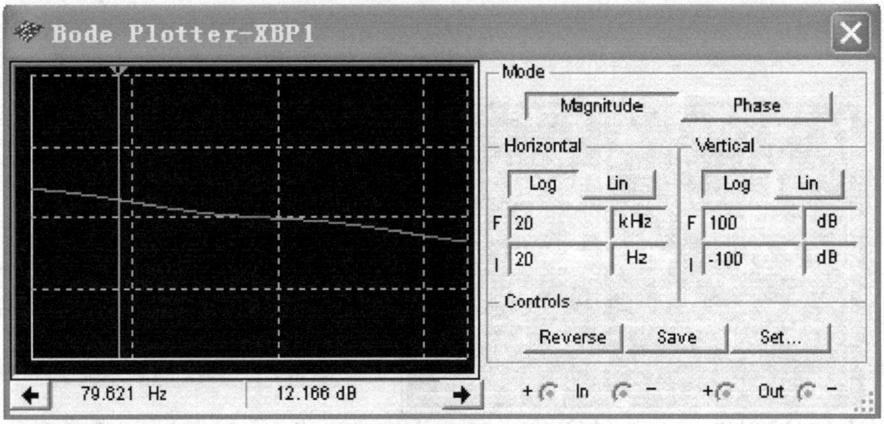

图 3-46　低音提升高音压低特性

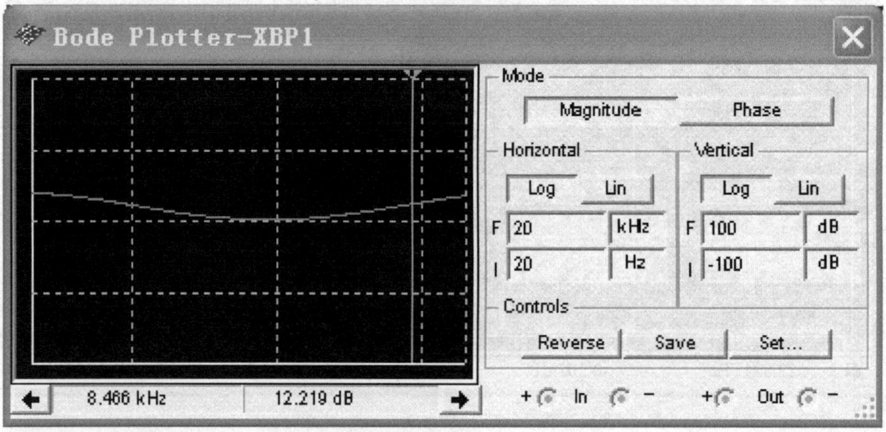

图 3-47　高音提升低音提升特性

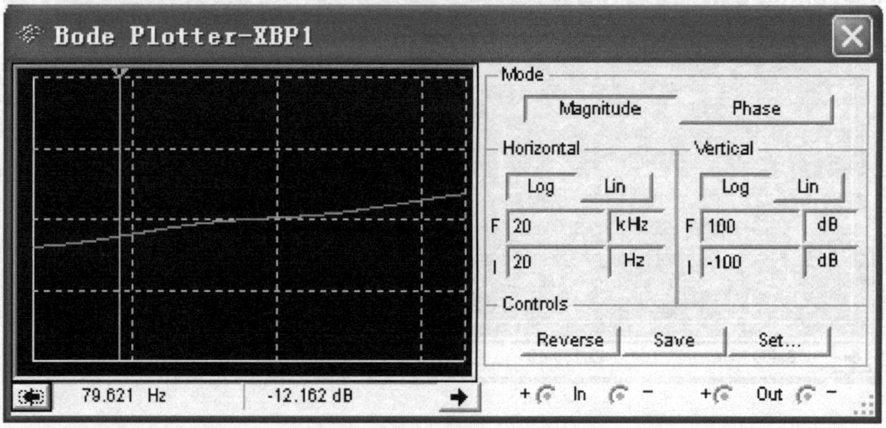

图 3-48　低音压低高音提升特性

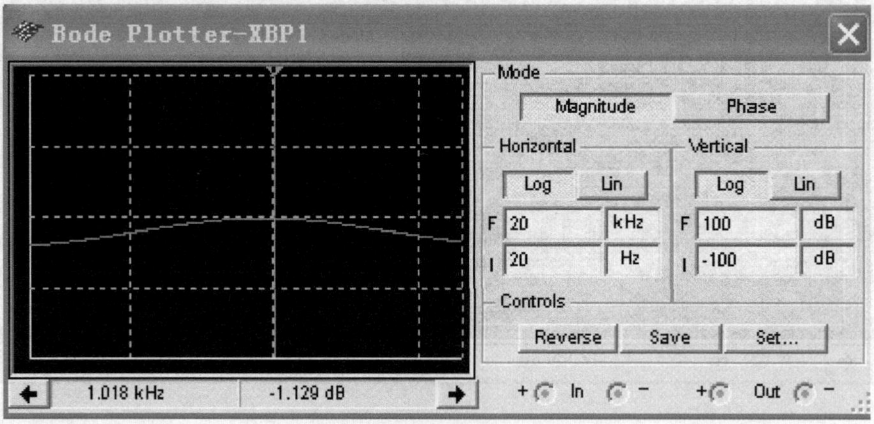

图 3-49　高音压低低音压低特性

表 3-4 仿真数据（$U_i=1V$）

频率点	R_{22}	50%	0%	100%	50%	50%
	R_{26}	50%	50%	50%	0%	100%
100Hz	u_o					
5kHz	u_o					

5）仿真结果分析。

① 调节哪个电阻可提升低音信号？最大提升值为多少？

② 调节哪个电阻可衰减高音量，最大衰减量为多少？

③ R_{28}变化时，输出电压是否变化？为什么？

④ C_{23}变化时，频率特性是否变化？为什么？

3. 安装

1）识读音调控制电路原理图。

2）先在印制电路板上找到相对应的元器件的位置，将元器件依次焊接（注意电解电容的正、负极）。

3）检查焊接的电路中元器件是否有假焊、漏焊，以及元器件的极性是否正确。

4. 整机调测

接上变压器，放大器的输出端先不接扬声器，而是接万用表，最好是数显的，万用表置于 DC＊2V 档。电路板上电后注意观察万用表的读数，在正常情况下，读数应在 30mV 以内，否则应立即断电检查电路板。若万用表的读数在正常的范围内，则表明该电路板功能基本正常，最后接上扬声器，输入音乐信号，上电试机，旋转高低音旋钮，扬声器的音调有变化。

调节 R_{22}、R_{26}，观测波形，观测低音、高音时的增益情况，并记录。

5. 故障的诊断与处理

1）电路若无放大，检测集成运算放大器是否工作正常，若集成运算放大器工作正常，调节电阻 R_{27}与 R_{28}，得到合适的放大倍数。

2）若电路对低频或高频信号无衰减或提升，检测电路的低音等效控制电路和高音等效控制电路。

6. 具体性能指标

1）音调控制特性 1kHz 处增益为 0dB。

2）80Hz 和 8.5kHz 处有 ±12dB 的调节范围。

●任务考核

任务考核按照表 3-5 中所列的标准进行。

表 3-5 任务考核标准

学生姓名	教师姓名	任务 3		
		音调调整电路的制作		
实际操作考核内容（60 分）		小组评价（30%）	教师评价（70%）	合计得分
（1）电路仿真测试（10 分）				
（2）焊接电路板（10 分）				
（3）电路调试与性能测试（10 分）				
（4）将测试数据与理论计算结果相比较和分析，并画出该电路的频率特性图（10 分）				
（5）安全操作、正确使用设备仪器（10 分）				
（6）任务报告（10 分）				
基础知识测试（40 分）				
任务完成日期	年　月　日		总分	

●思考与训练

3-1　零点漂移产生的原因是什么？

3-2　A、B 两个直接耦合放大电路，A 放大电路的电压放大倍数为 100，当温度由 20℃ 变到 30℃时，输出电压漂移了 2V；B 放大电路的电压放大倍数为 1000，当温度由 20℃变到 30℃时，输出电压漂移了 10V，试问哪一个放大器的零点漂移小？为什么？

3-3　差动放大电路能有效地克服温漂，这主要是通过什么电路方式来实现的？

3-4　什么叫差模信号？什么叫共模信号？若在差动放大电路的一个输入端加上信号 $u_{i1}=4\text{mV}$，而在另一输入端加上信号 u_{i2}。当 u_{i2} 分别为 4mV、−4mV、−6mV、6mV 时，分别求出上述四种情况的差模信号 u_{id} 和共模信号 u_{ic} 的数值。

3-5　长尾式差动放大电路中 R_E 的作用是什么？它对共模输入信号和差模输入信号有何影响？

3-6　恒流源式差动放大电路为什么能提高对共模信号的抑制能力？

3-7　差模电压放大倍数 A_{ud} 是____________之比，共模放大倍数 A_{uc} 是________之比，共模抑制比 CMRR 是____________之比，CMRR 越大表明电路______。

3-8　电路如图 3-5a 所示，假设 $R_{C1}=R_{C2}=30\text{k}\Omega$，$R_{B1}=R_{B2}=5\text{k}\Omega$，$R_E=20\text{k}\Omega$，$V_{CC}=V_{EE}=15\text{V}$，$R_L=30\text{k}\Omega$，晶体管的 $\beta=50$，$r_{be}=4\text{k}\Omega$。

1）求双端输出时的差模电压放大倍数 A_{ud}。

2）改双端输出为从 VT_1 的集电极单端输出，试求此时的差模电压放大倍数 A_{ud}、共模电压放大倍数 A_{uc} 以及共模抑制比 CMRR。

3）在 2）的情况下，设 $u_{i1}=5\text{mV}$，$u_{i2}=1\text{mV}$，则输出电压 u_o 是多少？

3-9　已知某集成运算放大器的开环电压放大倍数 $A_{od}=80$dB，输出电压幅值 $U_{OM}=\pm 10$V，输入信号 u_S按图 3-50 连接，设 $u_S=0$ 时，$u_o=0$。

1）$u_S=\pm 1$mV 时，u_o 等于多少？

2）$u_S=\pm 1.5$mV 时，u_o 等于多少？

3）画出放大器的传输特性曲线，并指出放大器的线性工作范围和 u_S的允许变化范围。

4）当考虑输入失调电压 $U_{IO}=2$mV 时，图中 u_o 为多少？由此分析电路此时能否正常放大？

3-10　理想集成运算放大器的 $A_{ud}=$＿＿＿＿＿＿、$R_{id}=$＿＿＿＿＿＿、$R_o=$＿＿＿＿＿＿、CMRR = ＿＿＿＿＿＿。

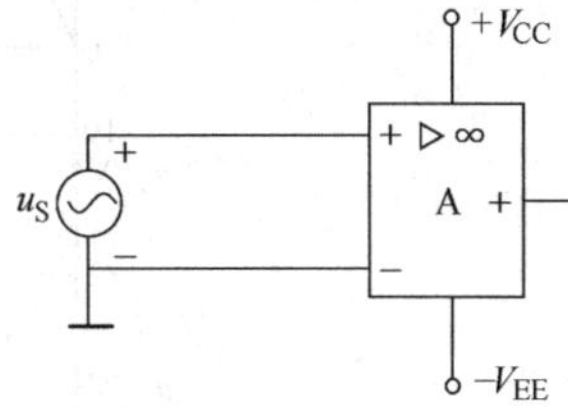

图 3-50　题 3-9 图

3-11　理想集成运算放大器工作在线性区和非线性区时各有什么特点？各得出什么重要关系式？

3-12　反相比例运算电路如图 3-16 所示，图中 $R_1=10\text{k}\Omega, R_f=30\text{k}\Omega$，试估算它的电压放大倍数，$R_p$应取多大值？

3-13　同相比例运算电路如图 3-17 所示，图中 $R_1=3\text{k}\Omega$，若希望它的电压放大倍数等于 7，试估算电阻 R_f和 R_p 的值。

3-14　电路如图 3-51 所示，试分别求出集成运算放大器的输出电压与输入电压的函数关系，并用 Multisim 进行仿真，与实际电路结果进行比较。

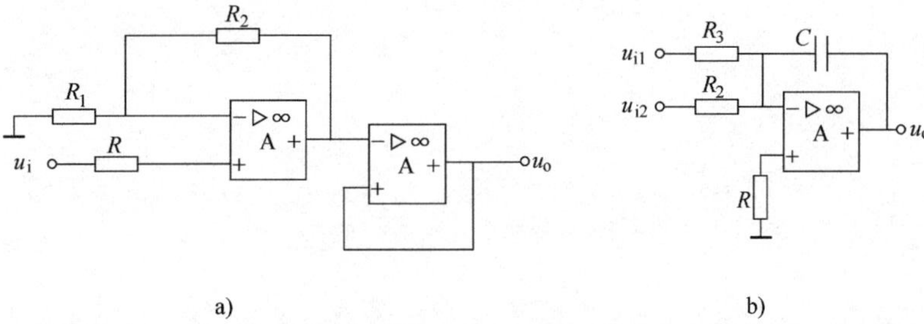

图 3-51　题 3-14 图

3-15　在图 3-52 所示电路中，设集成运算放大器 A_1、A_2、A_3 均为理想集成运算放大器，输出电压幅值 $U_{OM}=\pm 12$V。

1）A_1、A_2、A_3 各组成何种基本应用电路？

2）A_1、A_2、A_3 各工作在线性区还是非线性区？

3）若输入信号 $u_i=10\sin\omega t$V，请在图中画出 u_{o1}、u_{o2}、u_{o3}的波形，并在图上标出有关电压的幅值。

3-16　在下列各种情况下，应分别采用哪种类型（低通、高通、带通、带阻）的滤波电路？

1）抑制 50Hz 交流电源的干扰。

2）处理具有 1kHz 固定频率的有用信号。

3）从输入信号中取出低于 2kHz 的信号。

4）抑制频率为 100kHz 以上的高频干扰。

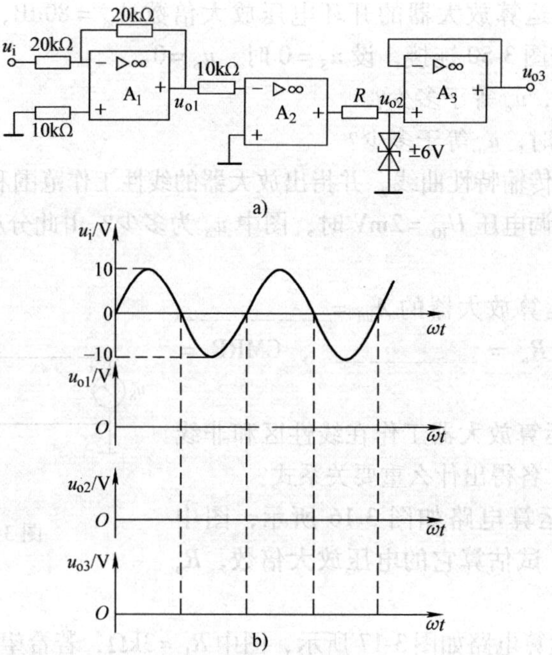
20kΩ
u_i
20kΩ
A_1
10kΩ
u_{o1}
10kΩ
A_2
R
u_{o2}
A_3
u_{o3}
±6V
a)
u_i/V
10
0
-10
ωt
u_{o1}/V
O
u_{o2}/V
u_{o3}/V
b)

图 3-52　题 3-15 图

任务4　功率放大电路的制作

●教学目标

1）了解和掌握功率放大器的特点和分类。

2）掌握 OCL、OTL 工作原理。

3）了解部分集成功率放大器的应用。

●任务引入

多级放大电路虽然能够增大输入信号电压的幅度，但若在其输出端接一定大的负载并驱动负载工作，这就要求多级放大电路要向负载提供足够大的输出功率，即输出端不但要有足够大的电压，还要有足够大的电流。例如语音放大器中的扬声器，需要向它提供足够大的功率才能使之发出声音。这种能放大功率的放大电路通称为功率放大电路。语音放大器中功率放大电路如图 4-1 所示。本任务将介绍功率放大电路的相关原理及制作方法。

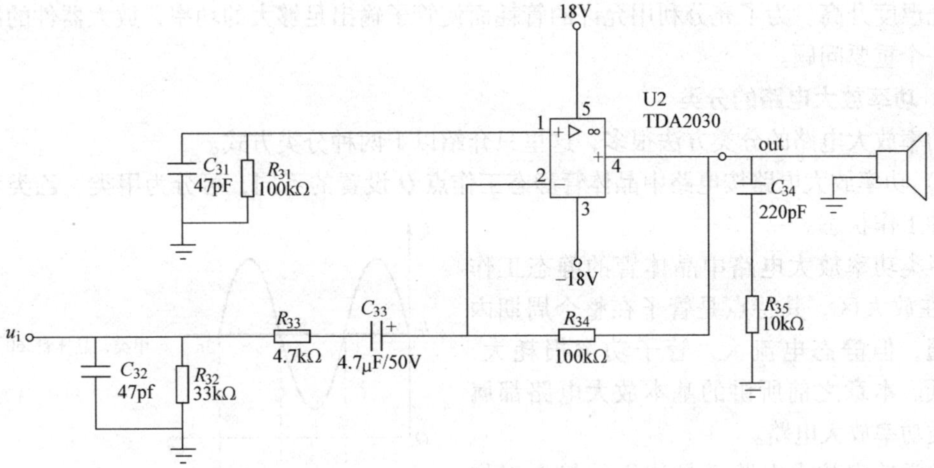

图 4-1　功率放大电路

●相关知识

本任务相关内容有：

1）功率放大电路的特点和分类。

2）常用功率放大电路。

3）集成功率放大器。

4.1 功率放大电路的特点和分类

1. 功率放大电路的特点

电压放大电路是以放大微弱电压信号为主要目的，要求在不失真的条件下获得较高的输出电压，讨论的主要指标是电压增益、输入和输出电阻等。功率放大电路则不同，它主要要求在不失真（或失真较小）的条件下获得一定的输出功率，通常是在大信号状态下工作，它讨论的主要指标是最大输出功率、效率和非线性失真情况等。在功率放大电路中，功率放大管既要流过大电流，又要承受高电压。为了使功率放大电路安全工作，常加保护措施，以防止功率放大管过电压、过电流和过功耗。因此，功率放大电路有如下特点：

（1）功率要大　为了获得大的功率输出，要求功率放大管的电压和电流都有足够大的输出幅度，因此晶体管往往在接近极限状态下工作。

$$P_o = U_o \times I_o$$

（2）效率要高　所谓效率就是负载得到的有用信号功率 P_o 和电源供给的直流功率 P_V 的比值。它代表了电路将电源直流能量转换为输出交流能量的能力。

$$\eta = P_o / P_V$$

（3）失真要小　功率放大电路是在大信号下工作，所以不可避免地会产生非线性失真，这就使输出功率和非线性失真成为一对主要矛盾。

（4）散热要好　在功率放大电路中，有相当大的功率消耗在管子的集电结上，使结温和管壳温度升高。为了充分利用允许的管耗而使管子输出足够大的功率，放大器件的散热就成为一个重要问题。

2. 功率放大电路的分类

功率放大电路的分类方法很多，这里只介绍以下两种分类方式。

1）功率放大电路按电路中晶体管静态工作点 Q 设置的不同，可分为甲类、乙类和甲乙类三种工作状态。

甲类功率放大电路中晶体管的静态工作点 Q 在放大区，其特点是管子在整个周期内都导通，但静态电流大，管子功率损耗大，效率低。本章之前所讲的基本放大电路都属于甲类功率放大电路。

乙类功率放大电路中晶体管的静态工作点 Q 设置在截止区，其特点是在输入信号的整个周期内，放大管只在半个周期内导通，另半个周期内截止，无静态电流，因此，没有输入信号时，电源不消耗功率，效率高，但波形失真大。

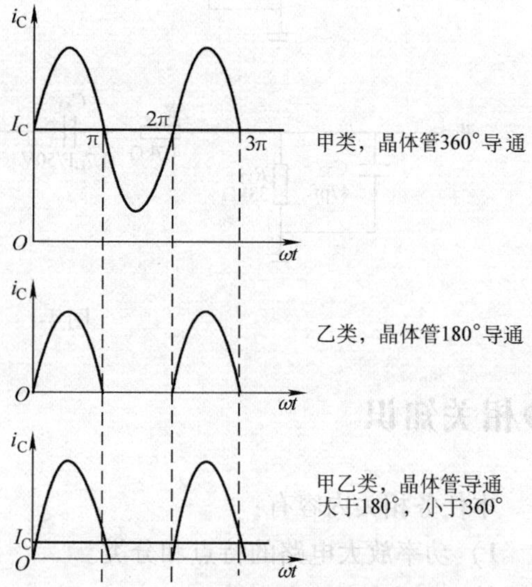

图 4-2　晶体管的三种工作状态

甲乙类功率放大电路中晶体管的静态工作点靠近截止区的放大区，在输入信号的一个周期内，晶体管导通时间大于半个周期，静态电流小，效率较高，克服了乙类功率放大电路失真大的问题。

图 4-2 所示为上述的三种状态的图解。

2）功率放大电路按输出端特点又分为输出变压器功率放大电路、互补对称功率放大电路。互补对称功率放大电路又分为 OTL 电路、OCL 电路和 BTL 电路等几种类型。

3. 功率放大电路的分析方法

功率放大电路的输入信号幅值较大，不适用微变等效电路的分析方法，所以分析电路时一般采用图解法。分析步骤如下：

1）求出功率放大电路负载上可能获得的最大交流电压幅值，从而得出负载上可能获得的最大输出功率，即电路的最大输出功率 P_{omax}。

2）求出此时电源提供的直流平均功率 P_V。

3）求转换效率 η，即 P_{omax} 与 P_V 之比。

4.2 常用功率放大电路

4.2.1 OCL 互补对称电路

无输出电容功率放大电路简称为 OCL 电路。

1. OCL 乙类互补对称电路

（1）电路组成　乙类互补放大电路如图 4-3 所示。它由一对 NPN 型、PNP 型参数相同的互补晶体管组成。OCL 电路两功率放大管互补对称，所以把它们发射极的连接点称为中点，该点对地电压称为中点电压。在静态时，两功率放大管互补对称，导通能力相同，所以中点电压为零。这是 OCL 电路的一个重要参数，它反映了两功率放大管的导通状态是否对称。同时，也决定了功率放大电路能否处于最佳工作状态。在功率放大电路的维修和调试中，经常需要测量中点电压。

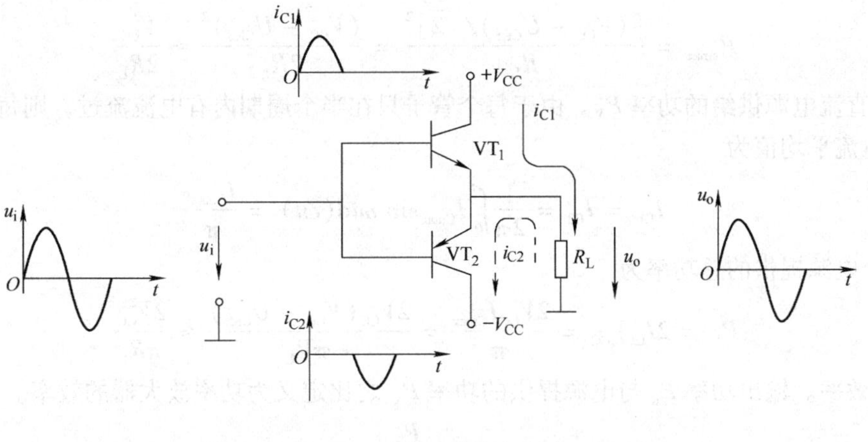

图 4-3　乙类互补放大电路

（2）工作原理　当输入信号处于正半周，且幅度远大于晶体管的开启电压时，此时 NPN 型晶体管导通，有电流通过负载 R_L，按图中方向由上到下，与假设正方向相同。

当输入信号处于负半周，且幅度远大于晶体管的开启电压时，PNP 型晶体管导电，有电

流通过负载 R_L，按图中方向由下到上，与假设正方向相反。

于是，两个晶体管一个正半周、一个负半周轮流导电，在负载上将正半周和负半周合成在一起，得到一个完整的不失真波形。

下面是图解法的分析，如图4-4中假定，只要 $u_i>0$（忽略 U_{BE}），VT_1 就开始导电，则在一周期内 VT_1 的导电时间约为半周期。随着 u_i 的增大，工作点沿着负载线上移，则 $i_o=i_{C1}$ 增大，u_o 也增大，当工作点上移到图中 A 点时，$u_{CE1}=U_{CES}$，已到输出特性的饱和区，此时输出电压达到最大不失真幅值 U_{omax}。

根据上述图解分析，可得最大不失真输出电压为

$$U_{omax}=I_{omax}R_L=V_{CC}-U_{CES}$$

VT_2 的工作情况和 VT_1 相似，只是在信号的负半周导电。

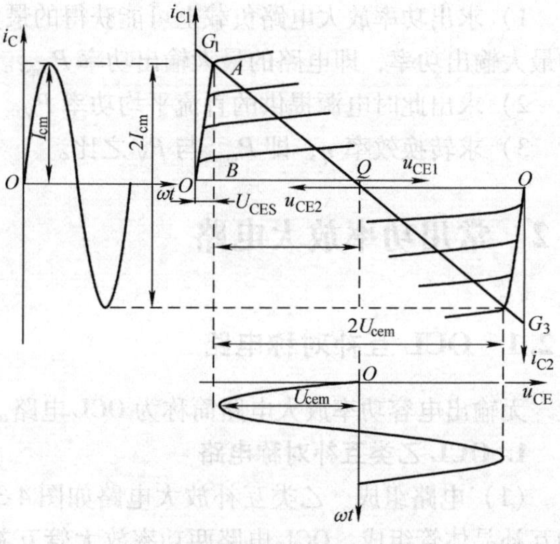

图4-4 乙类互补对称功率放大电路的图解分析法

(3) 参数计算

1）输出功率。输出功率是输出电压有效值 U_o 和输出电流有效值 I_o 的乘积，即

$$P_o=U_oI_o=\frac{U_{omax}}{\sqrt{2}}\times\frac{I_{omax}}{\sqrt{2}}$$

$$=\frac{U_{omax}}{\sqrt{2}}\times\frac{U_{omax}}{\sqrt{2}R_L}=\frac{U_{omax}^2}{2R_L}$$

2）最大输出功率。乙类互补对称电路中的 VT_1、VT_2 可以看成共集电极（射极输出器）状态，即 $A_u\approx1$。所以当输入信号足够大，使 $U_{imax}=U_{omax}=V_{CC}-U_{CES}\approx V_{CC}$ 时，可获得最大输出功率，即

$$P_{omax}=\frac{[(V_{CC}-U_{CES})/\sqrt{2}]^2}{R_L}=\frac{(V_{CC}-U_{CES})^2}{2R_L}\approx\frac{V_{CC}^2}{2R_L}$$

3）直流电源供给的功率 P_V。由于每个管子只在半个周期内有电流流过，则每个管子的集电极电流平均值为

$$I_{C1}=I_{C2}=\frac{1}{2\pi}\int_0^{\pi}I_{Cmax}\sin\omega t\,d(\omega t)=\frac{I_{Cmax}}{\pi}$$

两个电源提供的总功率为

$$P_V=2I_{C1}V_{CC}=\frac{2V_{CC}I_{Cmax}}{\pi}=\frac{2V_{CC}(V_{CC}-U_{CES})}{\pi R_L}\approx\frac{2V_{CC}^2}{\pi R_L}$$

4）效率。输出功率 P_o 与电源提供的功率 P_V 之比定义为功率放大器的效率。

$$\eta=\frac{P_o}{P_V}$$

最大输出功率 P_{omax} 与电源提供的功率 P_V 之比即为功率放大器的最大效率。

$$\eta_{max}=\frac{P_{omax}}{P_V}=\frac{\pi}{4}\frac{V_{CC}-U_{CES}}{V_{CC}}=\frac{\pi}{4}\frac{U_{omax}}{V_{CC}}\approx78.5\%$$

5）管耗。每个功率管的管耗为

$$P_{T1}=P_{T2}=\frac{1}{2}(P_V-P_o)=\frac{1}{2}\left(\frac{2V_{CC}U_{omax}}{\pi R_L}-\frac{U_{omax}^2}{2R_L}\right)$$

所以每个功率管的最大管耗和最大输出功率之间的关系为

$$P_{T1max}=P_{T2max}\approx 0.2P_{omax}$$

（4）功率管的选择　在功率放大电路中，为了输出较大的信号功率，管子承受的电压要高，通过的电流要大，功率管损坏的可能性也就比较大，选择时一般应考虑功率管的三个极限参数，即集电极最大允许功率损耗 P_{CM}、集电极最大允许电流 I_{CM} 和集电极-发射极间的反向击穿电压 $U_{(BR)CEO}$。

所以在查阅手册选择晶体管时，应使极限参数为：

每只功率放大管的最大管耗：$P_{T_1max}\geq 0.2P_{omax}$。

通过功率放大管的最大集电极电流：$I_{Cmax}\geq V_{CC}/R_L$。

考虑到当 VT_2 导通时，$u_{CE2}=U_{CES}\approx 0$，此时 u_{CE1} 具有最大值，且等于 $2V_{CC}$，因此，应选用反向击穿电压 $|U_{(BR)CEO}|>2V_{CC}$ 的管子。在实际选择管子时，其极限参数还要留有充分的余量。

（5）交越失真及其消除　理想情况下，乙类互补对称电路的输出没有失真。实际的乙类互补对称电路，由于两功率放大管没有直流偏置，只有当输入信号 u_i 大于管子的死区电压（NPN 硅管约为 0.5V，PNP 锗管约为 0.1V）时，管子才能导通。当输入信号 u_i 低于这个数值时，功率放大管 VT_1 和 VT_2 都截止，i_{C1} 和 i_{C2} 基本为零，负载 R_L 上无电流通过，出现一段死区，如图 4-5 所示。这种现象称为交越失真。

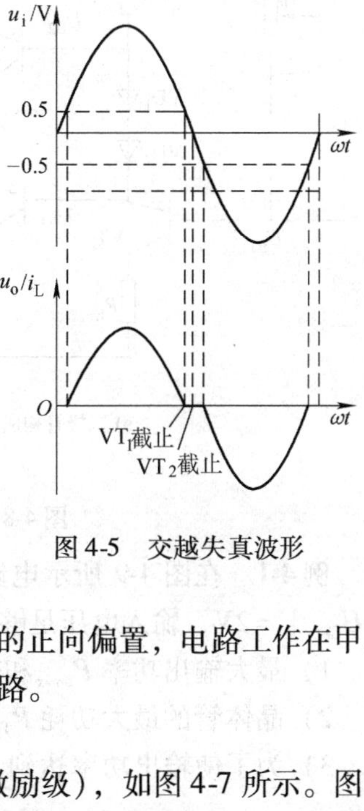

图 4-5　交越失真波形

为了减小和克服交越失真，改善输出波形，通常给两个功率放大管的发射结加一个较小的正向偏置，使两管在输入信号为零时，都处于微导通状态，如图 4-6 所示。由 R_1、R_2、R_3 组成的偏置电路，提供 VT_1 和 VT_2 的偏置，使它们微弱导通，这样在两管轮流交替工作时，过渡平顺，减少了交越失真。功率放大管静态工作点不为零，而是有一定的正向偏置，电路工作在甲乙类工作状态，我们把这种电路称为甲乙类互补对称功率放大电路。

2. OCL 甲乙类互补对称电路

在实际 OCL 甲乙类互补对称电路中，通常带有推动级（激励级），如图 4-7 所示。图中由晶体管 VT_1 构成共发射极放大电路作为推动级，实现电压放大。功率放大管 VT_2 和 VT_3 的基极偏置由 R_1、R_2、R_E 和 VT_1 提供，静态时，调整 RP 大小，可以改变 VT_1 的静态工作点，从而改变 VT_2 和 VT_3 的导通状态。

常见的 OCL 甲乙类互补对称功率放大电路如图 4-8 所示。为了提高电路的热稳定性，通常在两个互补晶体管的基极之间加上二极管或电阻与二极管的组合、热敏电阻等来代替图 4-7 中的 R_2，以供给两管一定的正向偏置电压，使两管在输入信号过零时都处于微导通，减少交越失真。同时，这样还能起到温度补偿的作用，如图 4-8a、b 所示。

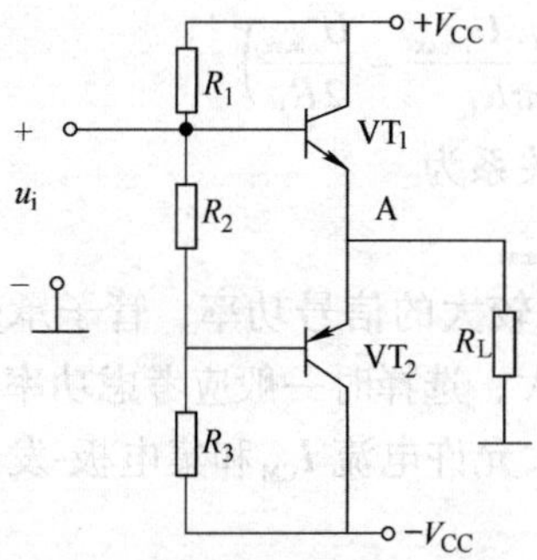

图 4-6 甲乙类互补对称功率放大电路

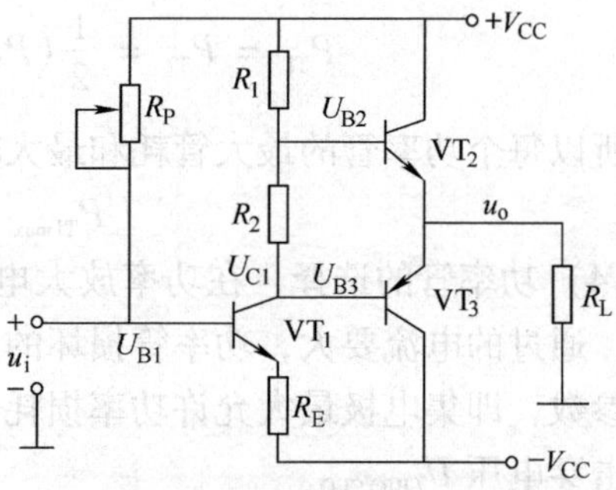

图 4-7 带推动级的 OCL 电路

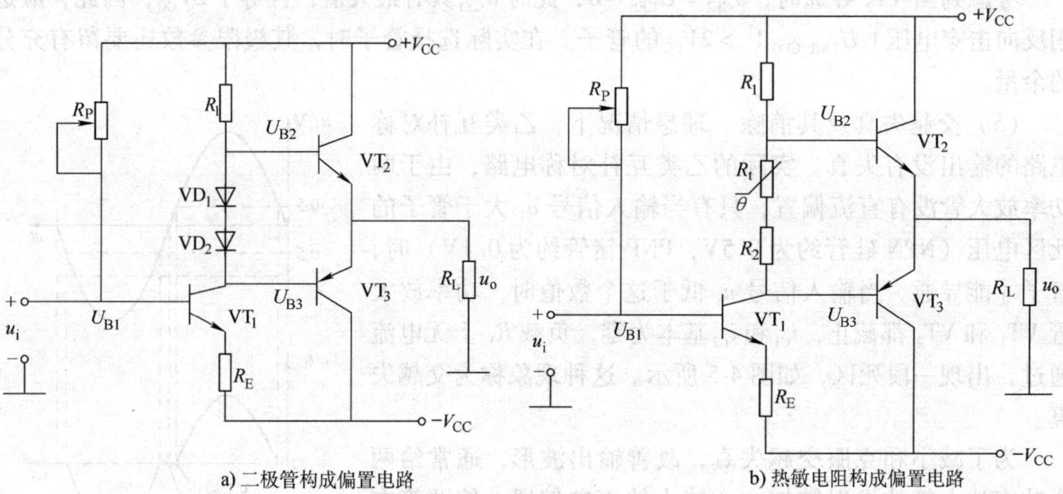

a) 二极管构成偏置电路　　b) 热敏电阻构成偏置电路

图 4-8 常见的 OCL 甲乙类互补对称功率放大电路

例 4-1　在图 4-9 所示电路中，已知 $V_{CC}=16V$，$R_L=4\Omega$，VT_1 和 VT_2 管的饱和管压降 $|U_{CES}|=2V$，输入电压足够大。试问：

1）最大输出功率 P_{omax} 和效率 η 各为多少？

2）晶体管的最大功耗 P_{Tmax} 为多少？

3）为了使输出功率达到 P_{omax}，输入电压的有效值约为多少？

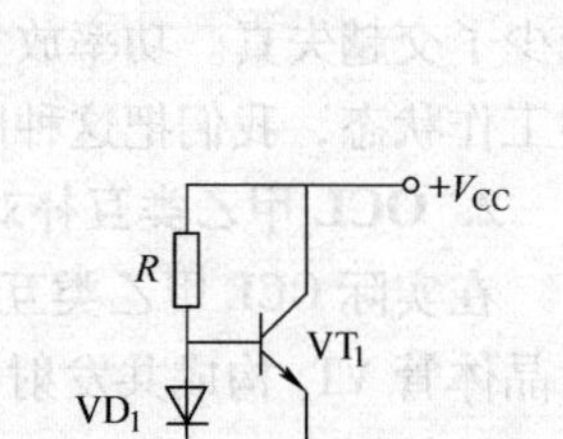

图 4-9 例 4-1 图

解：1）最大输出功率和效率分别为

$$P_{omax}=\frac{(V_{CC}-|U_{CES}|)^2}{2R_L}=24.5W$$

$$\eta=\frac{\pi}{4}\frac{V_{CC}-|U_{CES}|}{V_{CC}}\approx 68.7\%$$

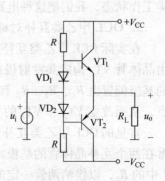

2）晶体管的最大功耗：

$$P_{Tmax} \approx 0.2P_{omax} = 0.2 \times 24.5W = 4.9W$$

3）输出功率为 P_{omax} 时的输入电压有效值：

$$U_i \approx U_o \approx \frac{V_{CC} - |U_{CES}|}{\sqrt{2}} \approx 9.9V$$

双电源互补对称电路需要两个正负独立电源，因此有时很不方便。当仅有一路电源时，则可采用单电源互补对称电路，它有时又被称为无输出变压器电路，简称 OTL 电路。

【特别提示】 甲乙类互补对称式功率放大电路中，两功率放大管发射结偏置在一定范围内增大时，功率放大管工作状态越靠近甲类，越有利于改善交越失真，但不利于提高功率放大电路的效率。两功率放大管发射结偏置在一定范围内减少时，功率放大管工作状态就越靠近乙类，越有利于提高功率放大电路的效率，但不利于改善交越失真。

4.2.2 OTL 互补对称电路

1. OTL 乙类互补对称电路

（1）电路组成 OTL 乙类互补对称电路的组成如图 4-10 所示。

输入电压 u_i 同时加在两个特性对称的晶体管 VT_1 和 VT_2 的基极，两管的发射极连在一起，然后通过大电容 C 接至负载电阻 R_L。晶体管的类型不同，分别为 NPN 型和 PNP 型。电路中只需用一个直流电源 V_{CC}。电阻 R_1 和 R_2 的作用是确定放大电路的静态电位。

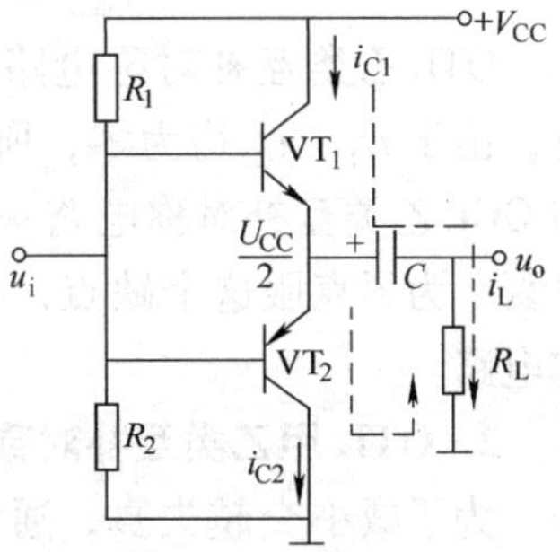

图 4-10 OTL 乙类互补对称电路的组成

（2）工作原理 调整电阻 R_1 或 R_2 的值，使静态时两管的发射极电位为 $V_{CC}/2$，那么电容两端电压也可稳定在 $V_{CC}/2$。这样 VT_1 和 VT_2 两管的发射极之间如同分别加上了 $+V_{CC}/2$ 和 $-V_{CC}/2$ 的电源电压。

输入电压 u_i 为正半周时，VT_1 导通，VT_2 截止，VT_1 以射极输出器形式将正信号传送给负载，同时对电容 C 充电；在 u_i 的负半周，VT_2 导通，VT_1 截止，电容 C 放电，由于电容的放电时间常数很大，所以电容上的电压基本保持不变，相当于 VT_2 管的直流工作电源，同时 VT_2 也以射极输出器的形式将负向信号传送给负载。这样 R_L 上得到一个完整的信号波形。

由于这种放大电路不用输出变压器，且两个晶体管 VT_1 和 VT_2 轮流导通，电路结构形式对称，所以称为 OTL 乙类互补对称电路。

（3）参数计算

1）最大输出功率。晶体管集电极电压的最大值为

$$U_{omax} = \frac{V_{CC}}{2} - U_{CES}$$

则 OTL 乙类互补对称电路的最大输出功率为

$$P_{omax} = \frac{1}{2}U_{omax}I_{omax} = \frac{U_{omax}^2}{2R_L} = \frac{\left(\frac{V_{CC}}{2} - U_{CES}\right)^2}{2R_L} \tag{4-1}$$

如果满足条件 $U_{CES} << \frac{V_{CC}}{2}$，则可将 U_{CES} 忽略，此时可近似认为

$$P_{omax} = \frac{1}{8} \times \frac{V_{CC}^2}{R_L} \tag{4-2}$$

2）直流电源提供的功率 P_V。直流电源 V_{CC} 提供的功率 P_V 等于 $V_{CC}/2$ 与半个周期内晶体管集电极电流平均值的乘积，即

$$P_V = \frac{V_{CC}}{2} \times \frac{1}{\pi}\int_0^{\pi} I_{Cmax}\sin\omega t d(\omega t) = \frac{V_{CC}I_{Cmax}}{\pi} \approx \frac{V_{CC}^2}{2\pi R_L} \tag{4-3}$$

3）效率。

$$\eta = \frac{P_o}{P_V} = \frac{\pi}{4}\frac{U_{omax}}{V_{CC}}$$

最大效率为

$$\eta_{max} = \frac{P_{omax}}{P_V} = \frac{\frac{V_{CC}^2}{8R_L}}{\frac{V_{CC}^2}{2\pi R_L}} = \frac{\pi}{4} = 78.5\% \tag{4-4}$$

4）管耗。每个晶体管的最大功耗为

$$P_{Tmax} = 0.2P_{omax} \tag{4-5}$$

OTL 乙类互补对称电路的主要优点是效率高。静态时，由于 i_{C1}、i_{C2} 均为零，所以电路的静态功耗等于零。与 OCL 乙类互补对称电路一样，这种电路也存在着交越失真。为了克服这个缺点，可以考虑采用甲乙类互补对称电路。

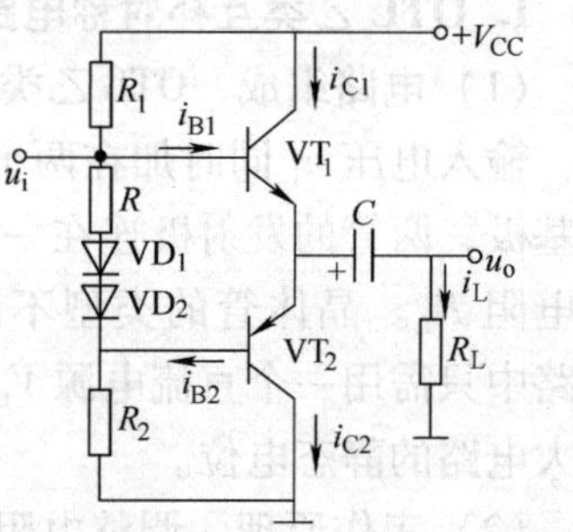

图 4-11　OTL 甲乙类互补对称电路

2. OTL 甲乙类互补对称电路

为了减小交越失真，通常给两个功率放大管的发射结加一个较小的正向偏置，使两管在输入信号为零时，都处于微导通状态，以避免当 u_i 幅度较小时两个晶体管同时截止。为此，在 VT_1、VT_2 的基极之间，接入电阻 R 和两个二极管 VD_1、VD_2，如图 4-11 所示。

当 u_i 在正半周时，VT_1 导通，VT_2 截止；在负半周时，VT_1 截止，VT_2 导通。i_{C1} 和 i_{C2} 的波形如图 4-12 所示，可见，两管轮流导通的交替过程比较平滑，从而减小了交越失真。

在甲乙类互补对称电路中，为了避免降低效率，通常使静态时集电极电流的值很小，即电路静态工作点 Q 的位置很低，靠近横坐标轴，与乙类互补对称电路的工作情况相近，因此，OTL 甲乙类互补对称电路的最大输出功率、效率、管耗等参数也可用 OTL 乙类互补对称电路的对应公式计算。

采用甲乙类互补对称电路既能减小交越失真，改善输出波形，同时又能获得较高的效率，所以在实际工作中得到了广泛的应用。

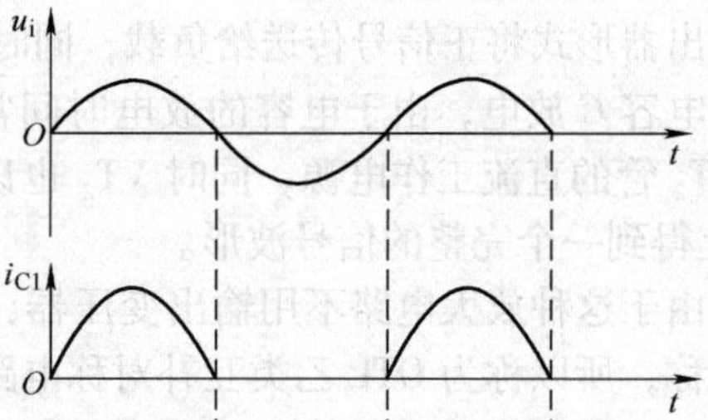

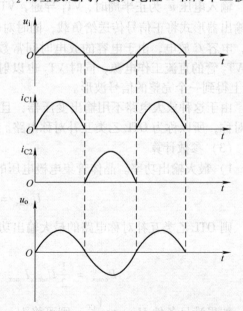

图 4-12　OTL 甲乙类互补对称电路各输出量波形

4.2.3 准互补 OCL 电路

功率放大电路要求互补对称管 VT_1 和 VT_2 是能输出大电流的晶体管，但是，大电流的晶体管一般β值较低，因此，就需要中间级输出大的电流提供给输出级。而中间级一般是电压放大，很难输出大的电流。为了解决这一矛盾，一般在输出级采用复合管来提高β值。

除此之外，互补对称电路有一个缺点，两个对称晶体管类型不同，一个是 NPN 型，另一个是 PNP 型，选择两管对称较困难。而在同一类型管子中，选择对称管容易得多，因此可采用由复合管构成的 NPN 和 PNP 管来代替 VT_1 和 VT_2 管，以保证两管对称。

1. 复合管

（1）复合管的组成　复合管是由两个或两个以上的晶体管按照一定的连接方式组成的等效晶体管。复合管的接法有多种，它们可以由相同类型的晶体管组成，也可以由不同类型的晶体管组成。复合管的组成必须满足基尔霍夫的节点电流定律。图 4-13 所示为由两只晶体管组成的复合管的四种类型。

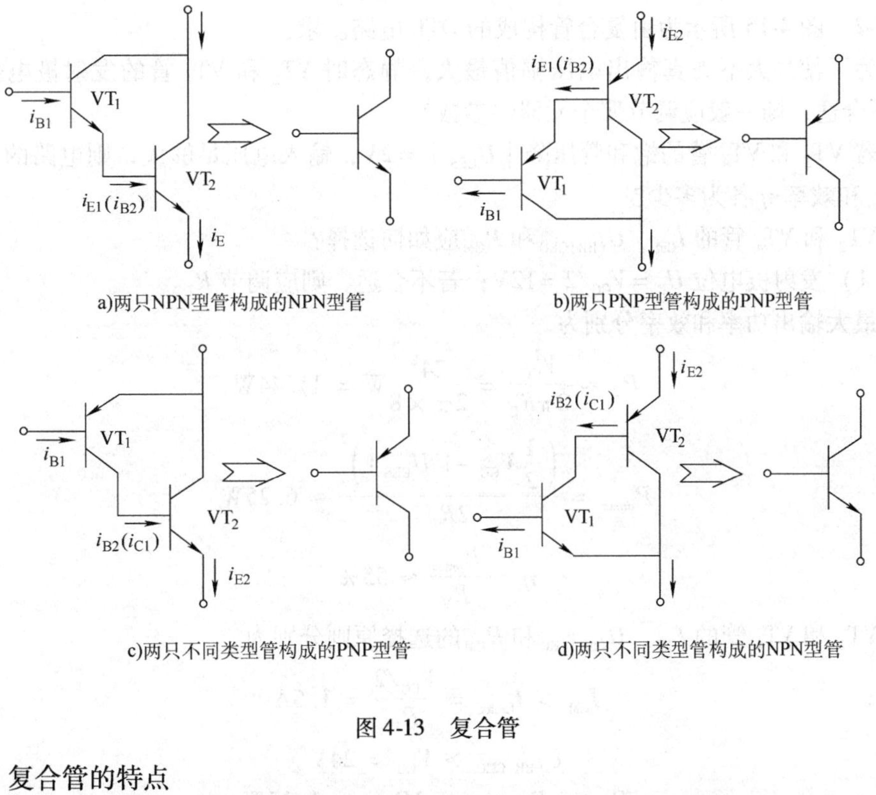

a)两只NPN型管构成的NPN型管　b)两只PNP型管构成的PNP型管

c)两只不同类型管构成的PNP型管　d)两只不同类型管构成的NPN型管

图 4-13　复合管

（2）复合管的特点

1）复合管的类型与组成复合管的第一只晶体管的类型相同，即若第一只晶体管的类型为 PNP 型，则复合管的类型也为 PNP 型。

2）复合管的电流放大倍数近似为组成该复合管的各晶体管电流放大倍数的乘积，即

$$\beta \approx \beta_1\beta_2\cdots$$

2. 电路组成

输出管为同一类型的互补对称功率放大电路称为准互补对称功率放大电路。图 4-14 所示为准互补 OCL 电路。图中，R_{E1}、R_{E2}、R_{E4}、R_{C3} 为限流电阻，对管子有一定的保护作用。发射极电阻中有电流负反馈，具有提高电路的稳定性、改善波形的作用。VD_1、VD_2 也可以用晶体管接成二极管的形式代替，便于集成化，减少管子的种类。

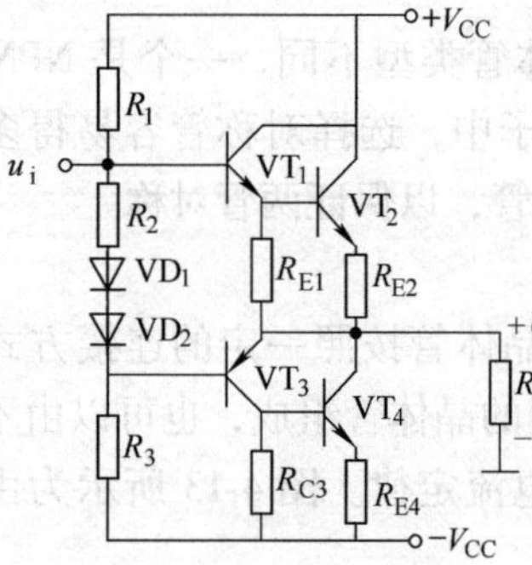

图 4-14　准互补 OCL 电路

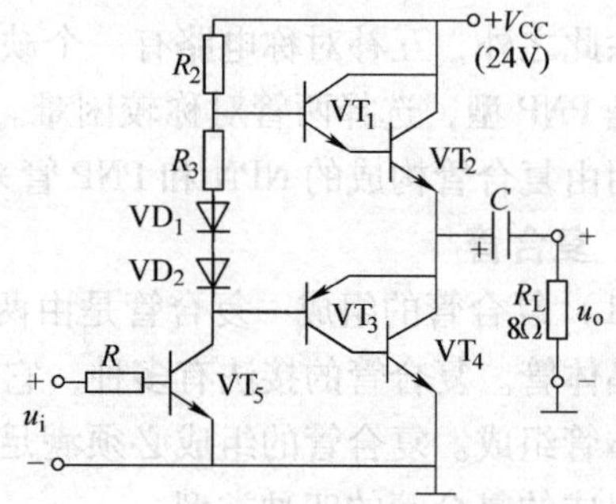

图 4-15　例 4-2 图

例 4-2　图 4-15 所示为由复合管构成的 OTL 电路。求：

1）为了使最大不失真输出电压幅值最大，静态时 VT_2 和 VT_4 管的发射极电位应为多少？若不合适，则一般应调节哪个元器件参数？

2）若 VT_2 和 VT_4 管的饱和管压降 $|U_{CES}|=2V$，输入电压足够大，则电路的最大输出功率 P_{omax} 和效率 η 各为多少？

3）VT_2 和 VT_4 管的 I_{CM}、$U_{(BR)CEO}$ 和 P_{CM} 应如何选择？

解： 1）发射极电位 $U_E = V_{CC}/2 = 12V$；若不合适，则应调节 R_2。

2）最大输出功率和效率分别为

$$P_V \approx \frac{V_{CC}^2}{2\pi R_L} = \frac{24^2}{2\pi \times 8}W = 11.44W$$

$$P_{omax} = \frac{\left(\frac{1}{2}V_{CC} - |U_{CES}|\right)^2}{2R_L} \approx 6.25W$$

$$\eta = \frac{P_{omax}}{P_V} \approx 55\%$$

3）VT_2 和 VT_4 管的 I_{CM}、$U_{(BR)CEO}$ 和 P_{CM} 的选择原则分别为

$$I_{CM} > I_{Cmax} = \frac{V_{CC}/2}{R_L} = 1.5A$$

$$U_{(BR)CEO} > V_{CC} = 24V$$

$$P_{CM} > P_{Tmax} = 0.2P_{omax} \approx 1.25W$$

4.2.4　BTL 互补对称电路

OCL 和 OTL 两种功放电路的效率很高，但是它们的缺点就是电源的利用率都不高，其主要原因是在输入正弦信号时，在每半个信号周期中，电路只有一个晶体管和一个电源在工

作。为了提高电源的利用率，也就是在较低电源电压的作用下，使负载获得较大的输出功率，一般采用 BTL 互补对称电路。

BTL 互补对称电路，称为平衡桥式功率放大电路。它由两组对称的 OTL 或 OCL 电路组成，负载接在两组 OTL 或 OCL 电路输出端之间，即负载两端都不接地。BTL 互补对称电路的主要特点是：可采用单电源供电，两个输出端直流电位相等，无直流电流通过负载，但是，负载没有接地端，给检修工作带来不便。

1. 电路组成

BTL 互补对称电路的组成如图 4-16 所示。

2. 工作原理

输入信号 u_i 正半周时，VT_1、VT_4 导通，VT_2、VT_3 截止，负载电流由 V_{CC} 经 VT_1、R_L、VT_4 流到地端，如图 4-16 中实线所示。

输入信号 u_i 负半周时，VT_1、VT_4 截止，VT_2、VT_3 导通，负载电流由 V_{CC} 经 VT_2、R_L、VT_3 流到地端，如图 4-16 中虚线所示。

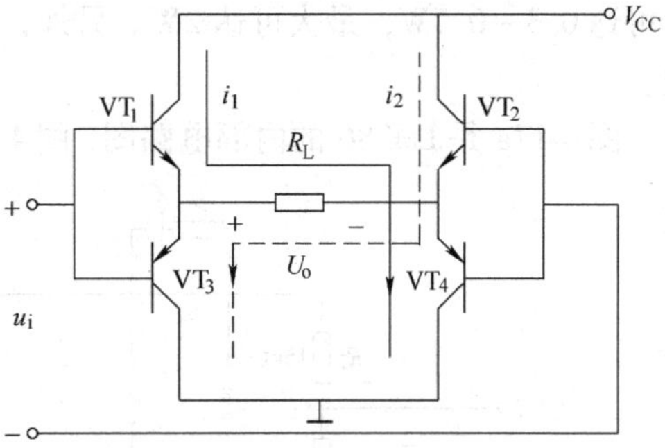

图 4-16　BTL 互补对称电路的组成

3. 参数计算

（1）最大输出功率　晶体管集电极电压的最大值为

$$U_{omax} \approx V_{CC}$$

则 BTL 电路的最大输出功率为

$$P_{omax} = \frac{1}{2}U_{omax}I_{omax} = \frac{U_{omax}^2}{2R_L} \approx \frac{V_{CC}^2}{2R_L}$$

与 OCL、OTL 电路相比，在相同电源电压、相同负载情况下，BTL 电路输出电压可增大 1 倍，输出功率为 OCL、OTL 电路输出功率的 4 倍，这意味着在较低的电源电压时也可获得较大的输出功率，即 BTL 电路电源利用率高。

（2）直流电源供给的功率 P_V　由于每个管子只在半个周期内有电流流过，则每个管子的集电极电流平均值为

$$I_{C1} = I_{C2} = \frac{1}{2\pi}\int_0^{\pi} I_{Cmax}\sin\omega t\,d(\omega t) = \frac{I_{Cmax}}{\pi}$$

电源提供的总功率为

$$P_V = 2I_{C1}V_{CC} = \frac{2V_{CC}I_{Cmax}}{\pi} = \frac{2V_{CC}(V_{CC} - U_{CES})}{\pi R_L} \approx \frac{2V_{CC}^2}{\pi R_L}$$

（3）效率　最大效率为

$$\eta_{max} = \frac{P_{omax}}{P_V} = \frac{\frac{1}{2}\frac{V_{CC}^2}{R_L}}{\frac{V_{CC}^2}{2\pi R_L}} = \frac{\pi}{4} = 78.5\%$$

4.3 集成功率放大器

集成功率放大器具有体积小、工作稳定、易于安装和调试等优点，了解其外特性和外电路的连接方法，就能组成实用电路，因此，得到了广泛的应用。

1. LM386 小功率通用型集成功率放大器及其应用

LM386 电路简单、通用性强，是目前应用较广的一种小功率集成功率放大器。它具有电源电压范围宽（4 ~ 16V）、功耗低（常温下为 660mW）、频带宽（300kHz）等优点，输出功率可达 0.3 ~ 0.7W，最大可达 2W。另外，电路的外接元器件少，不必外加散热片，使用方便。

图 4-17a 是 LM386 的内部电路图，图 4-17b 是其外引脚排列图，封装形式为双列直插式。

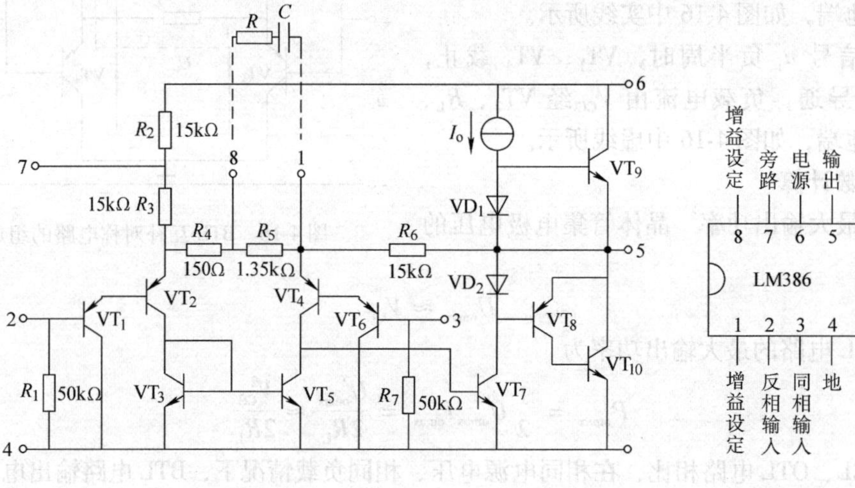

a) LM386 内部电路图　　　　b) 外引脚排列图

图 4-17　集成功率放大器 LM386

LM386 的输入级由 VT_2、VT_4 组成双入单出差动放大电路，VT_3、VT_5 构成有源负载，VT_1、VT_6 为射极跟随器形式，可以提高输入阻抗，差放的输出取自 VT_4 的集电极。VT_7 为共发射极放大形式，是 LM386 的主增益级，恒流源 I_0 作为其有源负载。VT_8、VT_{10} 复合成 PNP 型管，与 VT_9 组成准互补对称输出级。VD_1 和 VD_2 为输出管提供偏置电压，使输出级工作于甲乙类状态。

R_6 是级间负反馈电阻，起稳定静态工作点和放大倍数的作用。R_2 和 7 脚外接的电解电容组成直流电源去耦滤波电路。R_5 是差放级的发射极反馈电阻，所以在 1、8 两脚之间外接一个阻容串联电路，构成差放管发射极的交流反馈，通过调节外接电阻的阻值就可调节该电路的放大倍数。对于此集成功率放大器来说，其增益调节大都是通过调整外接元器件来实现的。其中 1、8 脚开路时，负反馈量最大，电压放大倍数最小，约为 20。1、8 脚之间短路时或只外接一个 10μF 电容时，电压放大倍数最大，约为 200。图 4-18 是 LM386 的典型应用电路。

接于 1、8 两脚的 C_2、R_1 用于调节电路的电压放大倍数。因为该电路形式为 OTL 电路，所以需要在 LM386 的输出端接一个 220μF 的耦合电容 C_4。C_5、R_2 组成容性负载，以抵消扬声器音圈的感抗，防止信号突变时，音圈产生的感应电动势击穿输出管，在小功率输出时 C_5、R_2 也可不接。C_3 与 LM386 内部的 R_2 组成电源的去耦滤波电路。当电路的输出功率不大、电源的稳定性能又好时，只需一个输出端的耦合电容和放大倍数调节电路就可以使用，所以 LM386 广泛应用于收音机、对讲机、双电源转换、方波和正弦波发生器等电子电路中。

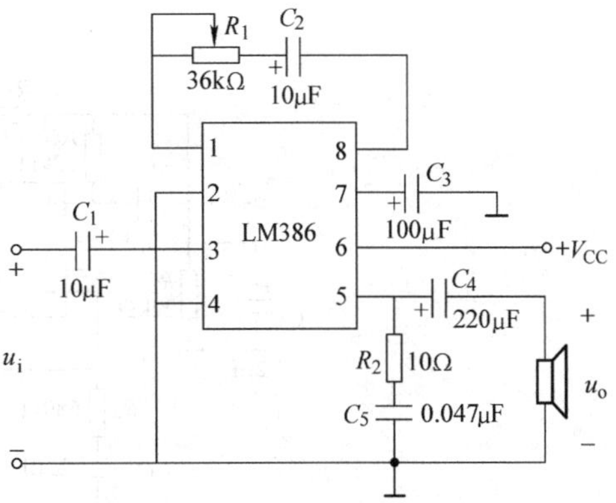

图 4-18　LM386 的典型应用电路

2. TDA2040 集成功率放大器及其应用

TDA2040 集成功率放大器内部有独特的短路保护系统，可以自动限制功耗，从而保证输出级晶体管始终处于安全区域；TDA2040 内部还设置了过热关机等保护电路，使集成运算放大器具有较高可靠性。TDA2040 的外引脚排列如图 4-19 所示。1 脚为反相输入端，2 脚为同相输入端，4 脚为输出端，3 脚接负电源，5 脚接正电源。

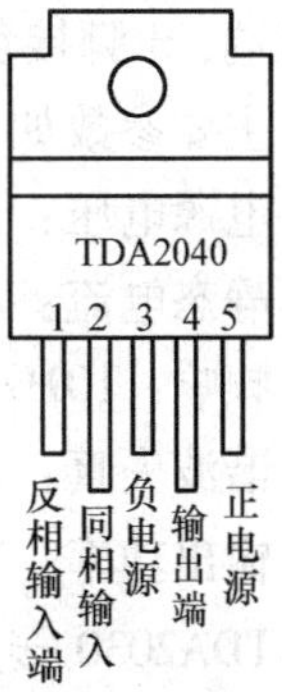

图 4-19　TDA2040 的外引脚排列

主要参数如下：

直流电源：±2.5 ~ ±20V。

开环增益：80dB。

功率带宽：100kHz。

输入阻抗：50kΩ。

输出功率：22W（$R_L=4\Omega$）。

1）TDA2040 的双电源（OCL）应用电路如图 4-20 所示。

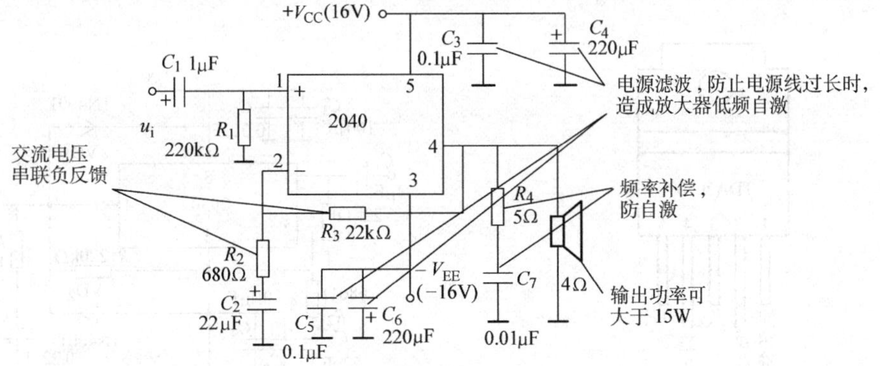

图 4-20　TDA2040 的双电源应用电路

2）TDA2040 的单电源（OTL）应用电路如图 4-21 所示。

3. TDA2030 集成功率放大器及其应用

TDA2030 是一种超小型 5 引脚单列直插塑封集成功率放大器。由于它具有低瞬态失真、较宽频响和完善的内部保护措施，因此，常用在高保真组合音响中使用。

TDA2030 的外引脚排列如图 4-22 所示。1 脚为同相输入端，2 脚为反相输入端，4 脚为

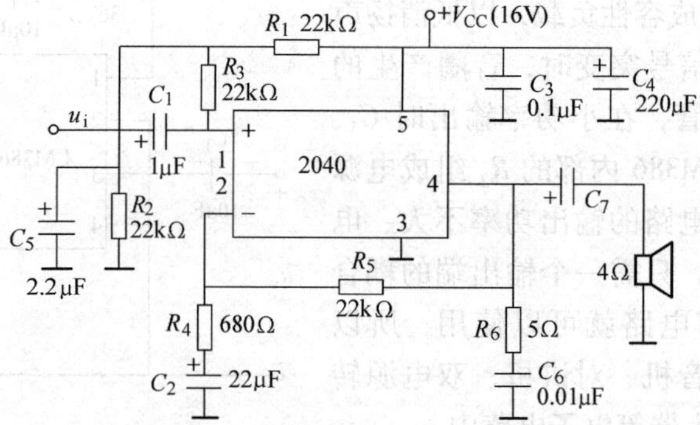

图 4-21 TDA2040 的单电源应用电路

输出端，3 脚接负电源，5 脚接正电源。电路特点是引脚和外接元器件少。

主要参数如下：

电源电压：±6～±18V。

静态电流：小于 60μA。

频响：10Hz ～140kHz。

谐波失真：小于 0.5。

输出功率：18W（R_L=4Ω）。

TDA2030 接成 OCL 功率放大电路如图 4-23 所示。VD_1、VD_2 组成电源极性保护电路，防止电源极性接反损坏集成功率放大器。C_3、C_5 与 C_4、C_6 为电源滤波电容，100μF 电容并联 0.1μF 电容的原因是 100μF 电解电容具有电感效应。信号从 1 脚同相输入端输入，4 脚输出端向负载扬声器提供信号功率，使其发出声响。

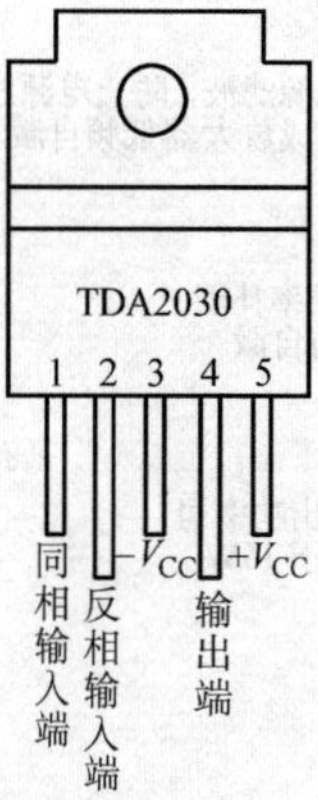

图 4-22 TDA2030 的外引脚排列

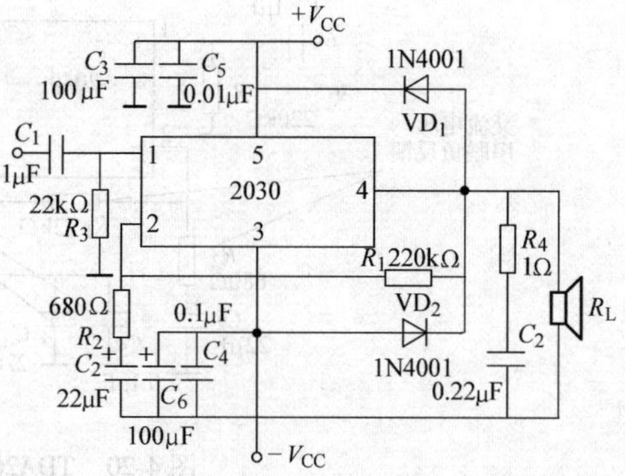

图 4-23 TDA2030 接成 OCL 功率放大电路

TDA2030 接成 BTL 功率放大电路如图 4-24 所示。BTL 电路的主要特点是：由两个相同的功率放大器组成，输入信号互为反相。实际采用放大器的同相输入与反相输入，以保证输入信号互为反相，同时还应使两输入信号的幅度相同，这样便可以满足 BTL 电路形式的基本要求。图中 R_7（1kΩ）与 R_8（33 Ω）电阻对信号分压后衰减的倍数与 U_1 的放大倍数正好相同，衰减后的信号通过 R_5 加在 U_2 的反相输入端。但由于 BTL 电路特点，选择集成电路时尽可能用参数一致的两个功率放大器，调整输入信号幅度，可通过输入正弦波用示波器观察两输入信号的幅度，这时调整 R_7 使两输入信号的幅度相同，以保证在提高功率的同时尽可能减小非线性失真。

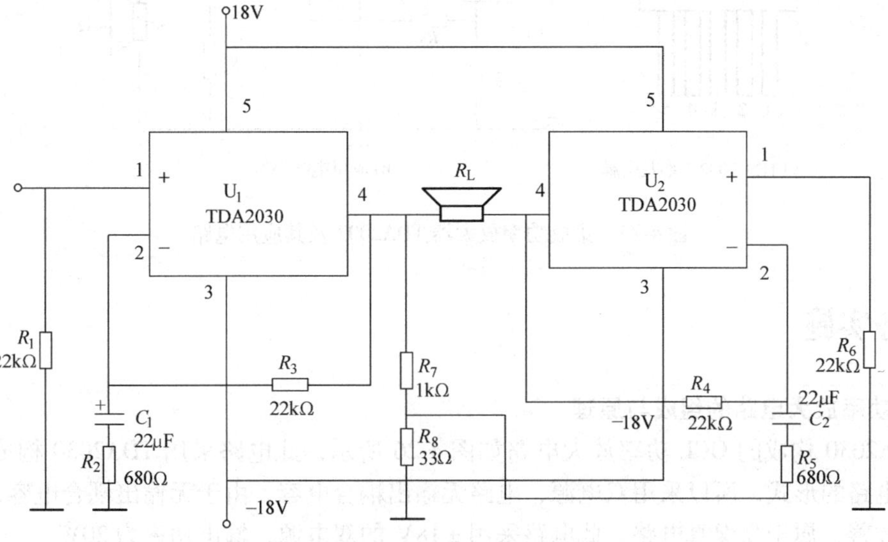

图 4-24　TDA2030 接成 BTL 功率放大电路

4. TDA2002 小功率通用型集成功率放大器及其应用

TDA2002 为国产小功率集成功率放大器，具有失真小、噪声低等优点，并且电源电压可在 5～20V 之间任意选择，是使用方便、性能良好的通用型集成功率放大器。其输出级为互补对称结构，只需外接少量元器件，不需调试即可满足工作需要。

主要参数如下：

工作电压：5～20V。

输出功率：5.4W（$R_L=4\Omega$）。

静态电流：45mA。

输入阻抗：150kΩ。

谐波失真：0.2%。

开环增益：80dB。

纹波抑制：35dB。

图 4-25a 为集成功率放大器 TDA2002 的外形和引脚排列，图 4-25b 为 TDA2002 构成的应用电路，该电路的最大不失真输出功率为 5W。

其中，5 脚为 TDA2002 的电源端，接 15V 正电源，3 脚为接地端。输入信号经耦合电容 C_1 加到 TDA2002 的同相输入端（1 脚），4 脚为输出端，经电容 C_2 将输出信号耦合到 4Ω 扬声器上。

R_1、R_2 和 C_3 组成电压串联负反馈，将输出电压信号送回同相输入端 2 脚，以改善功率放大的性能。C_4 和 R_3 用来改善放大电路的频率特性。

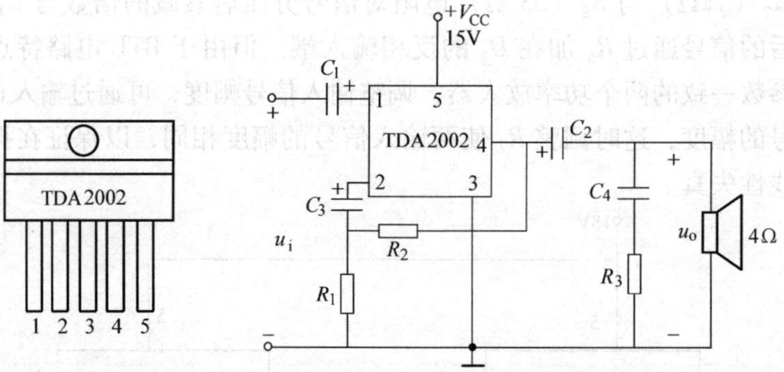

a) TDA2002外形及引脚　　b) 应用电路

图4-25　集成功率放大器TDA2002及其应用电路

●任务实施

1. 功率放大电路的组成与原理

TDA2030构成的OCL功率放大电路如图4-26所示，此电路采用TDA2030构成OCL功率放大电路的形式，所以采用双电源，电路无输出耦合电容，由于无输出耦合电容，低频响应得到改善，属于高保真电路。此电路采用±18V的双电源，输出功率为20W。

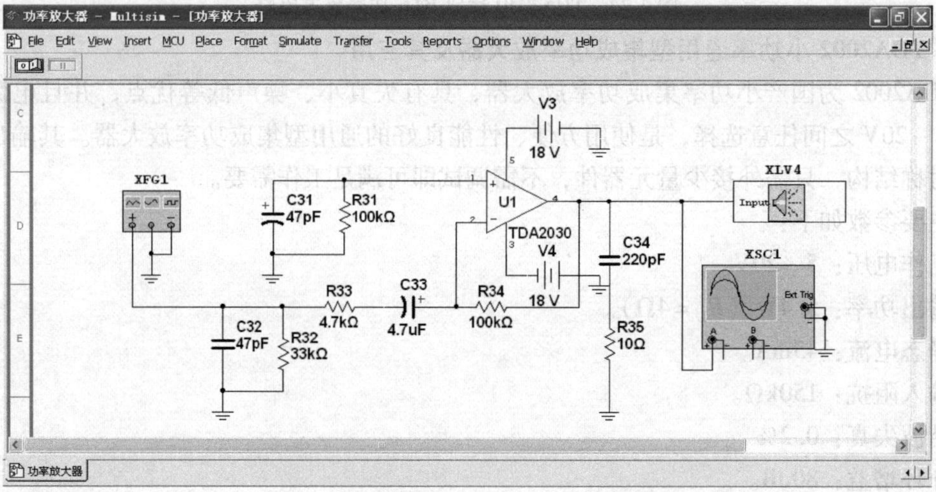

图4-26　TDA2030构成的OCL功率放大电路

2. 电路仿真

（1）仿真内容

1）在输入端接1kHz信号，用示波器观察输出波形、逐渐增加输入电压幅度，直至出现失真为止，记录此时输入电压，输出电压幅值，并记录波形。最大不失真波形如图4-27所示。

2）频率响应测试。在保证输入信号 u_i 大小不变的条件下，改变低频信号发生器的频率，用交流毫伏表测出 $u_o=0.707u_{om}$ 时，所对应的放大器上限截止频率 f_H 和下限截止频率

f_L，算出频带宽度 B。中频时的伯德图如图 4-28 所示。

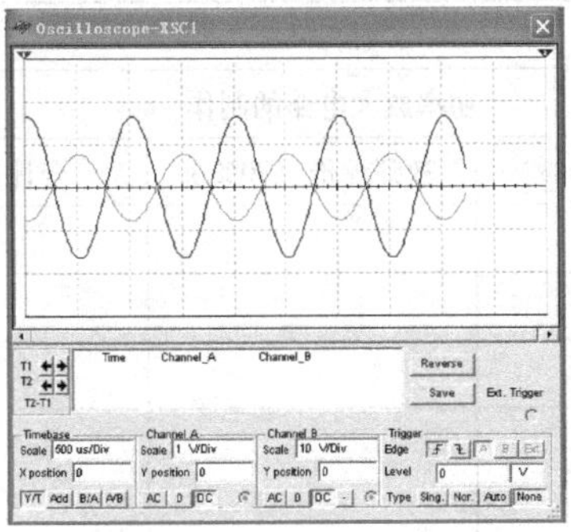

图 4-27　最大不失真波形

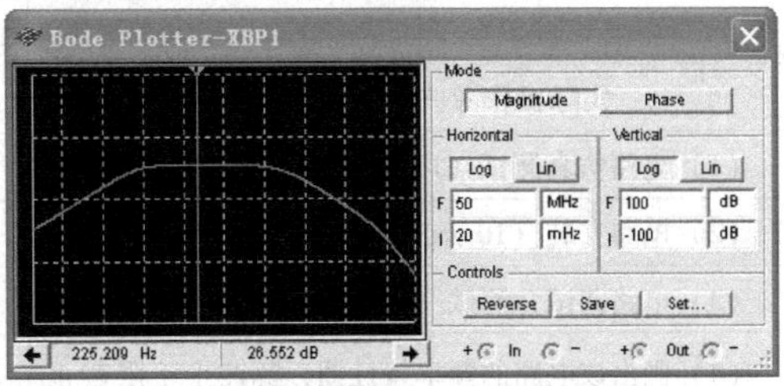

图 4-28　中频时的伯德图

（2）仿真结果

1）测量各种情况下的 P_{om}、P_V，计算 η。

2）利用伯德仪测量中频电压放大倍数，上、下限截止频率和带宽。

（3）仿真分析

1）加任意输入信号，根据仿真实验测量各种情况下的 P_{om}、P_V 和 η，观察 η 是否变化。

2）负载变化时，测量 P_{om}、P_V 和 η，并观察波形变化。

3）哪些参数影响此电路的频率特性。

3. 安装

1）设计电路装配图：根据电路原理图设计电路装配图，注意引出输入、输出线和测试点。

2）安装元器件：将检验合格的元器件按电路装配图安装在电路板上。安装时注意元器件的极性和集成器件的引脚排列。

3）电路接地线要尽量短，而且需要接地的引出端尽量做到一点接地。

4. 调整与测试

1）不通电检查：对照电路原理图和电路装配图，认真检查接线是否正确，检查焊点有无虚、假焊。特别注意负载不能有短路现象。

2）当电路发生自激振荡时应停电检查，待消振后才能加电。

3）静态调试：功率放大电路静态的调试，均应在输入信号为零（输入端接地）的条件下进行。功率放大电路静态调试最后应达到输出端对地电位为 0（OCL），静态电流为几十毫安。

4）接入 $f = 1\text{kHz}$ 的输入信号，在输出信号不失真的条件下测试功率放大电路的主要性能指标。

5. 性能指标

$P_{om} \geq 5\text{W}$，$A_{uf} \geq 20$，$f_H = 18\text{kHz}$。

●任务考核

任务考核按照表 4-1 所列的标准进行。

表 4-1　任务考核标准

学生姓名	教师姓名	任务 4		
		功率放大电路的制作		
实际操作考核内容（60 分）		小组评价（30%）	教师评价（70%）	合计得分
（1）电路仿真测试（10 分）				
（2）电路安装（10 分）				
（3）电路调试并测试（10 分）				
（4）画出该电路的频率特性图，标注上下限截止频率和增益（10 分）				
（5）安全操作、正确使用设备仪器（10 分）				
（6）任务报告（10 分）				
基础知识测试（40 分）				
任务完成日期	年　月　日		总分	

●思考与训练

4-1　简述什么是交越失真，其产生的原因及消除方法。

4-2　对于语音和音乐信号放大电路，为何乙类功率放大电路工作效率高于甲类功率放大电路工作效率?

4-3　某一互补对称功率放大电路输出级，工作在甲类工作状态，且其负载也是最佳负载。如果要求将输出功率增大一倍，仍工作于最佳负载，那么应如何调整器件的工作状态(包括工作点电流、负载电阻和输入信号电压)。注意：不计饱和压降的变化。

4-4　在图 4-29 所示功率放大电路输出级中，求：

（1）静态时（$u_i=0$），u_o 的值应等于多少？若不合要求，则应调节哪个电阻？

（2）当加入信号时，若发现有交越失真，则应调节哪个电阻？如何调节？

（3）二极管 VD 的作用是什么？

4-5　OCL 互补对称功率放大电路如图 4-30 所示，设晶体管 VT_1、VT_2 的参数完全对称，饱和压降 $U_{CES}=2V$。

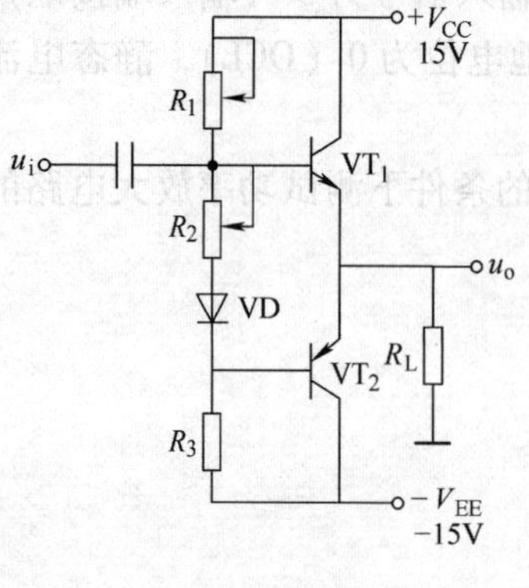

图 4-29　题 4-4 图

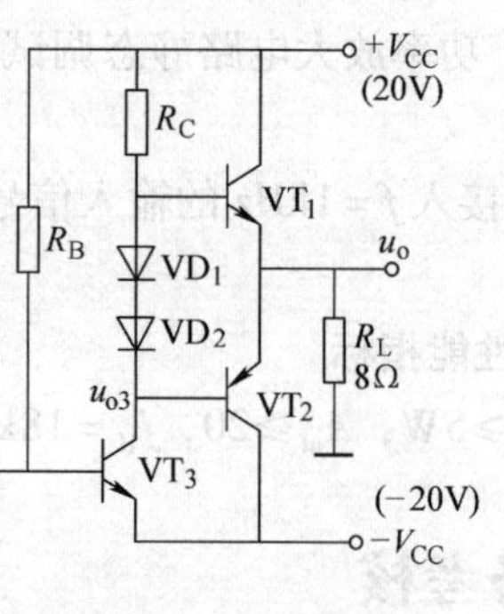

图 4-30　题 4-5 图

（1）说明二极管 VD_1、VD_2 在电路中的作用。

（2）该电路不失真的最大输出功率，直流电源供给的功率、效率和所需 U_{o3}是多少？

（3）当 VT_3 管的输出信号 $U_{o3}=10V$ 时，求电路的输出功率、管耗、直流电源供给的功率和效率。

4-6　OTL 放大电路如图 4-31 所示，设 VT_1 和 VT_2 的特性完全对称，u_i 为正弦电压，$V_{CC}=10V$，$R_L=16\Omega$，试回答以下问题：

（1）静态时，电容 C_2 两端的电压应是多少？调整哪个电阻能满足这一要求？

（2）动态时，若输出波形出现交越失真，则应调整哪个电阻？如何调整？

（3）若 $R_1=R_3=1.2k\Omega$，VT_1 和 VT_2 管的 $\beta=50$，$U_{BE}=0.7V$，$P_{CM}=200mW$。假设 VD_1、VD_2 和 R_2 中任意一个开路，将会产生什么后果？

4-7　在图 4-32 所示 OTL 放大电路中，已知 $V_{CC}=V_{EE}=12V$，$R_L=8\Omega$。

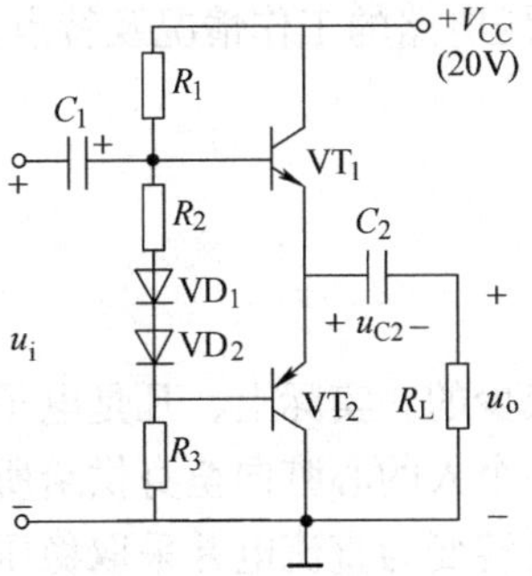

图 4-31　题 4-6 图

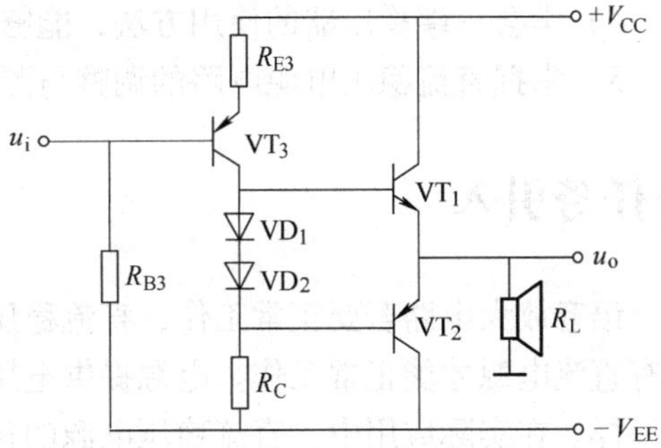

图 4-32　题 4-7 图

（1）试选择功率管的参数 P_{CM}、I_{CM}和 $U_{(BR)CEO}$。

（2）求效率 $\eta=0.6$ 时的输出功率 P_o。

（3）用 Multisim 10 进行仿真，用相关虚拟仪器读出（1）、（2）中所求参数的值，并与计算值比较。

4-8　图 4-33 所示为功率放大电路。已知电路在通带内的电压增益为 40dB，在 $R_L=8\Omega$ 时不失真最大输出电压（峰-峰）可达 18V。当 u_i 为正弦信号时，求：

（1）最大不失真输出功率 P_{om}。

（2）输出功率最大时的输入电压有效值 U_i。

（3）用 Multisim 10 进行仿真，用相关虚拟仪器读出（1）、（2）中所求的参数值，并与计算值比较。

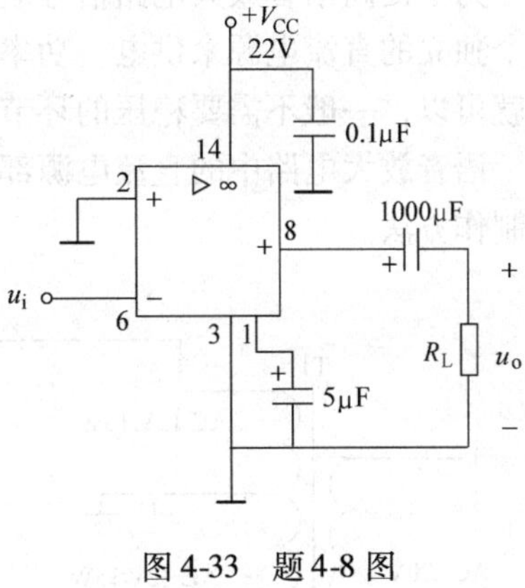

图 4-33　题 4-8 图

任务5　直流稳压电源的制作

●教学目标

1）学会制作小型实用的直流稳压电源。

2）理解直流稳压电源的组成及各部分的作用。

3）能够分析整流、滤波电路的工作情况，估算输出电压平均值。

4）学会三端稳压器的使用方法，能够分析开关型稳压电路的工作情况及特点。

5）掌握直流稳压电源电路的调整与测试方法。

●任务引入

语音放大电路若要正常工作，直流稳压电源是不可缺少的。实际上，凡是电子设备都必须有直流电源才能正常工作。电源提供电压电流，就像一个人的心脏向全身供给所需要的血液一样。在实际应用中，直流稳压电源的作用是将交流电转变为直流电并采取稳压措施来获得电子设备所需要的直流电压。

为了提高语音放大电路信号放大质量，提高信噪比，将前置部分和功率放大部分分别由两个独立的直流电源来供电。功率放大电路本身对电源电压变化不敏感，只要电源电压足够高就可以，一般不需要稳压的环节，整流后采用大电容滤波即可。

语音放大电路中的直流电源部分如图5-1所示。本任务将讲述直流电源电路的相关原理及制作方法。

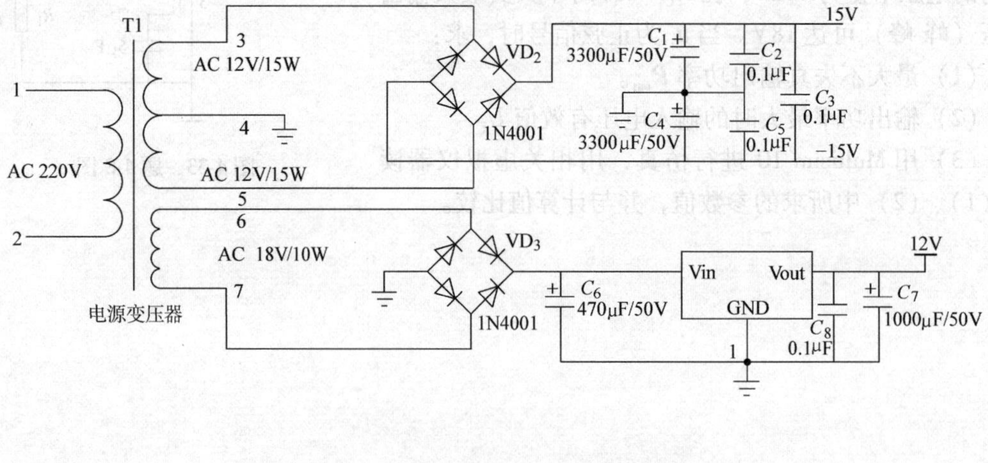

图5-1　语音放大电路中的直流电源部分

●相关知识

不同的电子设备对电源的要求是不同的，而提供直流电源的方式也是多种多样的。本任务将介绍与电源电路有关的基本知识：

1）稳压电源的组成。

2）整流电路的原理和电路参数计算方法。

3）滤波电路的原理。

4）串联稳压技术和开关稳压电路的原理。

5.1 常用稳压电源的基本组成

常用稳压电源是指由电网电压变换后得到的直流稳压电源，其分类主要有线性稳压电源和开关稳压电源两大类。

5.1.1 线性直流稳压电源

线性直流稳压电源将50Hz、220V的单相交流电压经过电源变压器、整流电路、滤波电路和稳压电路转换成直流电压。其框图及各电路的输出电压波形如图5-2所示。

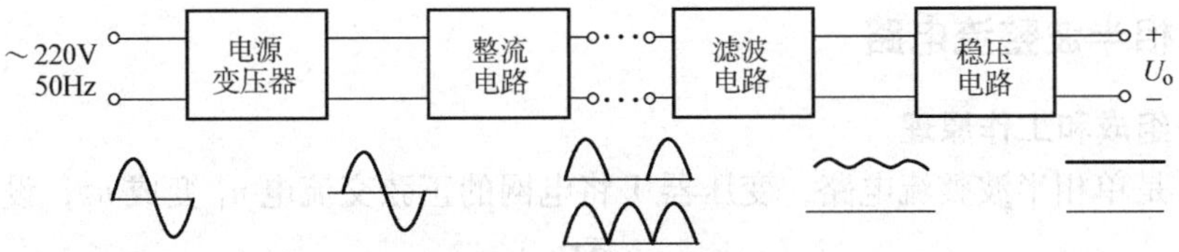

图5-2 线性直流稳压电源的框图

电路各部分的作用如下：

1）电源变压器是用来变换电压的，因为在一般情况下，所需直流电压与电网电压相差较大，故需要用电源变压器降压。

2）整流电路用来将交流电压变换为单向脉动的直流电压。

3）滤波电路用来滤除整流后单向脉动电压中的交流成分，使之成为平滑的直流电压。

4）稳压电路的作用是当输入交流电源电压波动、负载和温度变化时，维持输出直流电压的稳定。

5.1.2 开关稳压电源

虽然开关稳压电源的类型较多，电路组成也较复杂，但它们的基本原理是不变的，图5-3所示为开关稳压电源的框图及波形图。

输入电压 u_i 一般为整流、滤波后的不稳定电压，该电压提供给开关电路。

理想开关电路对输入电压 u_i 进行开关振荡，产生出频率在15~50kHz范围的开关脉冲电压送到后级整流及 *LC* 滤波器。

整流及 *LC* 滤波器对理想开关电路送来的开关脉冲进行整流和滤波，产生出稳定的直流输出电压。

反馈控制电路对输出电压 u_o（见图 5-3）进行取样，得到的误差电压对理想开关进行负反馈控制，以保证输出电压的稳定。

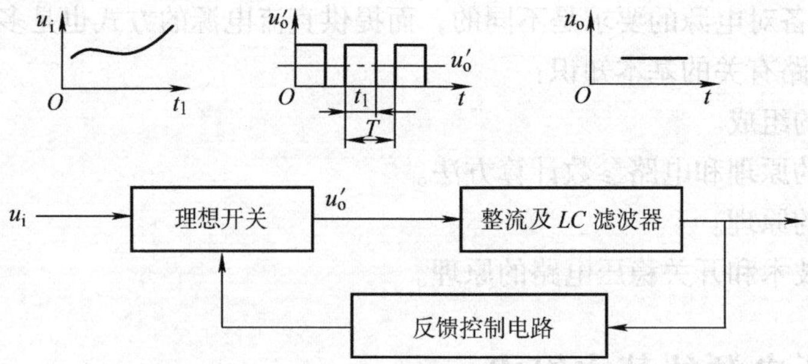

图 5-3　开关稳压电源的框图及波形图

5.2　单相整流电路

整流电路是构成线性稳压电源的最重要的环节，它利用具有单向导电性能的整流元器件，将正负交替的正弦交流电压变成单方向的脉动电压。单相整流电路有半波整流、全波整流和桥式整流电路等。

5.2.1　单相半波整流电路

1. 电路组成和工作原理

图 5-4a 是单相半波整流电路，变压器 T 将电网的正弦交流电 u_1 变成 u_2，设

$$u_2 = \sqrt{2}U_2\sin\omega t$$

在变压器二次电压 u_2 的正半周期内，二极管 VD 正偏导通，电流经过二极管流向负载，在负载电阻 R_L 上得到一个极性为上正下负的电压，即 $u_o = u_2$（忽略管压降）；在 u_2 的负半周期内，二极管反偏截止，负载上几乎没有电流流过，即 $u_o = 0$。所以负载上得到了单方向的直流脉动电压，负载中的电流也是直流脉动电流。半波整流的波形如图 5-4b 所示。

2. 负载上直流电压和电流的估算

在半波整流情况下，负载两端的直流电压可由下式计算，即

$$U_o = 0.45U_2 \tag{5-1}$$

负载中的电流为

$$I_o = 0.45U_2/R_L \tag{5-2}$$

3. 二极管的选择

在半波整流电路中，二极管中的电流任何时候都等于输出电流，所以在选用二极管时，二极管的最大正向电流 I_F 应大于负载电流 I_o。

在半波整流电路中，二极管的最大反向电压就是变压器二次电压的最大值$\sqrt{2}U_2$。根据 I_F 和 U_{RM}的值，查阅半导体器件手册就可以选择到合适的二极管。

半波整流电路的优点是结构简单，使用元器件少。但是它也有明显的缺点：只是利用了交流电半个周期，输出直流分量较低，且输出纹波大，电源变压器利用率也低。所以半波整

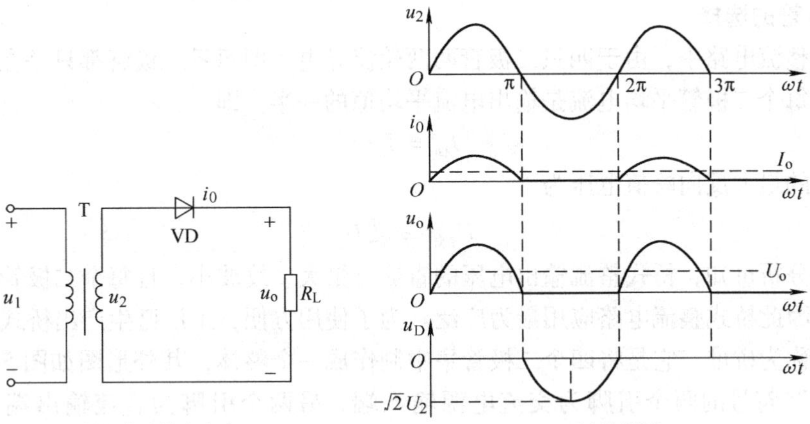

a) 单相半波整流电路　　b) 波形图

图 5-4　单相半波整流电路及波形

流电路只能用在输出电压较低且性能要求不高的地方，如电池充电器电路、电热毯控温电路等。

5.2.2　单相桥式整流电路

1. 电路组成和工作原理

为了克服半波整流电路的缺点，常采用单相桥式整流电路，电路如图 5-5 所示。桥式整流电路中的四只二极管可以是四只分立的二极管，也可以是一个内部装有四个二极管的桥式整流器（桥堆）。

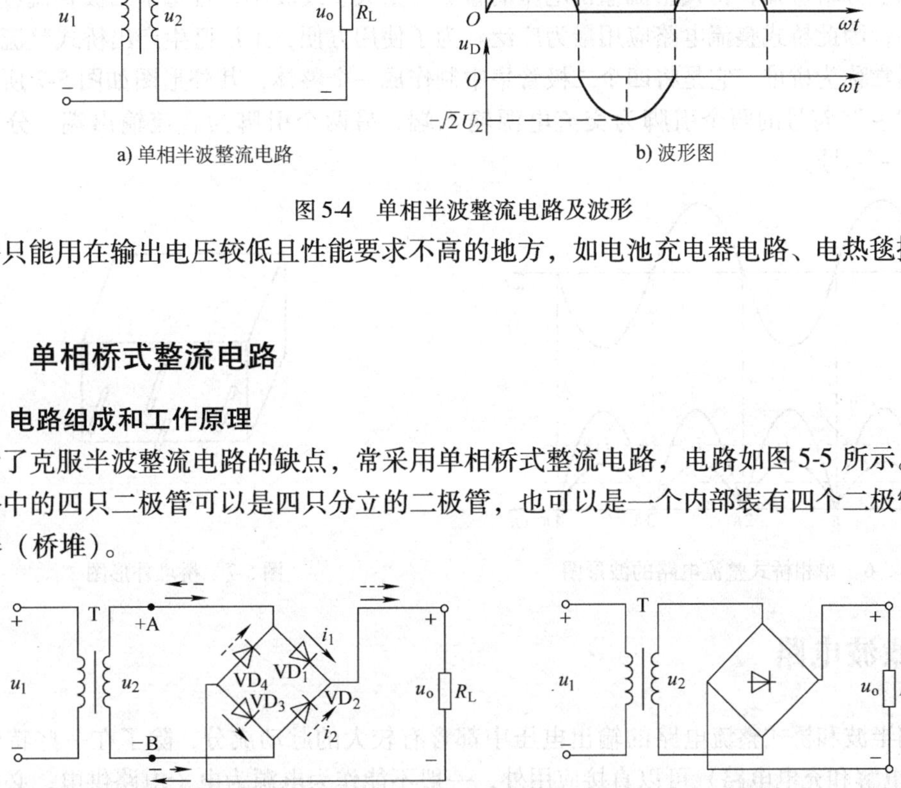

a) 桥式整流电路常用画法　　b) 简化画法

图 5-5　单相桥式整流电路

在 u_2 的正半周内（设 A 端为正，B 端为负），VD_1、VD_3 因正偏而导通，VD_2、VD_4 因反偏而截止；在 u_2 的负半周内（B 端为正，A 端为负），二极管 VD_2、VD_4 导通，VD_1、VD_3 截止。但是无论在 u_2 的正半周还是负半周，流过 R_L 中的电流方向是一致的。在 u_2 的整个周期内，四只二极管分两组轮流导通或截止，负载上得到了单方向的脉动直流电压和电流。桥式整流电路中各处的波形如图 5-6 所示。

2. 负载上直流电压和电流的估算

由图 5-6 可知，桥式整流输出电压波形的面积是半波整流时的两倍，所以输出的直流电压 U_o 也是半波时的两倍，即

$$U_o = 0.9U_2 \tag{5-3}$$

输出电流为

$$I_o = 0.9U_2/R_L \tag{5-4}$$

3. 二极管的选择

在桥式整流电路中，由于四只二极管两两轮流导电，即每只二极管都只是在半个周期内导通，所以每个二极管平均电流是输出电流平均值的一半，即

$$I_{D} = I_{o}/2 \tag{5-5}$$

二极管的最大反向峰值电压为

$$U_{RM} = \sqrt{2}U_{2} \tag{5-6}$$

由以上分析可知，桥式整流输出电压的直流分量大、纹波小，且每个二极管流过的平均电流也小，因此桥式整流电路应用最为广泛。为了使用方便，工厂已生产出桥式整流的组合器件，通常称为桥堆。它是将四个二极管集中制作成一个整体，其外形图如图 5-7 所示。其中标示“~”符号的两个引脚为交流电源输入端，另两个引脚为直流输出端，分别标有“+”、“-”号。

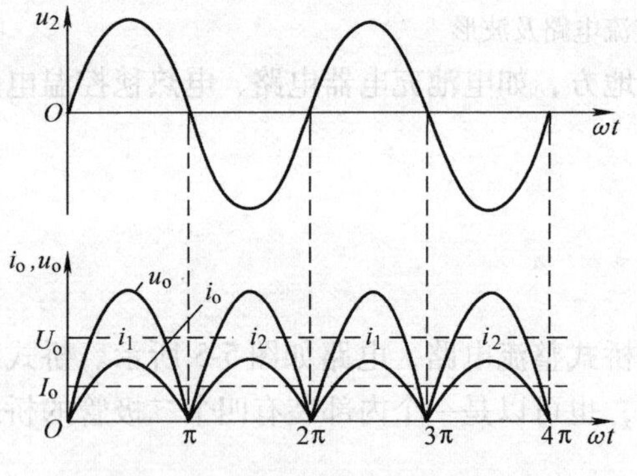

图 5-6　单相桥式整流电路的波形图

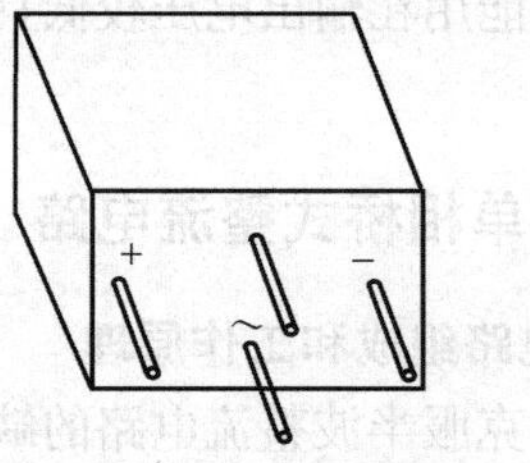

图 5-7　桥堆外形图

5.3　滤波电路

单相半波和桥式整流电路的输出电压中都含有较大的脉动成分，除了在一些特殊场合（如电镀电解和充电电路）可以直接应用外，一般不能作为电源为电子电路供电，必须采取措施减小输出电压中的交流成分，使输出电压接近理想的直流电压。这种措施就是采用滤波电路。构成滤波电路的主要元件是电容和电感。由于电容和电感对交流电和直流电呈现的电抗不同，如果把它们合理地安排在电路中，就可以达到减小交流成分，保留直流成分的目的，实现滤波的作用。

5.3.1　电容滤波电路

图 5-8 所示为单相桥式整流电容滤波电路及电路中电压、电流的波形图。

1. 工作原理

设电容 C 上初始电压为零。接通电源时 u_2 由零逐渐增大，二极管 VD_1、VD_3 正偏导通，此时 u_2 经二极管 VD_1、VD_3 向负载 R_L 提供电流，同时向电容 C 充电，因充电时间常数很小（$\tau_{充}=R_nC$，R_n 是由电源变压器内阻、二极管正向导通电阻构成的总等效直流电阻），电容 C 上电压很快充到 u_2 的峰值，即 $u_C=\sqrt{2}U_2$。u_2 达到最大值以后按正弦规律下降，当下降到 $u_2<u_C$ 时，VD_1、VD_3 的正极电位低于负极电位，所以 VD_1、VD_3 截止，此时电容 C 通过负

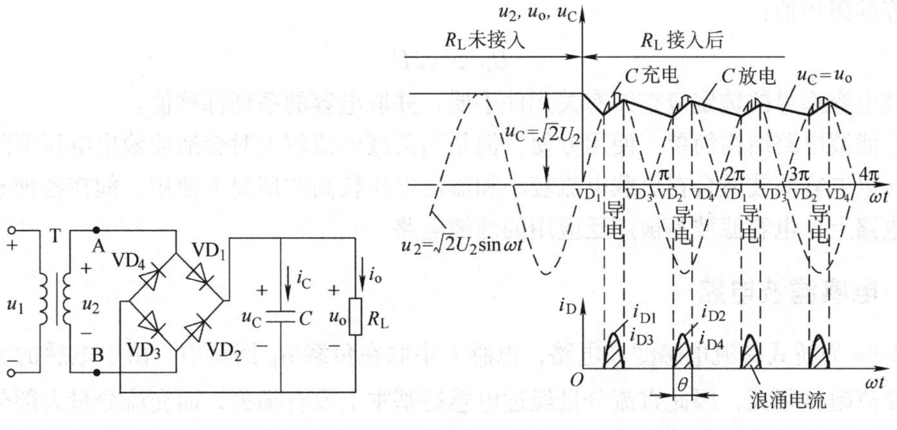

a) 电路　　b) 电压、电流波形

图 5-8　桥式整流电容滤波电路及电路中电压、电流的波形图

载 R_L 放电。放电时间常数 $\tau_{放}=R_LC$，放电时间常数越大，放电就越慢，u_o（即 u_C）的波形就越平滑。在 u_2 的负半周，二极管 VD_2、VD_4 正偏导通，u_2 通过 VD_2、VD_4 向电容 C 充电，使电容 C 上电压很快充到 u_2 的峰值。过了该时刻以后，u_2 按正弦规律下降到低于电容两端的电压时，VD_2、VD_4 因正极电位低于负极电位而截止，电容又通过负载 R_L 放电，如此周而复始。负载上得到的是脉动成分大大减小的直流电压。

2. 输出直流电压和负载电流的估算

一般按经验公式来估算输出直流电压为

$$U_o \approx 1.2U_2 \tag{5-7}$$

负载电流为

$$I_o \approx 1.2U_2/R_L \tag{5-8}$$

在半波整流电容滤波时，输出直流电压为

$$U_o \approx U_2 \tag{5-9}$$

需要注意的是，在上述输出电压的估算中，都没有考虑二极管的导通压降和变压器二次绕组的直流电阻。在设计直流电源时，当输出电压较低时（10V 以下），应该把上述因素考虑进去，否则实际测量结果与理论设计差别较大。实践经验表明，在输出电压较低时，按照上述公式的计算结果再减去 2V（二极管的压降和变压器二次绕组的直流压降之和），可以得到与实际测量相符的结果。

电容滤波具有几个特点：输出电压提高、脉动成分减小、二极管导通时间大大减少。

由于二极管在短暂的导通时间内要流过一个很大的冲击电流，才能满足负载电流的需要，所以在选用二极管时，二极管的工作电流应远小于二极管的正向整流电流 I_F，这样才能保证二极管的安全。二极管承受的反向电压 $\sqrt{2}U_2$ 应小于二极管的最大反向耐压值 U_{RM}。

3. 滤波电容的选择

在负载 R_L 一定的条件下，电容 C 越大，滤波效果越好，电容量的值经过实验证明可按下述公式选取：

$$C \geq 2T/R_L \tag{5-10}$$

式中，T 为交流电压周期（s）。

电容的耐压值：

$$U_C > \sqrt{2}U_2 \tag{5-11}$$

滤波电容型号的选定应查阅有关元件手册，并取电容的系列标称值。

电容滤波电路结构简单，使用方便，但是当负载电流较大时会造成输出电压下降，纹波增加。所以电容滤波适合在负载电流较小和输出电压较高的情况下使用，如在各种家用电器的电源电路上，电容滤波是被广泛应用的滤波电路。

5.3.2 电感滤波电路

图 5-9a 为桥式整流电感滤波电路，电感 L 串联在负载 R_L 回路中。由于电感的直流电阻很小，交流阻抗很大，因此直流分量经过电感后基本上没有损失，而交流分量大部分降在电感上，所以减小了输出电压中的脉动成分，负载 R_L 上得到了较为平滑的直流电压。电感滤波的波形如图 5-9b 所示。

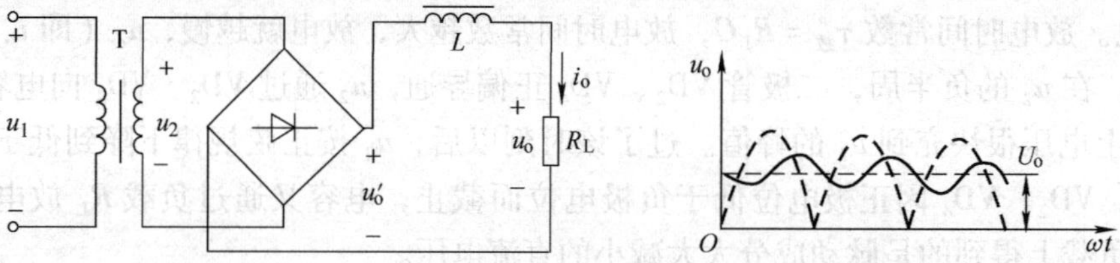

a) 电路　　b) 波形

图 5-9　桥式整流电感滤波电路及其波形

在忽略滤波电感 L 上的直流压降时，输出的直流电压为

$$U_o = 0.9U_2$$

电感滤波的优点是输出波形比较平坦，而且电感 L 越大，负载 R_L 越小，输出电压的脉动就越小，适用于电压低、负载电流较大的场合，如工业电镀等。其缺点是体积大、成本高、有电磁干扰。

5.3.3 Π型滤波电路

为了进一步减小负载电压中的纹波，可采用图 5-10 所示的桥式整流 $LC\Pi$ 型滤波电路，这种滤波电路是在电容滤波的基础上再加一级 LC 滤波电路构成的。

桥式整流后得到的脉动直流电在经过电容 C_1 滤波以后，剩余的交流成分在电感 L 中受到感抗的阻碍而衰减，然后再次被电容 C_2 滤波，使负载得到的电压更加平滑。当负载电流较小时，常用小电阻 R 代替电感 L，以减小电路的体积和重量，收音机和录音机中的电源滤波电路就采用了 Π 型 RC 滤波电路。

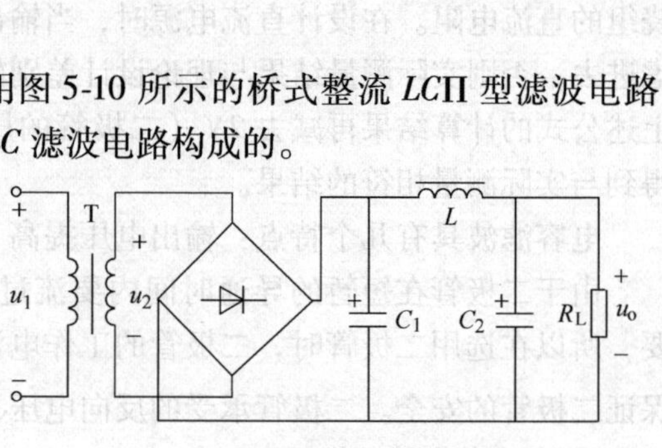

图 5-10　桥式整流 $LC\Pi$ 型滤波电路

例 5-1　图 5-8a 所示电路中，设二极管为理想二极管。已知 $U_2 = 20\text{V}$（有效值），操作者用直流电压表测量负载两端电压值时，出现下列 5 种情况：①28V；②24V；③20V；④18V；⑤9V。试讨论：这 5 种情况中，哪些是正常工作情况？哪些发生了故障？如果有故

障，试分析故障产生的原因。

解：单相桥式整流电容滤波电路输出电压的值为

$$U_o \approx 1.2U_2$$

在电路正常工作时，该电路输出的直流电压 U_o 应为24V。因此，在这5种情况中，第②种情况是正常的工作情况，其他四种情况均为不正常的工作情况。

对于第①种情况：$U_o=28V$，根据单相桥式整流电容滤波电路的特性可知，当 R_L 开路时，$U_o=\sqrt{2}U_2=28V$，所以这种情况是负载 R_L 开路所致。

对于第③种情况：$U_o=20V$，说明电路已经不是桥式整流电容滤波电路了。因为半波整流电容滤波电路的输出电压估算式为 $U_o \approx U_2=20V$，所以可知出现这种情况的原因是四只二极管中至少有一个二极管开路，变成了半波整流电容滤波电路。

对于第④种情况：$U_o=18V$，这个数值满足桥式整流电路的输出电压值 $U_o=0.9U_2=18V$，说明滤波电容没起作用。所以，出现这种情况的原因是滤波电容开路。

对于第⑤种情况 $U_o=9V$，这个数值正好是半波整流电路输出的直流电压，即 $U_o=0.45U_2=9V$。出现这种情况的原因是有1~2个二极管开路，且滤波电容也开路。

5.4 稳压电路

整流滤波电路的输出电压会随着电网电压的波动和负载电阻的改变而变动。为了获得稳定性好的直流电压，需要在整流滤波电路后加上稳压电路，使输出直流电压在上述两种变化条件下保持稳定。

5.4.1 稳压二极管稳压电路

由稳压二极管VS和限流电阻 R 所组成的稳压电路加上前面所讲的整流滤波电路便是一种最简单的线性直流稳压电源，如图5-11所示。稳压二极管和负载 R_L 是并联关系，限流电阻 R 和负载 R_L 是串联关系，其输入电压 U_I 是整流滤波后的电压，输出电压 U_O 就是稳压二极管的稳定电压 U_Z。

1. 稳压原理

对任何稳压电路都应从两个方面考察其稳压特性：一是设电网电压波动，研究其输出电压是否稳定；二是设负载变化，研究其输出电压是否稳定。

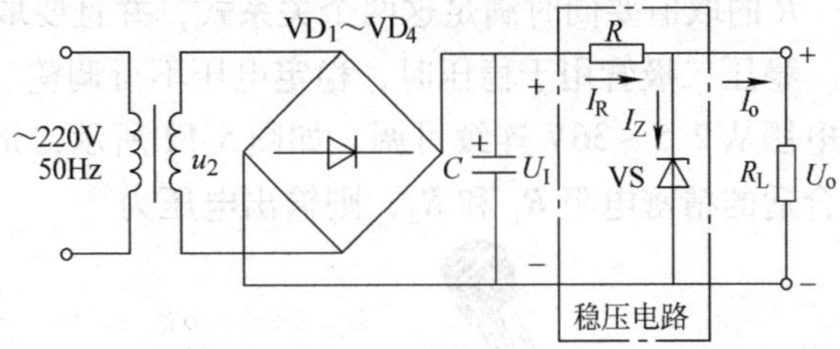

图5-11 稳压二极管稳压电路构成的线性直流稳压电源

(1) 负载不变，电网电压波动 当电网电压升高时，稳压电路的输入电压 U_I 随之升高，必将引起输出电压 U_O (U_Z) 升高，根据稳压二极管的伏安特性，U_Z 的增大就会使流过稳压二极管的电流急剧增加，这将导致限流电阻 R 上的压降增加，从而使负载两端的输出电压下降。可见稳压二极管是利用其电流的剧烈变化通过限流电阻转化为压降的变化来吸收输入电压 U_I 的变化，从而维持了输出电压 U_O 的稳定。上述过程可简单描述如下，即

$$\text{电网电压}\uparrow\rightarrow U_I\uparrow\rightarrow U_O(U_Z)\uparrow\rightarrow I_Z\uparrow\rightarrow I_R(I_R=I_Z+I_O)\uparrow\rightarrow U_R\uparrow$$
$$U_O(U_O=U_I-U_R)\downarrow\leftarrow$$

当电网电压下降时，各电量的变化与上述过程相反。

（2）输入电压不变，负载变化　若负载电阻 R_L 减小，会造成输出电流 I_O 和 I_R 的增大，引起输出电压 U_O 的减小。此时将导致稳压二极管中电流 I_Z 的急剧减小，限流电阻 R 上的压降也将减小，从而使输出电压 U_O 提高，维持了输出电压 U_O 的稳定。上述过程可简单描述如下即

$$R_L\downarrow\rightarrow U_O(U_Z)\downarrow\rightarrow I_Z\downarrow\rightarrow I_R\downarrow\rightarrow U_R\downarrow$$
$$U_O\uparrow\leftarrow$$

以上讨论表明，限流电阻的作用不仅是保护稳压二极管，而且还起着调整电压的作用。正是稳压二极管和限流电阻的相互配合，才完成了稳压的过程。

2. 稳压二极管和限流电阻的选择

（1）稳压二极管的选择　选择稳压二极管主要从电路的输出电压值和负载电流的大小两方面进行考虑：稳压二极管的稳定电压 U_Z 等于电路的输出电压 U_O；稳压二极管的稳定电流 I_Z 应大于电路负载电流 I_O 的 5 倍左右。满足这两个条件，再根据电路要求的稳压精度，来选择稳压二极管。

（2）限流电阻的选择　限流电阻 R 在电路中起到保护稳压二极管和调整电压的作用，要从两方面来考虑：一是它的阻值；二是它的额定功率。

R 的阻值可按下述公式选取：

$$R > \frac{U_{Imax} - U_Z}{I_{Zmax} + I_{Lmin}} \tag{5-12}$$

$$R < \frac{U_{Imin} - U_Z}{I_{Zmin} + I_{Lmax}} \tag{5-13}$$

式中，U_{Imax} 是输入电压的最大值；U_{Imin} 是输入电压的最小值；I_{Zmax} 是稳压二极管的最大电流值；I_{Zmin} 是稳压二极管的最小电流值；I_{Lmax} 是负载的最大电流值；I_{Lmin} 是负载的最小电流值；U_Z 是稳压二极管的稳压值。一般 I_{Zmin} 取 5mA。

R 的取值要同时满足这两个关系式，并且要取电阻的系列值。

稳压二极管用于稳压时，稳定电压不可调整。现在已经有并联型稳压器件 TL431，其稳定电压从 2.5～36V 连续可调。如图 5-12 所示，是 TL431 的外形、符号和应用电路。只要选择合适的精密电阻 R_1 和 R_2，则输出电压为

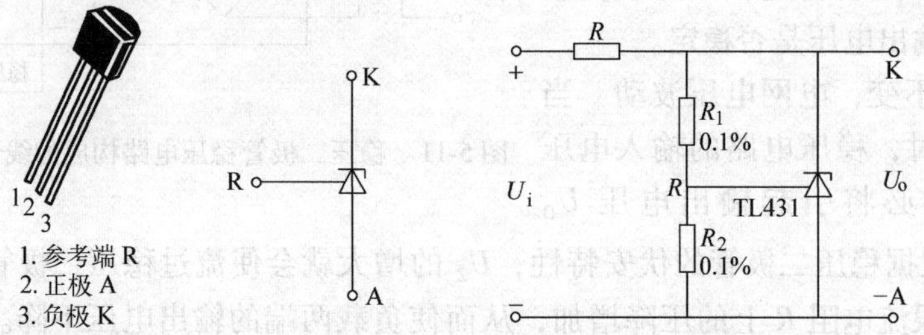

a) 外形　　b) 符号　　c) 应用电路

图 5-12　TL431 外形、符号及应用电路

$$U_O = (1 + R_1/R_2)U_{Zmin} \tag{5-14}$$

式中，U_{Zmin}是 TL431 的最小稳压值，为 2.5V。

TL431 除了用作并联型稳压器件外，还多用作电源电路的基准电压，因其稳压精度可达微伏级，且在 -55 ~ +125℃环境下，均能可靠工作。

5.4.2 集成线性稳压电路

集成线性稳压电路把电路中所有的元器件都集中制作在一小块硅片上，这不但缩小了体积和重量，而且大大提高了电路工作的可靠性，减少了组装和调整的工作量，在实际工程中得到了广泛应用。集成线性稳压电路的种类很多，以三端式集成线性稳压电路的应用最为普遍。这是由于三端式稳压器只有三个引出端子，具有应用时外接元器件少、体积小、重量轻、使用灵活方便、性能稳定和价格低廉等优点。

1. 三端固定输出式集成线性稳压电路

（1）三端固定输出式集成线性稳压电路系列　常用的三端固定输出式集成线性稳压电路有输出为正电压的 W78××系列和输出为负电压的 W79××系列。图 5-13a 为 W78××系列的外形及引脚排列。W78××系列三端稳压电路的输出电压有 5V、6V、9V、12V、15V、18V 和 24V 共七个档次。型号（记为 W78××）的后两位数字表示其输出电压的稳压值。例如，型号为 W7812 的集成稳压电路，其输出电压为 12V。W79××系列的集成稳压电路其输出电压的档次值与 W78××系列相同，但其引脚编号与 W78××系列不同，如图 5-13b 所示。

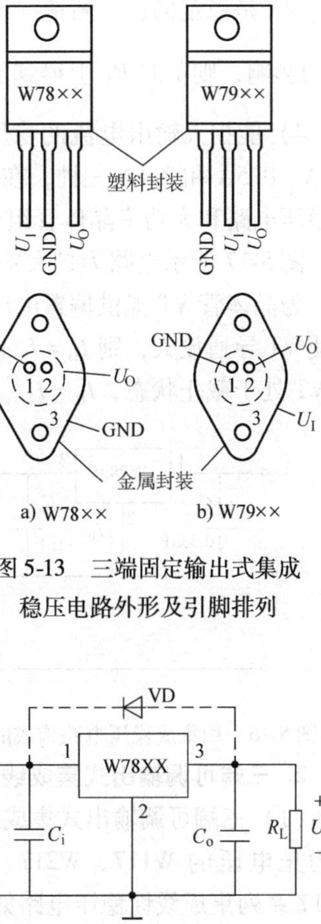

图 5-13　三端固定输出式集成稳压电路外形及引脚排列

集成稳压电路额定输出电流以 78（或 79）后面所加字母来区分：L 表示 0.1A，M 表示 0.5A，无字母表示 1.5A。例如 W7805 表示输出电压为 5V，额定输出电流为 1.5A。

（2）三端固定输出式集成线性稳压电路的应用电路

1）基本电路。图 5-14 为三端固定输出式集成稳压电路使用时的基本应用电路。外接电容 C_i 用以抵消因输入端线路较长而产生的电感效应，可防止电路发生自激振荡，其容量较小，一般小于 1μF。外接电容 C_o 可消除因负载电流跃变而引起输出电压的较大波动，可取小于 1μF 的电容。如果输入端断开，C_o 将从稳压电路输出端向稳压电路放电，易使稳压电路损坏。因此，可在稳压电路的输入与输出端之间跨接一个二极管，如图中虚线所画，起保护作用。图中 U_I 为整流滤波后的直流电压，U_O 为稳压后的输出电压。

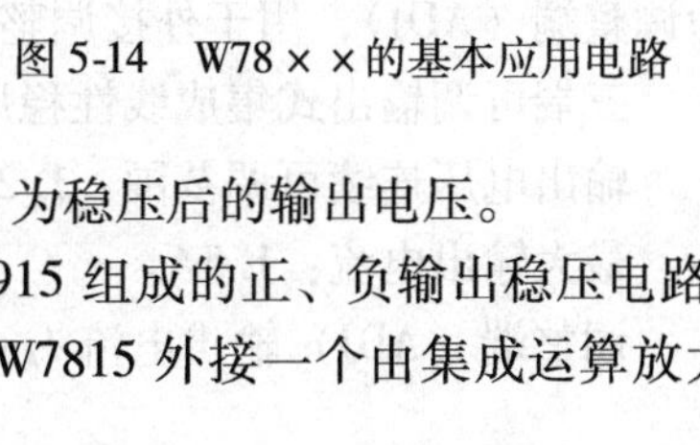

图 5-14　W78××的基本应用电路

2）正、负输出稳压电路。图 5-15a 为用 W7815 和 W7915 组成的正、负输出稳压电路，可同时向负载提供 15V 和 -15V 的直流电压。图 5-15b 为 W7815 外接一个由集成运算放大器组成的反相器，可将单极性电压变为双极性输出电压（图中未画 C_i 和 C_o）。

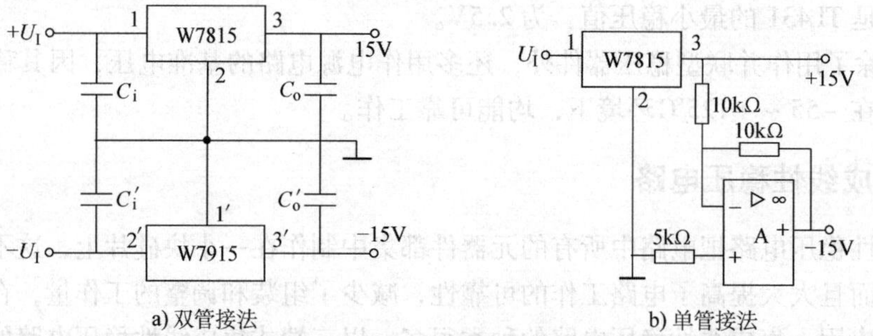

图 5-15　正、负输出稳压电路

3）恒流源电路。在实际中，有时需要电源提供稳定的电流，这可以用恒流源电路来实现，如图 5-16 所示。在电路中，由于 W7805 输出的稳定电压 $U_{32}=5\text{V}$，则流过 R 的电流 $I_R=U_{23}/R$ 是稳定的；一般情况下，集成稳压电路的公共端静态电流 I_W（6mA）较小，若忽略 I_W 的影响，则负载 R_L 上得到的电流 $I_o=\dfrac{U_{32}}{R}+I_W\approx\dfrac{U_{32}}{R}$ 也是恒定的。

4）能扩大输出电流的稳压电路。三端集成稳压电路的输出电流按照型号的不同，有 1.5A、0.5A 和 0.1A 三种，在有些场合，这么小的电流是不能满足负载要求的。用三端集成稳压电路和大功率晶体管组合起来，可以得到稳压性能良好的大电流输出。

图 5-17 所示电路为扩大输出电流的稳压电路。外接的晶体管 VT 为功率管，R 的值很小，为晶体管 VT 提供偏置电压。当负载电流 I_O 增大超过额定值时，I_R 亦增大，R 上的电压能使 VT 导通放大，则 $I_O=I_2+I_C$。当负载电流 I_O 不超过额定值时，R 上的电压较小，功率管 VT 处于截止状态，$I_O=I_2$。

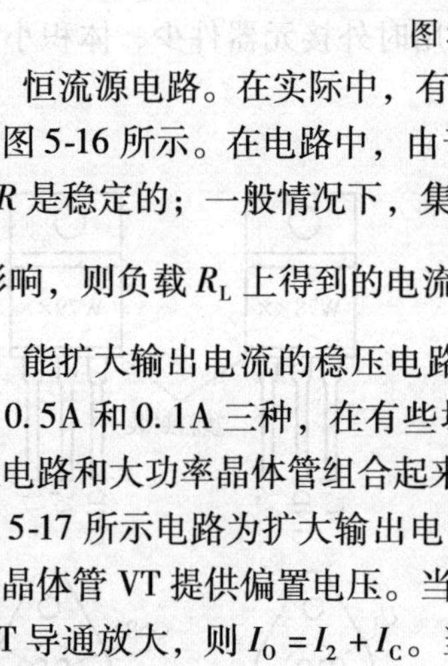

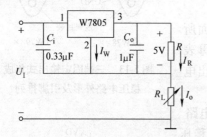

图 5-16　用集成稳压电路构成的恒流源电路

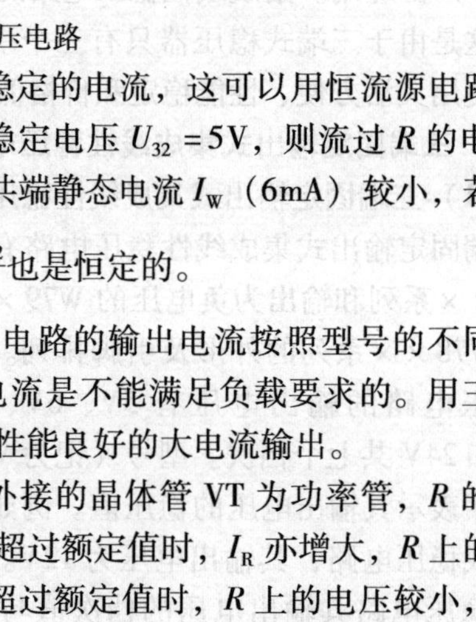

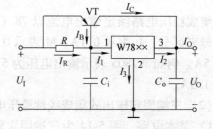

图 5-17　扩大输出电流的稳压电路

2. 三端可调输出式集成线性稳压电路

（1）三端可调输出式集成线性稳压电路系列　三端可调输出式集成线性稳压电路有输出为正电压的 W117、W217、W317 系列和输出为负电压的 W137、W237、W337 系列。W117 系列集成线性稳压电路如图 5-18 所示。图中 1 脚和 3 脚分别为输入端和输出端；2 脚为调整端（ADJ），用于外接调整电路以实现输出电压可调。

三端可调输出式集成线性稳压电路的主要参数有：

输出电压连续可调范围：1.25～37V。

最大输出电流：1.5A。

调整端（ADJ）输出电流 I_A：50μA。

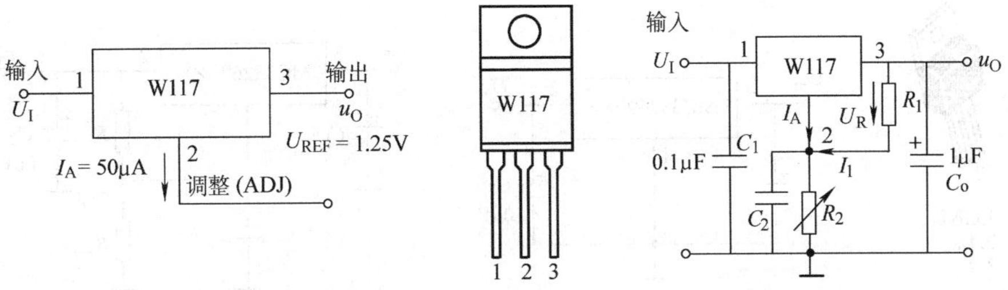

a) 符号　　b) 外形　　c) 基本应用电路

图 5-18　W117 系列集成线性稳压电路

输出端与调整端之间的基准电压 U_{REF}：1. 25V。

（2）三端可调输出式集成线性稳压电路的基本应用电路　如图 5-18c 所示，图中 C_1 和 C_o 的作用与在三端固定式稳压电路中的作用相同。外接电阻 R_1 和 R_2 构成电压调整电路，电容 C_2 用于减小输出纹波电压。为保证集成稳压电路空载时也能正常工作，要求 R_1 上的电流不小于 5mA，故取 $R_1 = U_{REF}/5mA = 1.25V/5mA = 0.25k\Omega$，实际应用中 R_1 取标称值 240Ω。忽略调整端（ADJ）的输出电流 I_A，则 R_1 与 R_2 是串联关系，因此改变 R_2 的大小即可调整输出电压 U_O。该电路的输出电压为

$$U_O = \frac{U_{REF}}{R_1}(R_1 + R_2) + I_A R_2$$

由于 $I_A = 50\mu A$，可以略去，又 $U_{REF} = 1.25V$，所以有

$$U_O \approx 1.25 \times \left(1 + \frac{R_2}{R_1}\right)$$

3. 低压差三端集成线性稳压电路

78 和 79 系列三端集成稳压电路的内部电路是串联调整型稳压电路，利用晶体管集电极和发射极之间的电压 U_{CE} 来调整输出电压，这样在三端集成稳压电路的输入和输出之间就有大约 3V 的电压降。这个电压不但造成了能量的损耗，还使得在低输入电压条件下的稳压输出变得困难，甚至不可能。

MC33269 系列三端集成线性稳压电路是低压差、中电流、正电压输出的集成线性稳压电路，有固定电压输出（3. 3V、5. 0V、12V）及可调电压输出四种不同型号，最大输出电流可达 800mA。在输出电流为 500mA 时，MC33269 三端集成线性稳压电路的压差为 1V，它的内部有过热保护和输出短路保护。

MC33269 系列三端集成线性稳压电路典型的固定输出电路如图 5-19b 所示。为保证工作的稳定性，输出电容应不小于 10μF（串联等效电阻要求小于 10Ω），最好采用钽电容。

典型的可调输出电压电路如图 5-19c 所示。输出电压为

$$U_O \approx (1 + R_2/R_1) \times U_{\times\times}$$

式中，$U_{\times\times}$ 为输出端与公共端之间的电压。实际使用时，MC33269 的最小负载电流应大于 8mA。利用 MC33269 再外加一些元器件可以组成数控可编程输出的稳压器。

近年来，半导体器件生产厂家又推出了输入和输出端压差仅为 500mV 和 100mV 的更低压差三端稳压器，使在航空航天领域和其他尖端领域使用高精度的稳压电源成为可能。低压差的三端集成稳压电路极大地降低了稳压电路本身的功耗，使各种高档计算机的 CPU 用上

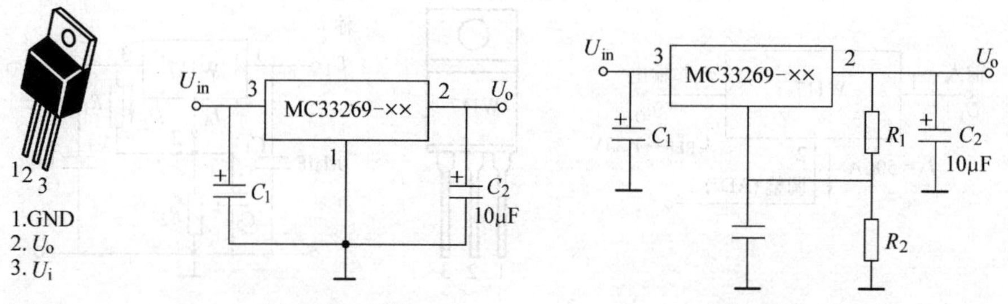

a) 外形　b) 固定输出电路　c) 可调输出电压电路

图 5-19　低压差三端集成线性稳压电路 MC33269

了压差更低的稳压源，CPU 的发热量大大减小，从而使计算机的速度大为提高。

4. 大电流三端集成线性稳压电路

有些场合，集成线性稳压电路的电流不能满足负载要求。目前，已经出现了将大功率晶体管和集成运算放大器工艺结合在一起的大电流三端可调式稳压电路。如 LM396 的最大输出电流可达 10A，输出电压从 1.25～15V 连续可调。该系列产品输出电流较大，具有过热保护、短路限流等功能。LM396 的应用电路如图 5-20 所示。

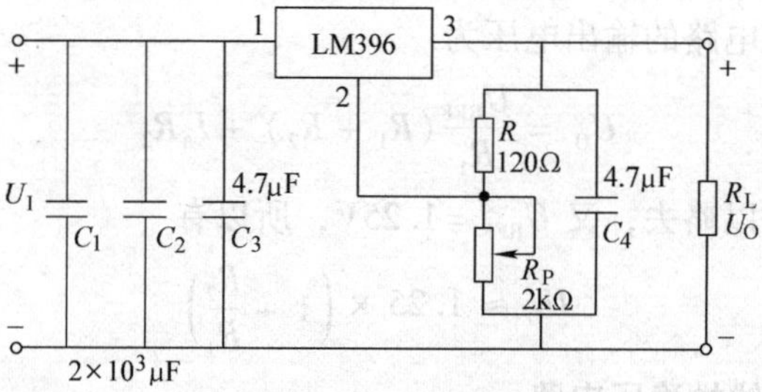

图 5-20　LM396 的应用电路

5.4.3　集成开关稳压电路

线性稳压电路具有结构简单、调节方便、输出电压稳定性强、纹波电压小等优点。但是，线性稳压电路也具有功耗大、效率低（只有 40%～50%）、体积大、铜铁消耗量大、工作温度高及调整范围小等缺点。为了提高效率，人们研制出了开关稳压电路，它的效率可达 85% 以上，稳压范围宽，除此之外，还具有稳压精度高、不使用电源变压器等特点，是一种较理想的稳压电路。正因为如此，开关稳压电路已广泛应用于各种电子设备中。

1. 集成开关稳压电路类型

集成开关稳压电路的品种繁多，应用也十分广泛。集成开关稳压电路芯片已从最初的多引脚式发展到单片的 8 引脚式、5 引脚式、4 引脚式、3 引脚式等。例如：UC3842B/3B/4B/5B、AMC3842B/43B/44B/45B、AIC3842、KA3842/43/44/45、IP3842/43、IP1842/43、IP2842、CS3842/43、SPW3842、SG3842/43、TL3842 等就是一种用途十分广泛的 8 引脚式集成开关稳压电路；STR-M6529 是一种 7 引脚式集成开关稳压电路；STR-D6802、S13033C 是 5 引脚式集成开关稳压电路；KA5H0380R/KA5M0380R/KA5L0380R 是 4 引脚式集成开关稳压电路；TOP 系列离线式集成电路是一种 3 引脚式集成开关稳压电路，这类集成电路的型号较多，如 TOP221～227Y、TOP201～TOP204 等，是目前性能优良的单片式集成开关稳压电路。

2. 集成开关稳压电路原理

图 5-21 是一种串联开关稳压电路。图中 VT 为开关调整管，工作于开关状态，它与负载 R_L 串联；VD 为续流二极管；L 和 C 构成滤波器；R_1 和 R_2 组成取样电路；A 为误差放大器，C 为电压比较器，它们与基准电压源、三角波发生器组成开关调整管的控制电路。

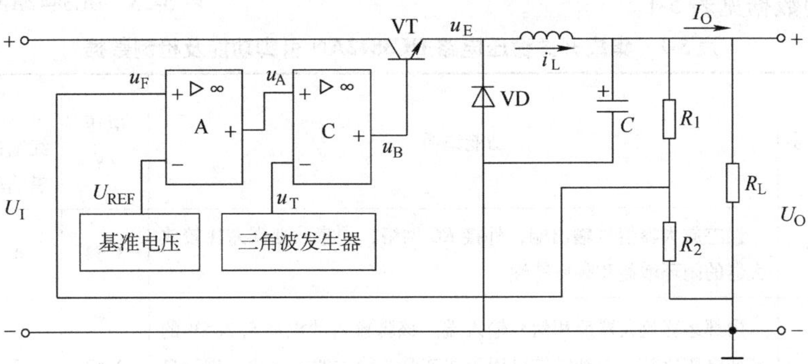

图 5-21　串联开关稳压电路

误差放大器对来自输出端的取样电压 u_F 与基准电压 U_{REF} 的差值进行放大，其输出电压 u_A 送到电压比较器 C 的同相输入端。三角波发生器产生一个频率固定的三角波电压 u_T，它决定了稳压电路的开关频率。u_T 送至电压比较器 C 的反相输入端与 u_A 进行比较，当 $u_A > u_T$ 时，电压比较器 C 输出电压 u_B 为高电平；当 $u_A < u_T$ 时，电压比较器 C 输出电压 u_B 为低电平，u_B 控制开关调整管 VT 的导通和截止。实际上，输出电压 U_O 通过取样电阻反馈给控制电路来改变开关调整管的导通与截止时间，以保证输出电压的稳定。图 5-22 是开关稳压电路电压及电流波形图。

由于开关管采用饱和管压降很小的晶体管，故饱和导通时，管耗很小，而截止时无损耗，所以其转换效率较高，一般高于 70%，但其输出纹波电压比线性电源大一些。

随着科学技术的发展，线性稳压电路也有了很大的发展，开发出了低压差、微功耗的稳压器，其输入电压与输出电压之差小到 0.2V 时也能正常工作，静态工作电流小于 100μA，在关闭状态时电流仅约 1μA。

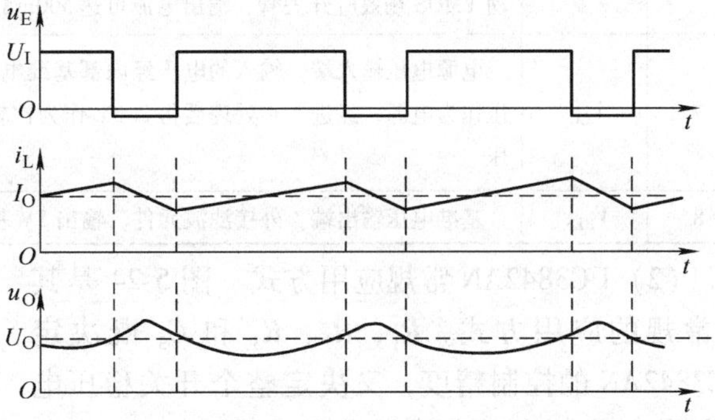

图 5-22　开关稳压电路电压及电流波形图

选择线性稳压电路还是开关稳压电路，应从生产成本及稳压电路转换效率这两方面来考虑，一般来说：

1）电源输出功率大于 2.5W 的用开关稳压电路方式较为有利。

2）对于电源输出功率小于 2.5W 的用线性稳压电路更合适。

3. 集成开关稳压电路 UC3842AN 及其实际电路分析

（1）UC3842AN 引脚排列　UC3842AN 是一种用量较大、比较典型的 PWM（脉冲宽度调制）控制集成稳压电路，内含脉冲信号发生器、稳压电路、脉宽调整电路、电压和电流检测电路等。UC3842AN 有 SOP-8 和 DIP-8 两种封装形式，UC3842AN 的引脚图如图 5-23 所示，各引脚功能及检测数据见表 5-1。

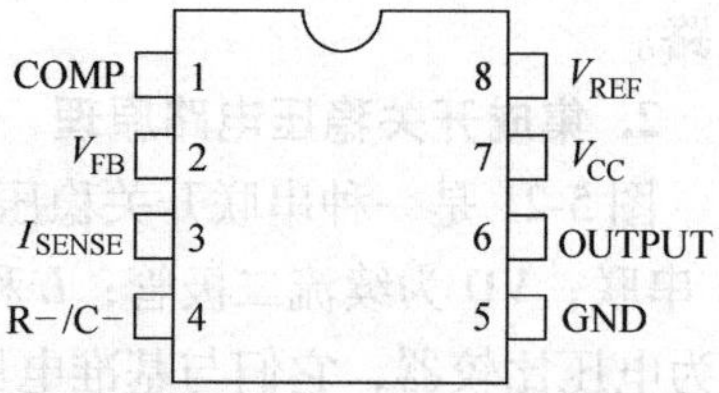

图 5-23　UC3842AN 的引脚图

表 5-1　集成开关稳压电路 UC3842AN 引脚功能及检测数据

引脚号	字母代号	功能说明	电压/V	电路电阻/kΩ	
				红笔接地黑笔测量	黑笔接地红笔测量
1	COMP	误差放大器信号输出端，外接 *RC* 网络，用来改变误差比较放大器的闭环增益和频率特性	3.53	4.7	8.5
2	V_{FB}	内部运算放大器反相信号输入端。该脚输入的电压与 2.5V 的基准电压比较，得到的结果用于调节开关脉冲的占空比，进行自动稳压	2.47	5.3	18.5
3	I_{SENSE}	过电流检测信号输入端，用于检测开关管峰值电流，当该引脚电压超过 1V 时，会自动关闭输出脉冲，保护开关管不会过电流损坏	0.44	1.7	1.7
4	R_T/C_T	振荡频率设定端，外接 *RC* 网络，用于产生方波信号，振荡频率 $f=1.8/RC$（Hz），由 *RC* 值设定	2.41	4.5	7.5
5	GND	接地线	0	0	0
6	OUTPUT	激励脉冲信号输出端，输出的矩形波加到开关管上。适用于驱动 VMOS 场效应开关管，输出电流可达 500mA	1.2	4.5	13
7	V_{CC}	电源电压输入端，输入的电压经内部基准电压处得到的 5V 电压作为电源，经进一步处理后得 2.5V 作为比较放大器的基准电压	1.4	3.5	31
8	V_{REF}	基准电压输出端，外接滤波元件，输出 5V 基准电压	5	3.5	5

（2）UC3842AN 常规应用方式　图 5-24 是其最常规的应用方式。R_1、R_2、R_3 和 C_3 既决定 UC3842AN 的控制精度，又决定整个开关稳压电路性能。稳压电路稳定工作后，UC3842AN 的 7 脚电源由和负载绕组绕在同一变压器上的绕组提供（两绕组的绕向相同），7 脚电源又通过电阻 R_1、R_2 分压加到 UC3842AN 的 2 脚。当 7 脚的电压发生变化时，2 脚的电压也将按比例地变化。这一变化的电压，经集成电路内部误差放大器控制锁存脉冲调制器调整输出方波的占空比，稳定输出电压。

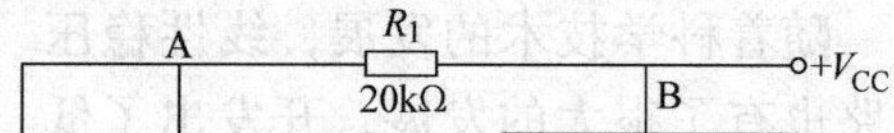

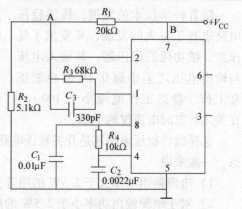

图 5-24　UC3842AN 常规的应用方式

UC3842AN 的常规应用方式虽然电路简单、成本低、反馈速率高，但其致命的缺点是精度不够。

假如因电网电压波动或负载变化导致 B 点（见图 5-24）有 $\Delta U_B=1V$ 的电压变化量，那么 A 点由电阻分压按比例产生的电压变化量只有：

$$\Delta U_A = 5.1/(5.1+20)\times\Delta U_B = 0.203V$$

如果 ΔU_B 的值小到使反馈至 UC3842AN 的 2 脚内电路的 ΔU_A 小于 UC3842AN 能检测到的电压变化精度时，就不能调整 6 脚输出方波的占空比，由此就会使整个稳压电路的特性变差。

由于存在上述问题，在对开关稳压电路输出要求比较严格的场合，都采用了各种提高 UC3842AN 控制精度的方法，比较流行的一种方法是外围电路采用精密电压源加光耦合器的连接方式。

精密电压源加光耦合器接法用得最多的是 TL431（或同类产品）加 PC817（4N25 或其他同类产品）。这种方法由于使用了精密电压源作为控制参考电压，它的优点是控制精度高，但缺点是反馈速率不高，电路复杂，不便于调试，产品成本高。

（3）由 UC3842AN 构成的开关电源电路　由 UC3842AN 构成的开关电源电路如图 5-25 所示。

1）电源输入及抗干扰电路。电源输入及抗干扰电路由 L_1、R_1、C_1、C_2、L_2 等组成。这是两级串联型共模滤波器，用来对非对称性和对称性干扰信号进行抑制。共模滤波器具有双重滤波作用，既可滤除由交流电网带入的各种对称性或非对称性干扰，又可防止开关电源本身产生的高次谐波进入市电网而对其他电气设备造成干扰。C_1、C_2 用于旁路差模干扰，L_1、L_2 用于衰减共模干扰。

2）AC/DC 电压变换电路。AC/DC 电压变换电路主要由全桥 VDF1（KBPG60）、C_6 等组成。220V 交流电压经 VDF1 桥式整流，C_6 电容器滤波，输出约 300V（空载状态，该电压会随市电变化）的直流电压，提供给开关稳压电路。

3）开关稳压电路。开关稳压电路由脉宽调整集成运算放大器 IC_1、开关管 VF、脉冲变压器 T_1、IC_3、IC_2 等元器件组成。其作用是将约 300V 的直流电压变换为高频脉冲电压，并进行稳压处理。然后再由脉冲变压器 T_1 二次侧提供给后级电路。

①　振荡电路启动过程。上述整流、滤波电路产生的约 300V 直流不稳定电压分为两路：一路经开关变压器 T_1 一次绕组的 6~4 脚加到场效应晶体管 VF 的漏极；另一路经启动电阻 R_3 加到 IC_1 的 7 脚，为 IC_1 提供启动电压。不过，由于电容 C_{12} 的存在（该电容器上的电压不会突变），因此 R_3 引来的电压先对 C_{12} 进行充电。其充电时间常数为

$$\tau = R_3\times C_{12}$$

该充电时间就是加到 7 脚上的电压的延迟时间，从而实现了电源的“软启动”。进入 IC_1 7 脚内的启动电压，经内部 5V 基准电压稳压电路稳压至 5V 后从 8 脚输出，通过 R_{10} 对电容 C_{10} 进行充电，由此在 UC3842AN 的 4 脚上产生的锯齿波进入 IC_1 内部后使脉冲发生器工作，产生的振荡信号经脉宽调制、输出放大后从 6 脚输出。该方波信号经 R_7 电阻加至 VF 栅极，为其提供栅极电流，使 VF 导通，从而完成启动过程。

②　开关电源储能过程。当 VF 启动并导通以后，整流滤波电路输出的约 300V 直流不稳定电压经 T_1 一次绕组 6~4 脚→VF_1 漏、源极之间→电阻 R_6→地线。这一电流回路就会在

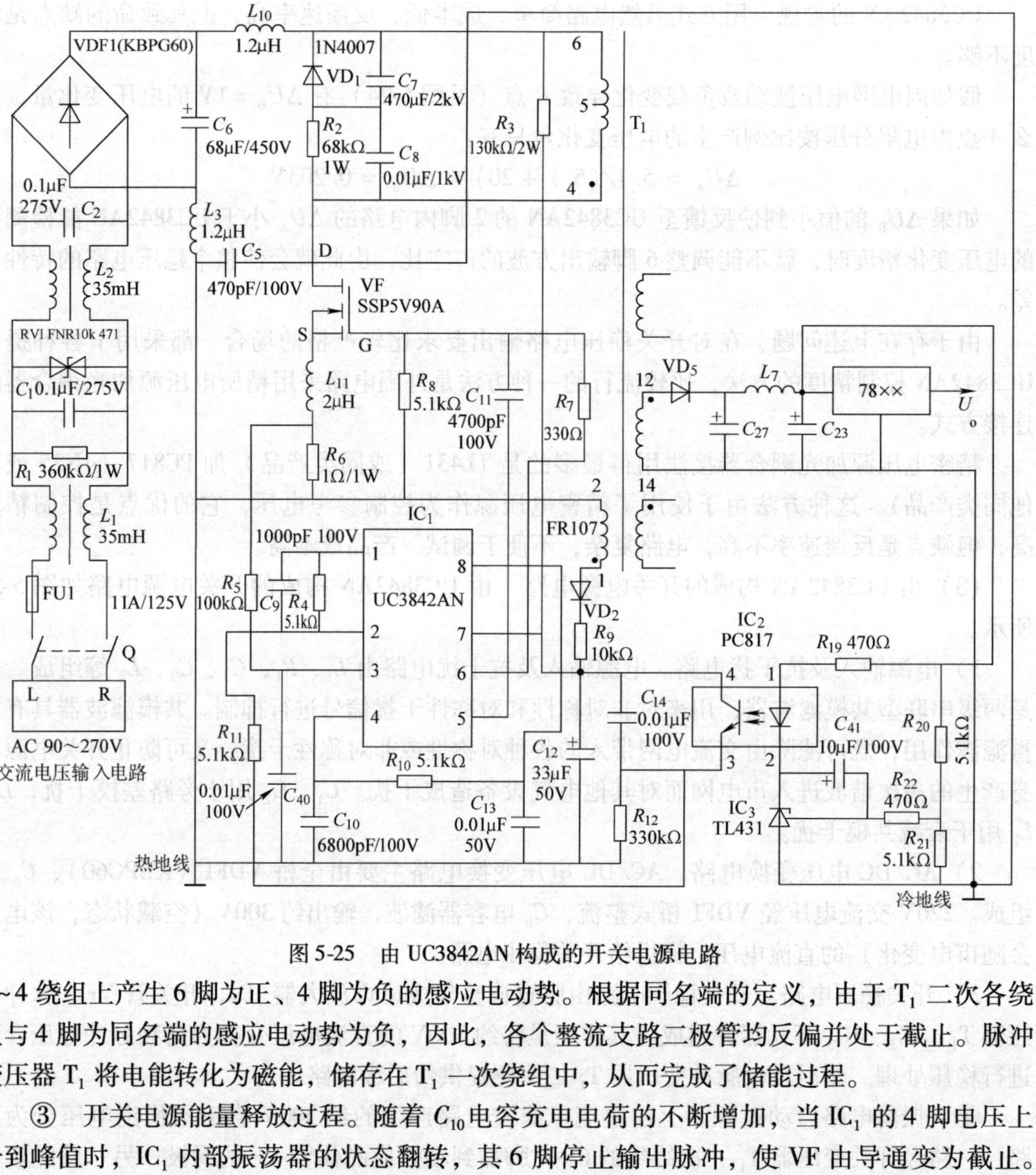

图 5-25　由 UC3842AN 构成的开关电源电路

6～4 绕组上产生 6 脚为正、4 脚为负的感应电动势。根据同名端的定义，由于 T_1 二次各绕组与 4 脚为同名端的感应电动势为负，因此，各个整流支路二极管均反偏并处于截止。脉冲变压器 T_1 将电能转化为磁能，储存在 T_1 一次绕组中，从而完成了储能过程。

③ 开关电源能量释放过程。随着 C_{10} 电容充电电荷的不断增加，当 IC_1 的 4 脚电压上升到峰值时，IC_1 内部振荡器的状态翻转，其 6 脚停止输出脉冲，使 VF 由导通变为截止。这样，6～4 绕组上的感应电动势的极性变化为上负下正，T_1 二次各绕组感应电势极性变为同名端为正，各个整流二极管进入工作状态，将 T_1 储存释放的能量进行整流、滤波，得到的直流电压提供给后级电路做进一步的处理。其中 1～2 绕组感应的电压，经 VD_2 整流→R_9 限流→C_{12} 滤波后产生的约 14V 直流电压提供给 IC_1 的 7 脚，取代由 R_3 引来的启动电压。

在脉冲调制集成运算放大器 IC_1 的控制下，上述过程将周而复始地进行下去。

④ 开关电源稳压过程。开关电源稳压控制电路主要由 IC_2、IC_3、IC_1 内部的有关电路等组成。R_{20}～R_{22}、IC_3 组成误差取样放大电路。IC_2 既起隔离作用，又是稳压控制器件。

当开关振荡电路工作后，开关变压器 T_1 的 12～14 绕组输出的高频脉冲电压，经 VD_5 整流及 C_{27}、L_7、C_{23} 组成的“π”型滤波器滤波后产生约 5V 直流电压，分为多路输出。其中的一路作为取样电压提供给取样电路及经 R_{19} 加至光耦合器 IC_2 的 1 脚。

当由于某种原因而使上述的5V电压升高时，经R_{20}、R_{21}电阻分压并通过R_{22}加到IC_3参考端上的电压也将升高，使IC_3导通程度变大，则IC_2的2脚电位下降，IC_2内部发光二极管的发光强度增大，光敏晶体管的导通程度加深，故IC_2的3脚输出的电流将增大。这一电流流经R_{12}后在其两端形成的压降通过R_{11}加到IC_1 2脚内的放大器反相信号输入端。该放大器对输入的信号进行放大处理后控制脉宽调制电路的工作状态，使IC_1 6脚输出的激励脉冲变窄，进而控制VF的导通时间缩短，使开关变压器T_1内储存的能量减少，输出电压下降，达到了稳定输出电压的目的。

若因某种原因使开关电源输出的电压下降时，上述控制过程正好相反，使IC_1 6脚输出的激励脉冲变宽，令输出电压上升，达到了稳定输出电压的目的。

4）保护电路。电源部分设置的保护电路主要有过电流保护、过电压保护、开关管尖峰电压冲击保护和欠电压保护等。

① 过电流保护。过电流保护电路主要由R_5、R_6、IC_1 3脚内的电路组成。R_6为过电流检测电阻，连接在开关管VF的源极与地之间。

当由于某种原因（例如负载过重等）而使流过VF源极的电流增加时，该电流流经R_6产生的压降也将增加。当该电压上升1V左右并经R_5加至IC_1的3脚后就会使IC_1内的过电流保护电路工作，输出的控制信号强迫振荡器停振，其6脚因无脉冲信号输出而使VF截止，从而达到了过电流保护的目的。

② 过电压保护。过电压保护电路设置在IC_1的7脚内，正常工作时该引脚的电压稳定在14V左右。当市电交流电压大幅升高时，整流滤波后的约300V的电压也将上升。这一电压通过T_1进行耦合，在1~2绕组上感应电动势经VD_2、C_{12}整流滤波后的电压也随之上升，并加在7脚内的过电压保护电路。当该电压达到过电压保护电路20V的启控电压时，过电压保护电路将会动作，控制其内部的振荡器停振，6脚便无脉冲信号输出，使VF截止，从而达到了过电压保护的目的。

③ 开关管尖峰电压冲击保护。由于场效应晶体管VF在由饱和进入截止的瞬间，急剧变化的漏极电流会在T_1一次绕组上激发一个4脚为正、6脚为负的反向电动势。这个浪涌尖峰脉冲直接加在VF的漏极，其峰值往往可达交流输入电压的数倍，并且一直作用在VF的漏极，很可能将场效应晶体管漏源极间击穿。R_2、VD_1、C_7、C_8的作用是通过正向导通的VD_1给C_8充电，然后通过R_2将吸收的浪涌尖峰电压转化为焦耳热释放掉，以达到保护VF的目的。

④ 欠电压保护。IC_1 7脚内的电路还具有欠电压保护作用。当该脚的电压因某种原因而下降至10.5V以下时，IC_1也将停止工作，使6脚无脉冲信号输出，从而起到了欠电压保护的作用。

5）二次稳压输出电路。T_1开关变压器二次绕组的多少可根据实际需要设定，输出的电压经整流、滤波后即可使用。

4. 其他常用集成开关稳压电路

（1）TOP系列三端集成开关稳压块　TOP系列三端集成开关稳压块外形及典型应用电路如图5-26所示。其各引脚功能说明见表5-2。

（2）STRM6559LF集成开关稳压块　STRM6559LF集成开关稳压块外形及典型应用电路如图5-27所示。其各引脚功能说明见表5-3所示。

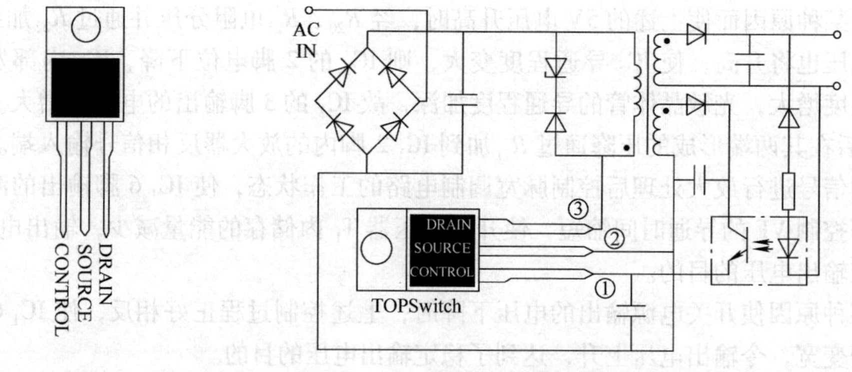

a)外形　　　　b)典型应用电路

图 5-26　TOP 系列三端集成开关稳压块外形及其典型应用电路

表 5-2　TOP 系列三端开关集成稳压块各引脚功能说明

引脚号	字母代号	功能说明
1	CONTROL	通过控制电流来调节脉冲波形的占空比。该脚与 IC 内部并联调整器/误差放大器相连，还能提供正常工作所需的内部偏流；也可作为电源支路和自动重启动/补偿电容的连接点
2	SOURCE	该脚与芯片内的 MOSFET 的源极相连，兼做初级电路的公共地端
3	DRAIN	该脚与芯片内的 MOSFET 的漏极相连，同时也为启动电路、保护电路等提供工作电源

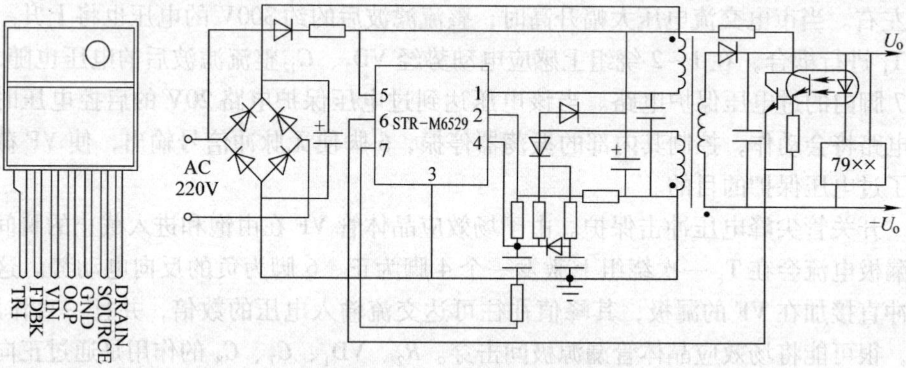

a)外形　　　　b)典型应用电路

图 5-27　STRM6559LF 集成开关稳压块外形及典型应用电路

表 5-3　STRM6559LF 集成开关稳压块各引脚功能说明

引脚号	字母代号	功 能 说 明
1	DRAIN	IC 内 CMOSFET 开关管的漏极端
2	SOURCE	IC 内 CMOSFET 开关管的源极端
3	GND	地线
4	OCP	IC 内 CMOSFET 开关管过电流保护信号输入端
5	VIN	启动电压输入端，下限为 6 ~ 8V，工作电压为 8 ~ 22V
6	FDBK	振荡器振荡脉冲占空比控制信号输入端
7	TRI	电源过电压、开关管过电流双重保护信号输入端

●任务实施

1. 直流电源电路的组成与原理

语音放大器的直流电源如图5-1所示，它由前置电路电源（图中下半部分）和功率放大电路电源（图中上半部分）两部分构成。

（1）功率放大电路电源的原理　语音放大器功率放大电路电源需要一组对称正负电源，一般不需要稳压，整流后采用大电容滤波即可。如图5-1上半部分，交流220V市电经变压器降压，经二极管桥式整流，再经电解电容 C_1、C_4 滤波后输出对称的正、负直流电源。C_2、C_5 是正、负电源对地高频滤波电容，C_3 是正、负电源间高频滤波电容，可消除高频干扰。

（2）前置电路电源的原理　本任务制作前置电路电源，如图5-28所示。交流220V市电经变压器变压（降压）至18V，再经二极管桥式整流、电容 C_6 滤波后送入W7812输入端，由输出端输出稳定的直流电压。C_8 可消除因负载电流跃变而引起输出电压的较大波动。在使用中，若负载为500~5000pF的容性负载，稳压电路的输出端会发生自激振荡现象，电解电容 C_7 正是为此而设，它可进一步改善输出电压的纹波。

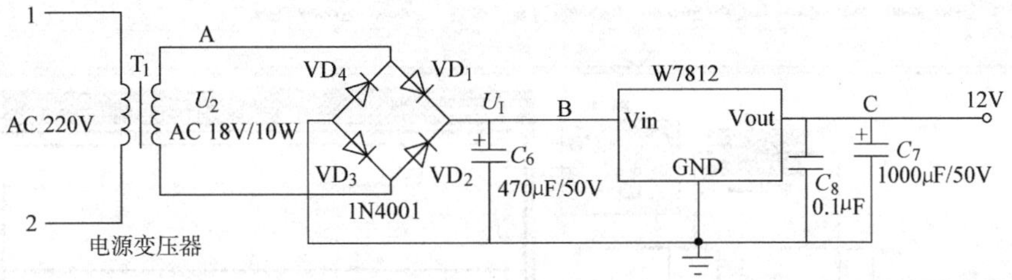

图5-28　直流稳压电源电路

2. 电路仿真

为了提高效率，节省资源，在连接实际电路前，应该用仿真软件对语音放大器电源电路进行仿真测试，如果电路没有问题，再进行连线。对于语音放大器电源电路，分整流、滤波、稳压三步进行测试。

（1）仿真内容

1）整流电路性能测试：用Multisim软件画出电源电路的整流部分，测量单相桥式整流电路输出电压，观察其波形，如图5-29所示，并分析测量结果。测量条件为 $u_2 = 18\sqrt{2}\sin\omega t(\mathrm{V})$。

2）滤波电路性能测试：用Multisim软件接着画出电源电路的滤波部分，测量电容滤波后的电压，观察其波形，并分析测量结果，如图5-30所示。

3）稳压电路性能测试：用Multisim软件再接着画出电源电路的稳压部分，测量经过三端集成稳压电路后的电压。改变负载的大小，再测量输出电压，观察其波形，并分析测量结果，如图5-31所示。

（2）仿真结果　仿真结果填入表5-4中。

（3）仿真结果分析

1）电源电压 U_2 变化时，输出电压是否变化。

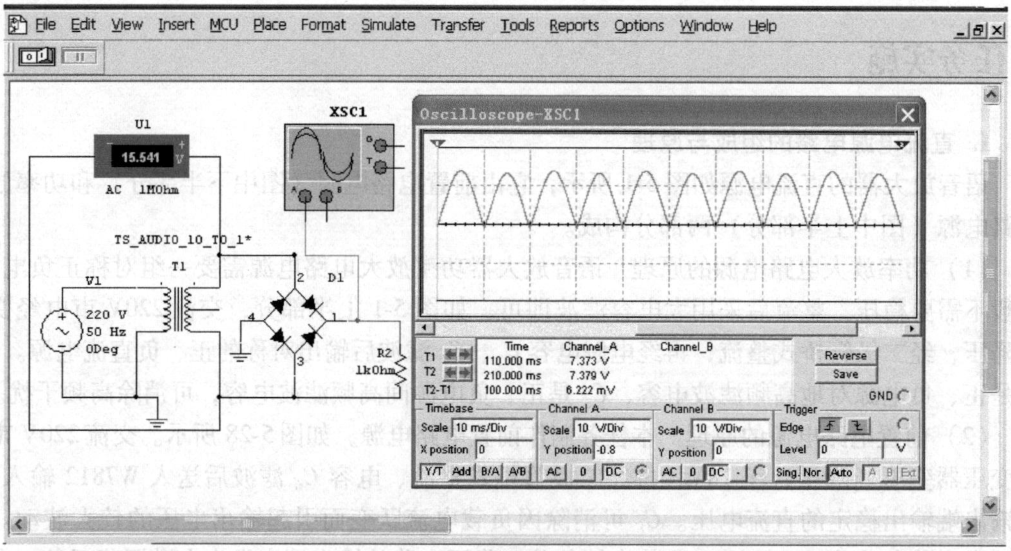

图 5-29　单相桥式整流电路的仿真

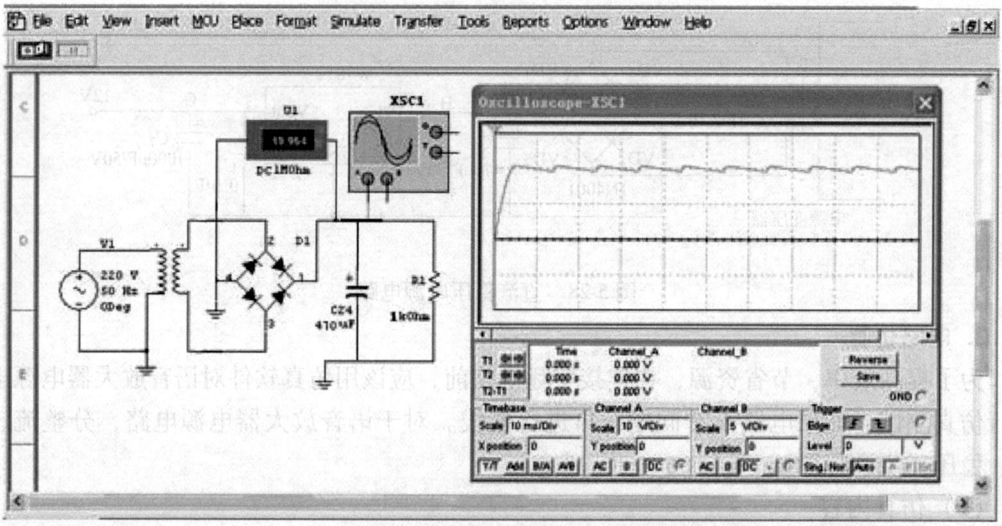

图 5-30　整流、滤波电路的仿真

表 5-4　仿真结果

变压器二次电压有效值 U_2/V	负载电阻 R_L/kΩ	单相桥式整流输出电压/V	电容滤波后的输出电压/V	三端集成稳压电路稳压后的输出电压/V
18	1			
18	2			
20	1			

2）负载变化时，输出电压是否变化。

3. 安装

1）设计电路装配图：根据电路原理图设计电路装配图，注意引出输入、输出线和测试点。参考电路装配图如图 5-32 所示。

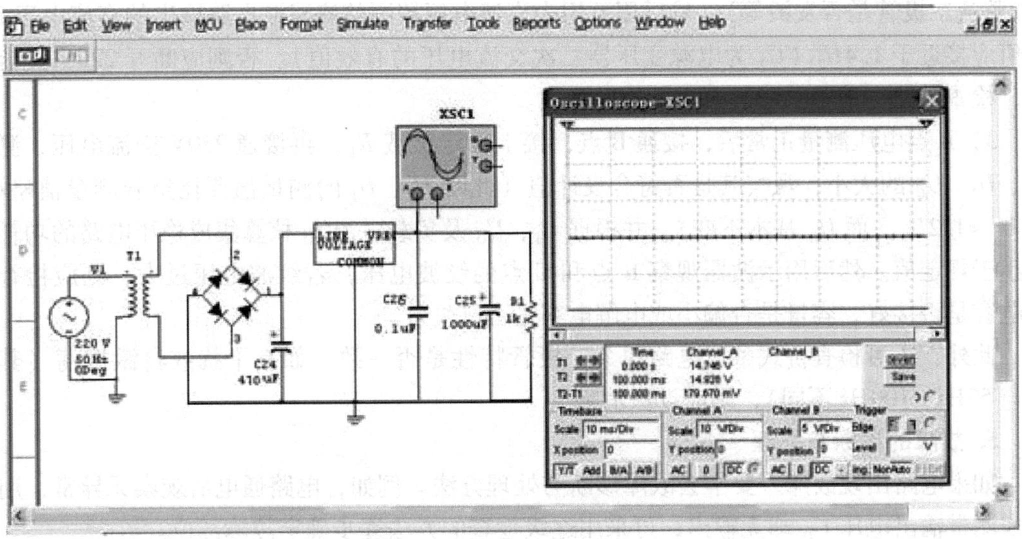

图 5-31　直流稳压电源的仿真

2）安装元器件：将检验合格的元器件按电路装配图安装在电路板上。安装时要注意元器件的极性和集成器件的引脚排列。

4. 调整与测试

（1）不通电检查　在直流稳压电源通电测试之前，必须认真对安装电路进行以下检查：

1）对照电路原理图和电路装配图，认真检查接线是否正确以及焊点有无虚、假焊。

2）电源变压器的一次和二次绕组不能搞错，否则将会造成变压器损坏或电源故障。

3）二极管的引脚（或整流桥堆的引脚）和滤波电容的极性不能接反，否则将会损坏元器件。

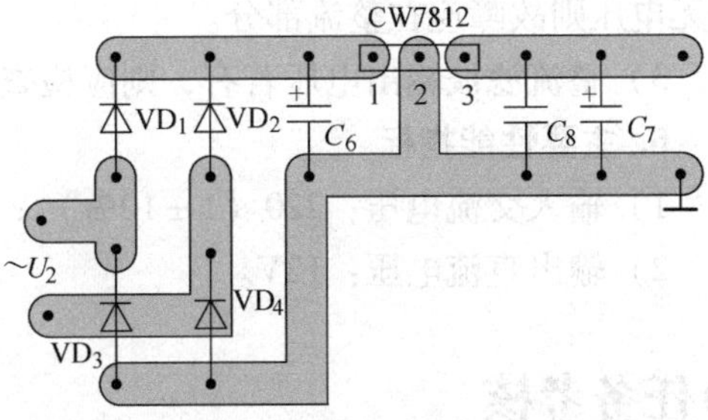

图 5-32　直流稳压电源电路参考电路装配图

4）三端集成稳压电路的输入、输出和公共端一定要识别清楚，不能接错。特别是公共端不能开路，一旦开路，输出电压 U_O 很可能接近 U_I，导致负载损坏。

5）检查负载端不应该有短路现象。

（2）通电测试　电源接通后不要急于测量，首先要观察有无异常现象，包括有无冒烟，是否闻到异常气味，手摸元器件是否发烫，电源是否有短路现象等。如果出现异常，应立即关闭电源，待排除故障后方可重新通电。下面以图 5-28 所示电路为例说明如下：

1）将图 5-28 中的 A 点断开，接通 220V 交流电压，用万用表交流电压档测量变压器二次交流电压值，其值应符合设计值。若偏高或偏低，则可通过改变电源变压器的二次绕组的抽头进行调整。然后检查变压器的温升，若变压器短期通电后温度明显升高，甚至发烫，则说明变压器质量比较差，不能使用。这是由于一次绕组过少（或铁心叠厚不够）致使变压器一次侧空载电流过大而引起的。若变压器性能正常，则可以进行下一步测试。

2）将图 5-28 中 A 点接通，B 点断开，并接通 220V 交流电压，观察电路有无异常现象

（如整流二极管是否发烫等），然后用万用表直流电压档测整流滤波电路输出的直流电压 U_I，其值应接近于 $1.4U_2$（U_2 为电源变压器二次交流电压的有效值）。否则应断开 220V 交流电压，检查电路，消除故障后再进行通电测试。

3）B 点电压测量正常后，接通 B 点，接上额定负载 R_L，再接通 220V 交流电压，测量 U_2、U_I、U_O 的大小，观察其是否符合设计值（此时 U_2、U_I 的测量值要比空载测量值略小，且 $U_I \approx 1.2U_2$，而 U_O 基本不变），并根据 U_I、U_O 及负载电流 I_O 核算集成稳压电路的功耗是否小于规定值。然后用示波器观察 B 点和 C 点的纹波电压，若纹波电压过大，则应检查滤波电容是否接好，容量是否偏小或电解电容是否已失效。

此外，还可检查桥式整流电路四个二极管特性是否一致。如有干扰或自激振荡（其频率与 50Hz、100Hz 不同），则应设法消除。

5. 故障的诊断与处理

如果电路出现故障，要学会故障诊断与处理方法。例如，电路通电后观察无异常，用万用表测量输出电压 U_O 却无输出，可采用逐级检查的方法逐步确定故障部位。

1）首先用万用表（交流电压档）测量变压器二次侧有无电压，若没有电压，则往前检查变压器有无输出。

2）变压器二次侧若有电压，则测量整流滤波输出电压即 C_6 两端电压（直流电压档），若无电压则故障应在整流部分。

3）整流滤波输出电压若有，则应检查集成线性稳压电路，直至确定故障点。

6. 主要性能指标

1）输入交流电压：220（1±10%）V，50Hz。

2）输出直流电压：12V。

●任务考核

任务考核按照表 5-5 中所列的标准进行。

表 5-5　任务考核标准

学生姓名	教师姓名	任务5	
		语音放大电路的直流稳压电源制作	
实际操作考核内容（60分）	小组评价（30%）	教师评价（70%）	合计得分
（1）电路仿真测试（10分）			
（2）电路安装（10分）			
（3）对电路进行故障的诊断与处理（10分）			
（4）电路调整与主要性能指标测试（10分）			
（5）安全操作、正确使用设备仪器（10分）			
（6）任务报告（10分）			
基础知识测试（40分）			
任务完成日期	年　月　日	总分	

●思考与训练

5-1　填空题。

（1）线性稳压电源大多采用＿＿＿＿＿＿，将交流220V市电变为＿＿低压，然后经＿＿＿＿＿＿得到＿＿低压，提供给稳压电路。

（2）开关电源PWM的含义是＿＿＿＿＿＿，它是利用改变＿＿＿＿＿＿来改变开关管的＿＿＿＿＿＿与＿＿＿＿＿＿时间比例的。

（3）开关电源是指将输入的直流电压变换成幅值＿＿输入电压的＿＿＿＿＿。

（4）利用二极管的＿＿导电性将交变电压变为＿＿电压的过程，称为整流。

（5）滤波就是保留整流电路整流后的＿＿分量，滤掉＿＿分量。

（6）在开关稳压电源电路中，整流电路分为＿＿＿＿＿＿和＿＿＿＿＿＿电路。二次整流电路对整流二极管的＿＿＿＿＿＿有一定的要求。

5-2　选择题。

（1）78×00系列稳压器中，输出电流从大到小正确的排列顺序是（　　）。

A. 78L00→78M00→7800　　B. 7800→78M00→78L00

C. 7800→78L00→78M00　　D. 78M00→78L00→7800

（2）整流的目的是（　）。

A. 将交流变为直流　　B. 将高频变为低频　　C. 将正弦波变为方波

（3）直流稳压电源中滤波电路的目的是（　　）

A. 将交流变为直流　　B. 将高频变为低频

C. 将交、直流混合量中的交流成分滤掉

（4）开关电源的转换效率一般为（　　）。

A. 50%　　B. 60%　　C. 70%　　D. >70%

（5）在图5-18c所示电路中，输出电压U_O的表达式为（　　）。

A. $1.25(1+R_1/R_2)+I_AR_1$　　B. $1.25(1+R_2/R_1)+I_AR_2$

C. $1.25(1+R_2/R_1)+I_AR_1$　　D. $1.25(1+R_1/R_2)+I_AR_2$

（6）在图5-14所示电路中，二极管VD的作用为（　　）。

A. 整流　　B. 续流

C. 保护W78××　　D. 保护R_L

（7）在图5-18c所示电路中，当将W117的2脚直接接地时，输出电压为（　　）。

A. 1.25～30V　　B. 30V　　C. 1.25V　　D. 0V

（8）在图5-25所示电路中，R_3所起的作用是（　　）。

A. 限流　　B. 启动　　C. 分压　　D. 隔离

（9）在图5-25所示电路中，C_{10}电容器的作用是（　　）。

A. 高频旁路　　B. 电源滤波　　C. 锯齿波形成　　D. 软启动延时

（10）在图5-25所示电路中，二极管VD_1的作用是（　　）。

A. 开关　　B. 整流　　C. 检波　　D. 隔离

（11）在图5-21所示电路中，二极管VD的作用是（　　）。

A. 续流　　B. 整流　　C. 检波　　D. 隔离

（12）在图 5-8a 所示电路中，输出电压 U_o 值为（　　）。

A. $0.45U_2$　　B. $0.9U_2$　　C. U_2　　D. $1.2U_2$

5-3　整流电路如图 5-33 所示，已知 $U_2 = 20\text{V}$（有效值）。

（1）在图中画出四个二极管。

（2）试估算输出电压 U_o。

（3）若任意一个二极管（如 VD_2）脱焊，U_o 值有何变化？如果有一个二极管极性接反，会产生什么后果？

5-4　电容滤波桥式整流电路如图 5-34 所示。已知 $R_L = 40\Omega$，$C = 1000\mu\text{F}$，用交流电压表量得 $U_2 = 15\text{V}$（有效值），现在用直流电压表测量 R_L 两端电压（记作 U_o），如果 C 断开，U_o =（　　）；如果 R_L 断开，U_o =（　　）；如果电路完好，U_o =（　　）；如果 VD_1 断开，U_o =（　　）；如果 C 断开，VD_1 也断开，U_o =（　　）。

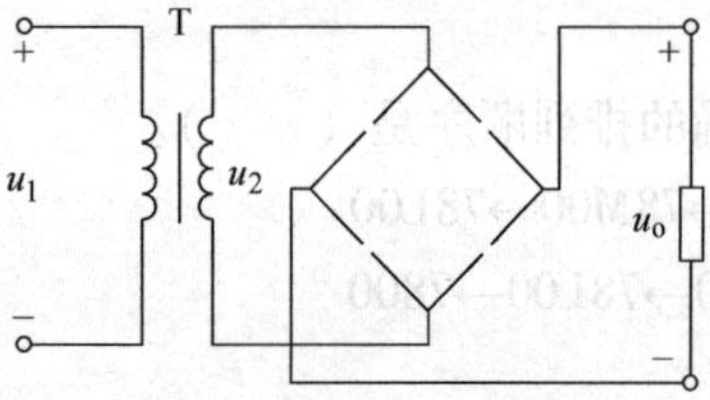

图 5-33　题 5-3 图

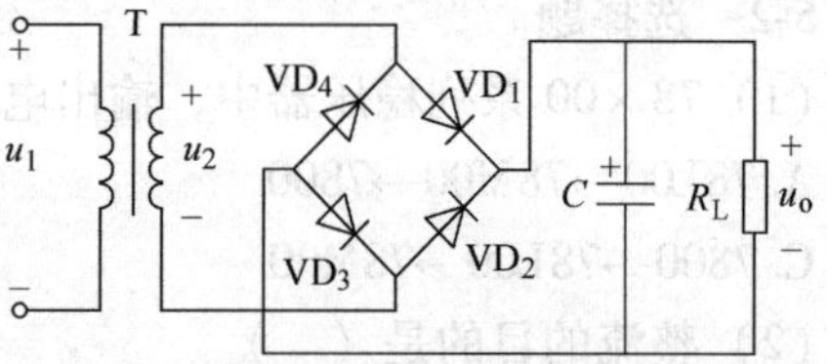

图 5-34　题 5-4 图

5-5　如图 5-34 所示电路中，已知交流电频率为 50Hz，负载电阻 $R_L = 120\Omega$，直流输出电压 $U_o = 30\text{V}$。求：

（1）直流负载电流 I_o。

（2）二极管的整流电流 I_D 和承受的最大反向电压 U_{RM}。

（3）选择滤波电容的容量。

5-6　如图 5-34 所示的桥式整流电容滤波电路中，$U_2 = 20\text{V}$（有效值），$R_L = 40\Omega$，$C = 1000\mu\text{F}$。试问：

（1）正常时 U_o = ?

（2）如果电路中有一个二极管开路，U_o 是否为正常值的一半？

（3）如果测得 U_o 为下列数值，可能出了什么故障？

a）$U_o = 18\text{V}$；b）$U_o = 28\text{V}$；c）$U_o = 9\text{V}$。

5-7　电路如图 5-35 所示，已知电流 $I_W = 5\text{mA}$。

（1）试求输出电压 U_o = ?

（2）若测得输出电压为 5V，可能出了什么故障？

5-8　电路如图 5-36 所示，已知输出端和调整端之间的电压为 1.25V，要求输出电压的调节范围为 1.25 ~ 20V，试选择合适参数，使电路正常工作。并利用 Multisim 软件对电路进行仿真，测试电路的各项性能指标。

5-9　电路如图 5-37 所示，试求输出电压的调节范围，并求出输入电压的最小值。利用 Multisim 软件研究在 R_L 及 U_I 变化时输出电压的变化情况，并总结仿真结果。

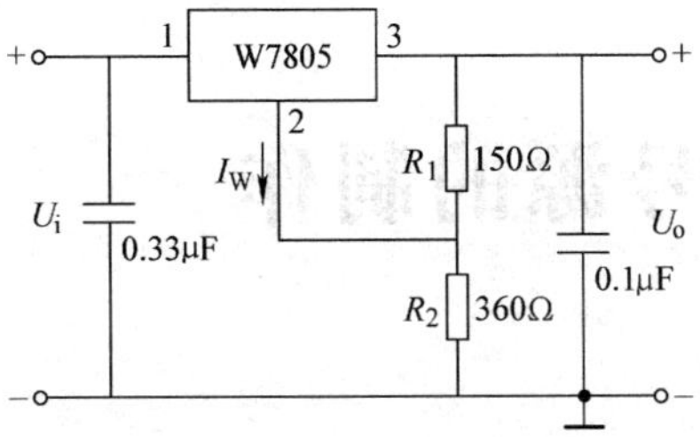

图 5-35　题 5-7 图

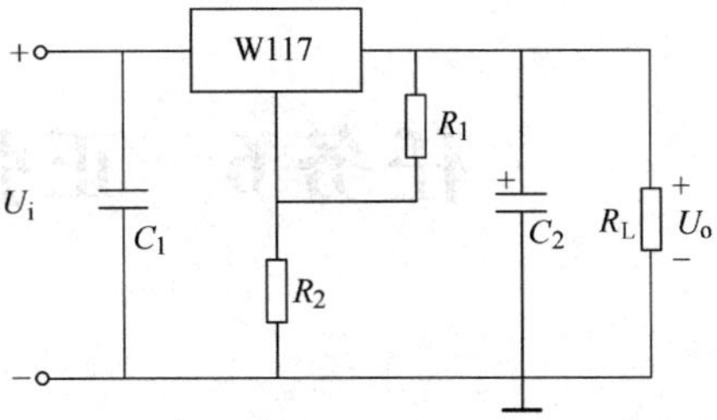

图 5-36　题 5-8 图

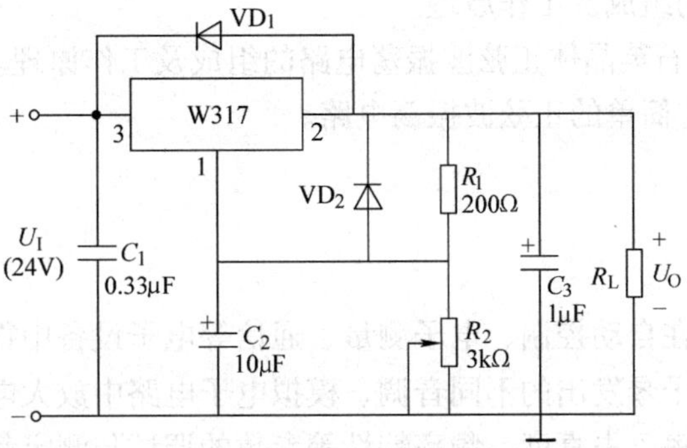

图 5-37　题 5-9 图

任务6　正弦波信号源的制作

●教学目标

1）了解振荡电路的组成及工作原理。
2）掌握 *RC*、*LC*、石英晶体正弦波振荡电路的组成及工作原理。
3）能够设计、制作简单的正弦波振荡电路。

●任务引入

正弦波作为信号源在自动控制、电子测量、通信等电子设备中得到了广泛的应用。如无线发射机中的载波、电子琴发出的不同音调、模拟电子电路中放大电路的动态参数的测定以及语音放大器的输出功率、失真度、频率特性等参数的调试与测定都需要正弦波信号。

●相关知识

1）正弦波振荡电路的振荡条件。
2）正弦波振荡电路的组成及判断。
3）简单正弦波振荡电路的设计。

6.1　正弦波振荡的基础知识

6.1.1　产生正弦波振荡的条件

通常采用正反馈的方法产生正弦波振荡。如图 6-1 所示，振荡电路是由一个电压放大器和一个反馈网络组成。如果开关 S 先接到 1 端，将正弦波电压 $\dot{U}_i$输入到电压放大器后，则输出正弦波电压 $\dot{U}_o$；再将开关接到 2 端，若能保证使 $\dot{U}_f = \dot{U}_i$，也能稳定地输出电压 $\dot{U}_o$。

要维持振荡电路输出等幅振荡，必须满足：

$$\dot{U}_f = \dot{U}_i$$

由于 $\dot{U}_f = \dot{F}\dot{U}_o = \dot{F}\dot{A}\dot{U}_i$，则得出维持振荡电路输出等幅振荡的条件为

$$\dot{A}\dot{F} = 1$$

也可把上式分解为幅度平衡条件和相位平衡条件。

1）幅度平衡条件：

$$|\dot{A}\dot{F}| = AF = 1$$

该条件表明电压放大器的放大倍数与正反馈网络的反馈系数的乘积应等于1，即反馈电压的大小必须和输入电压相等。

2）相位平衡条件：

$$\varphi_A + \varphi_F = 2n\pi$$

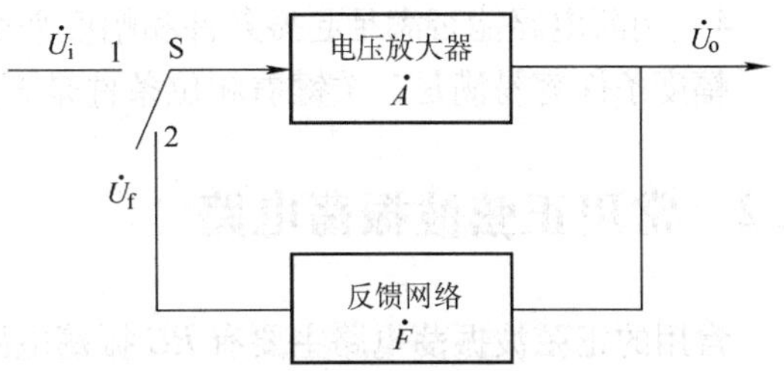

图 6-1 振荡原理

式中，$n=0、1、2、\cdots$；φ_A 为基本放大器输出信号和输入信号的相位差；φ_F 为反馈网络输出信号和输入信号的相位差。由此可得正弦波振荡电路的实质是在放大电路中引入了正反馈。

6.1.2 振荡电路的起振和稳幅

1. 振荡电路的起振

当振荡电路接通电源时，随着电流从零开始突然增大，电路中将产生噪声。此噪声频谱很宽，包含了从低频到高频的各种频率，从中总可选出一种频率的信号满足振荡的相位平衡条件而使电路产生正反馈。如果此时电压放大器的放大倍数足够大，满足 $|\dot{A}\dot{F}|>1$ 的条件，则这一信号便可通过振荡电路的放大、选频环节被不断放大，而其他频率的信号则被选频网络抑制掉。这样在很短的时间内就会得到一个由弱变强的输出信号，使电路振荡起来。

2. 振荡电路的稳幅

随着电路输出信号的增大，晶体管的工作范围进入了截止区和饱和区，使输出信号波形失真，从而限制了振荡幅度的无限增大。稳幅环节的作用就是使 $|\dot{A}\dot{F}|>1$ 达到 $|\dot{A}\dot{F}|=1$ 的稳定状态，使输出信号幅度稳定，且波形良好。从电路的起振到形成稳幅振荡所需的时间是极短的（大约经历几个振荡周期的时间）。

6.1.3 正弦振荡电路的组成和分析方法

1. 基本组成部分

正弦波振荡电路一般由放大电路、反馈电路、选频网络和稳幅环节四个部分组成。

（1）放大电路　放大电路应有合适的静态工作点，以保证放大电路的放大作用。

（2）反馈网络　反馈网络的作用是形成正反馈以满足相位平衡条件。

（3）选频网络　选频网络的作用是选择某一频率使之满足振荡条件，形成单一频率的正弦波。通常选频网络和反馈网络合二为一。

（4）稳幅环节　用于稳定振荡电路输出信号的振幅，改善波形。

2. 分析方法

对振荡电路的分析，包含判断电路能否产生振荡、振荡电路的振荡频率是多少等。通常可采用下列步骤进行分析：

1）检查电路是否具有放大电路、反馈网络、选频网络和稳幅环节四个部分。

2）检查放大电路是否有合适的静态工作点，能否正常放大。

3）用瞬时极性法来判断电路是否满足相位平衡条件。

4）判断电路能否满足起振条件和幅度平衡条件。

幅度条件容易满足，关键看相位条件是否满足，判断相位条件通常采用瞬时极性法。

6.2 常用正弦波振荡电路

常用的正弦波振荡电路主要有 RC 振荡电路、LC 振荡电路、晶体振荡电路。

6.2.1 RC 桥式正弦波振荡电路

1. 电路组成

图 6-2 所示电路为 RC 桥式正弦波振荡电路。

放大及稳幅环节：运算放大器 A、R_f、R_1 组成放大电路，具有放大、稳幅作用。

反馈环节：R、C 串联构成正反馈网络。

选频网络：R、C 串、并联构成选频网络。

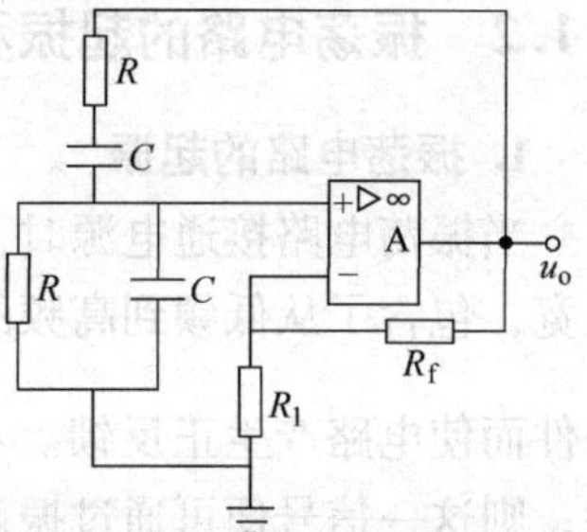

图 6-2 RC 桥式正弦波振荡电路

2. 工作原理

运算放大器接成同相输入方式，即 $\varphi_A=0$。当信号频率为 RC 网络的固有振荡频率 f_0 时，正反馈网络反馈系数最大，即 $|\dot{F}|=1/3$ 时，相角 $\varphi_F=0$，满足自激振荡的相位平衡条件（$\varphi_A+\varphi_F=0$）。

经推导可得其振荡频率为

$$f=f_0=\frac{1}{2\pi RC}$$

因为电路振荡时，反馈系数 $|\dot{F}|=1/3$，根据起振条件 $|\dot{A}\dot{F}|>1$，所以要求电路的电压放大倍数为

$$\dot{A}_f=1+\frac{R_f}{R_1}>3$$

即 $$R_f>2R_1$$

则电路能够顺利起振。

改变 R、C 的数值可以改变振荡频率，改变 R_f 可以调整输出波形的幅值。此电路一般用于产生 200Hz 以下的正弦低频信号。

6.2.2 LC 正弦波振荡电路

1. 变压器反馈式 LC 正弦波振荡电路

（1）电路组成 图 6-3 所示是变压器反馈式 LC 正弦波振荡电路。

放大及稳幅环节：共发射极放大电路。

反馈环节：变压器线圈 L_3 构成反馈电路。

选频网络：L_1C 构成选频网络

（2）工作原理 线圈 L_3 反馈信号的极性与晶体管 VT 基极的输入信号相位相同而形成

正反馈，L_3 匝数选择合适，使其反馈电压高于基极原始扰动电压数值，即能满足振幅条件，于是电路能够起振。该电路的振荡频率为

$$f_0 \approx \frac{1}{2\pi\sqrt{LC}}$$

式中，L 是选频网络的等效电感。此电路的振荡频率为几兆赫到几十兆赫。

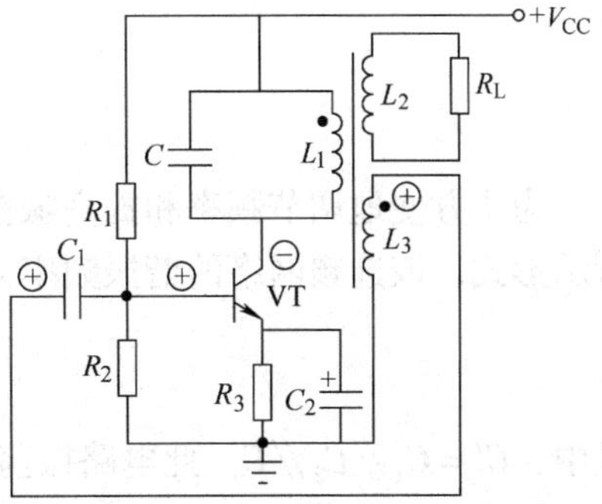

图 6-3　变压器反馈式 LC 正弦波振荡电路

2. 电感三点式正弦波振荡电路

（1）电路组成　图 6-4 所示为电感三点式正弦波振荡电路。

放大及稳幅环节：共发射极放大电路。

反馈环节：互感器线圈 L_2 构成正反馈网络。

选频网络：（L_1+L_2）C 构成选频网络。

（2）工作原理　线圈 L_2 反馈信号的极性与晶体管 VT 基极的输入信号相位相同而形成正反馈，L_2 匝数选择合适，使其反馈电压高于基极原始扰动电压数值，即能满足振幅条件，于是电路能够起振。改变电容 C 可在较大范围内调节振荡频率。

该电路的振荡频率为

$$f_0 = \frac{1}{2\pi\sqrt{(L_1+L_2+2M)C}}$$

式中，M 为线圈 L_1 和 L_2 的互感系数。此电路的振荡频率通常在几十兆赫以下。

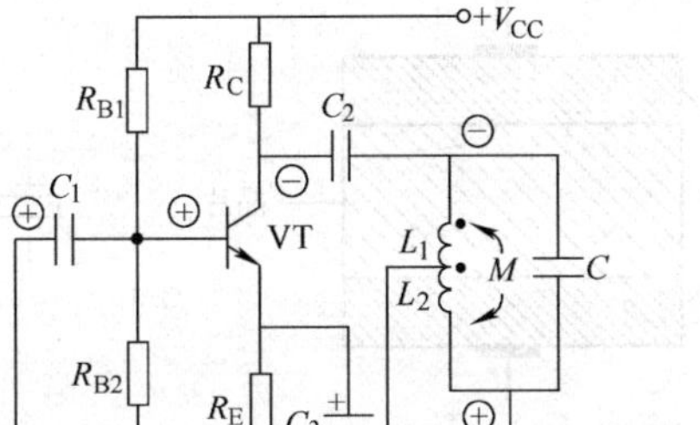

图 6-4　电感三点式正弦波振荡电路

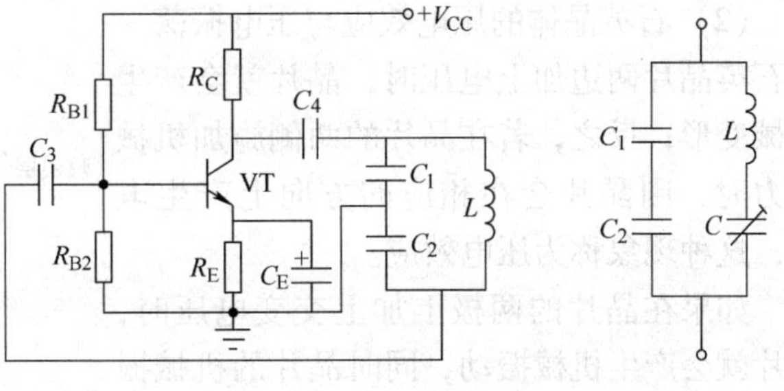

a)三点式振荡电路　　b)选频网络

图 6-5　电容三点式正弦波振荡电路

3. 电容三点式正弦波振荡电路

（1）电路组成　图 6-5 所示为电容三点式正弦波振荡电路。

放大及稳幅环节：共发射极放大电路。

反馈环节：电容 C_2 构成反馈电路。

选频网络：L_1（$C_1 /\!/ C_2$）构成选频网络。

（2）工作原理　电容 C_2 反馈信号的极性与晶体管 VT 基极的输入信号相位相同而形成正反馈，C_2 数值选择合适，使其反馈电压高于基极原始扰动电压数值，即能满足振幅条件，于是电路能够起振。该电路的振荡频率为

$$f_0 = \frac{1}{2\pi\sqrt{L\dfrac{C_1 C_2}{C_1 + C_2}}}$$

为了方便地调节频率和提高振荡频率的稳定性，可把图 6-5a 中的选频网络变成图 6-5b 所示形式，该选频网络的谐振频率为

$$f' \approx \frac{1}{2\pi\sqrt{LC'}}$$

式中，$C' = C_1 /\!/ C_2 /\!/ C$。此电路振荡频率可达 100MHz 以上。

注意：用瞬时极性法判断反馈类型时，电感三点式、电容三点式振荡电路中的选频网络的电容不能视为短路。

6.2.3 石英晶体正弦波振荡电路

由于 LC、RC 振荡电路受电源电压的波动及温度对晶体管性能改变等因素的影响，所以使其振荡频率不稳定。石英晶体正弦波振荡电路因具有极高的频率稳定性，它可使振荡频率的稳定度提高几个数量级，因此被广泛应用于通信系统、雷达、导航等电子设备中。

1. 石英晶体的特性

（1）石英晶体的结构　石英晶体是利用二氧化硅的结晶体的压电效应制成的一种谐振器件，它的基本构成是：从一块石英晶体上按一定方位角切下薄晶片，在它的两个对应面上涂敷银层作为电极，在每个电极上各焊一根引线接到管脚上，再加上封装外壳就构成了石英晶体振荡器。其产品一般用金属外壳封装，也有用玻璃壳、陶瓷或塑料封装的。图 6-6 为石英晶体的结构示意图及符号。

（2）石英晶体的压电效应与压电振荡　当石英晶片两边加上电压时，晶片就会产生机械变形；反之，若在晶片的两侧施加机械压力时，则晶片会在相应的方向上产生电压，这种现象称为压电效应。

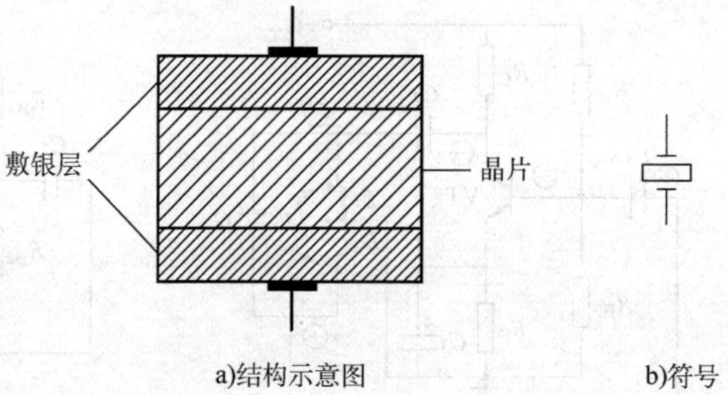

图 6-6　石英晶体的结构示意图及符号

如果在晶片的两极上加上交变电压时，晶片就会产生机械振动，同时晶片的机械振动又会产生交变电场。在一般情况下，晶片机械振动的振幅较小，但当外加交变电压的频率和晶片的固有频率（决定于晶片的尺寸）相等时，机械振动的幅度将急剧增加，产生共振，这种现象称为压电振荡。这一特定频率就是石英晶体的固有频率，也称为谐振频率。

（3）石英晶体的等效电路　石英晶体的等效电路如图 6-7a 所示。当晶体不振动时，可把它看成一个平板电容器，称为静电电容 C_0，它的大小与晶片的几何尺寸、电极面积有关，一般约几皮法到几十皮法。当晶体振荡时，机械振动的惯性可用电感 L 来等效。一般 L 的值为几十毫亨到几百毫亨。晶片的弹性可用电容 C 来等效，C 的值很小，一般只有 0.0002 ~ 0.1pF。晶片振动时因摩擦而造成的损耗用 R 来等效，它的数值约为几欧姆到几百欧姆。由于晶片的 L 很大，而 C 很小，R 也小，因此回路的选频特性很好。

当电路中的 L、C、R 支路产生串联谐振时，谐振频率为

$$f_S = \frac{1}{2\pi\sqrt{LC}}$$

当$f<f_S$时，C_0和C电抗较大，起主导作用，等效电路呈容性。

当$f>f_S$时，L、C、R支路呈感性，将与C_0产生并联谐振，谐振频率为

$$f_P = \frac{1}{2\pi\sqrt{L\frac{CC_0}{C+C_0}}} = f_S\sqrt{1+\frac{C}{C_0}}$$

当$C \ll C_0$时，有

$$f_P \approx f_S$$

当$f>f_P$时，电抗主要取决于C_0大小，等效电路呈容性。当$f_S<f<f_P$时，等效电路才呈感性。石英晶体的频率特性如图6-7b所示。

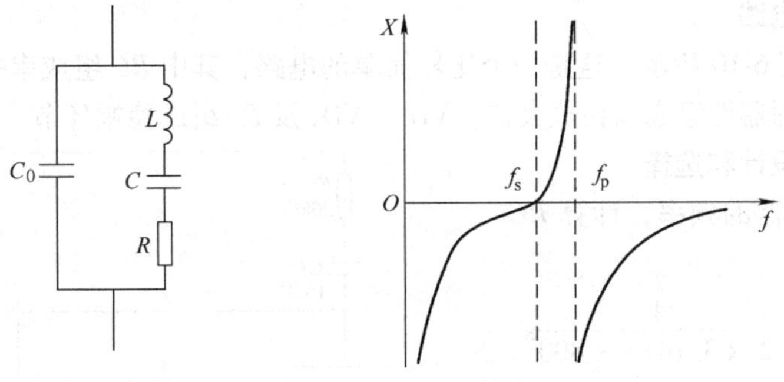

图6-7　石英晶体等效电路及其频率特性

2. 并联型石英晶体振荡电路

并联型石英晶体振荡电路如图6-8所示。共发射极放大电路构成放大电路；电容C_2构成反馈电路；石英晶体呈感性，可把它等效为一个电感L，L（$C_1 /\!/ C_2$）构成选频网络；晶体管VT的非线性能够实现振荡电路输出电压的稳幅。

工作原理：电容C_2反馈信号的极性与晶体管VT基极的输入信号相位相同而形成正反馈，C_2数值选择合适，使其反馈电压高于基极原始扰动电压数值，即能满足振幅条件，于是电路能够起振。该电路的振荡频率为

$$f_0 = \frac{1}{2\pi\sqrt{L\frac{C_1C_2}{C_1+C_2}}}$$

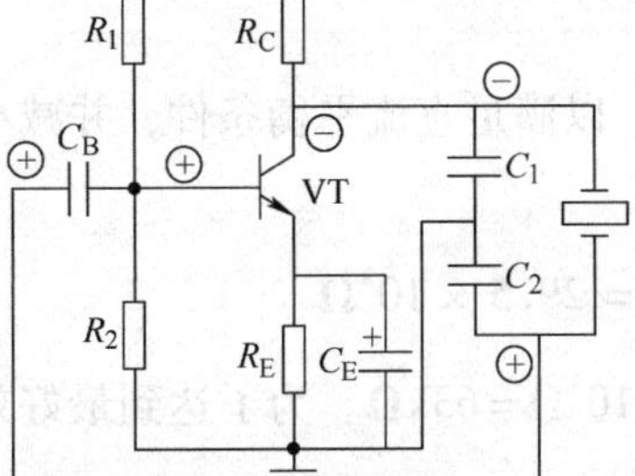

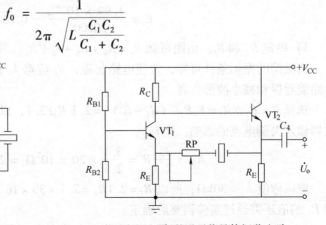

图6-8　并联型石英晶体振荡电路

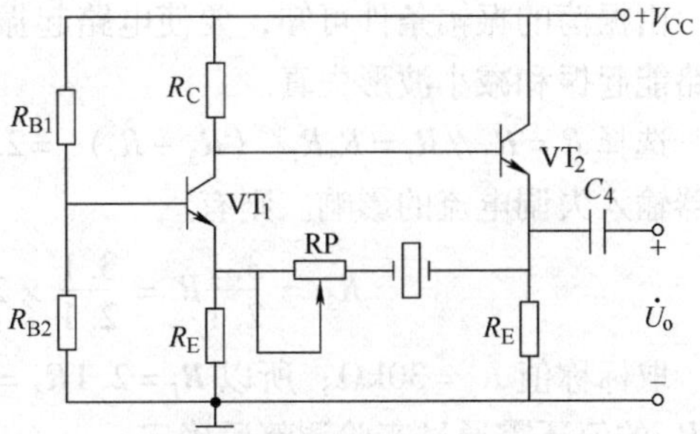

图6-9　串联型石英晶体振荡电路

3. 串联型石英晶体振荡电路

图 6-9 所示为一种串联型石英晶体振荡电路。晶体管 VT_1、VT_2 构成放大电路；R_P 和石英晶体构成正反馈及选频网络；晶体管的非线性构成了稳幅环节。

工作原理：石英晶体工作于串联谐振状态。此时，晶体呈现纯电阻特性，可用瞬时极性法判断电路为正反馈，此时电路产生自激振荡。振荡频率为

$$f_0 = f_S$$

●任务实施

1. 任务要求

设计一个频率 $f_0 = 800\text{Hz}$、失真度≤1%、幅值 $U_o \le 8\text{V}$（误差小于 10%）的正弦波振荡器。

2. 选定设计电路

选定电路如图 6-10 所示。这是一个比较简单的电路，其中 RC 组成串并联网络，集成运算放大器 A 及外围器件组成同相放大器，VD_1、VD_2 及 R_6 组成稳幅环节。

3. 电路参数设计和选择

1）根据振荡器的频率，计算 RC 乘积的值。

$$RC = \frac{1}{2\pi f_0} = \frac{1}{2 \times 3.1416 \times 800}\text{s}$$

$$= 1.99 \times 10^{-4}\text{s}$$

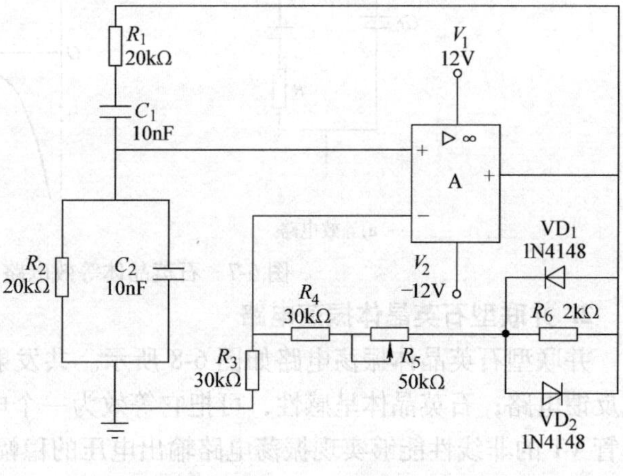

图 6-10 *RC* 正弦波信号源电路

2）确定 R、C 的值。为了使选频网络的特性不受运算放大器输入电阻和输出电阻的影响。按 $R_i >> R >> R_o$ 的关系选择 R 的值。其中 R_i（几百千欧以上）为运算放大器同相端的输入电阻。R_o（几百欧以下）为运算放大器的输出电阻。

因此，初选 $R = 20\text{k}\Omega$，则有

$$C = \frac{1.99 \times 10^{-4}}{20000}\text{F} = 0.01\mu\text{F}$$

3）确定 R_3 和 R_f。由图可知 $R_f = R_4 + R_5 + r_d /\!/ R_6$，其中 r_d 为二极管导通时的动态电阻。

由振荡的振幅条件可知，要使电路起振，R_f 应略大于 $2R_3$，通常取 $R_f = 2.1R_3$，以保证电路能起振和减小波形失真。

选择 $R = R_3 /\!/ R_f = R_3R_f/(R_3 + R_f) = 2.1R_3/3.1$，以满足直流平衡条件，并减小运算放大器输入失调电流的影响。则有

$$R_3 = \frac{3.1}{2.1}R = \frac{3.1}{2.1} \times 20 \times 10^3\Omega = 29.5 \times 10^3\Omega$$

取标称值 $R_3 = 30\text{k}\Omega$；所以 $R_f = 2.1R_3 = 2.1 \times 30 \times 10^3\Omega = 63\text{k}\Omega$。为了达到最好效果，$R_f$ 与 R_3 的值还需通过实验调整后确定。

4）确定稳幅电路及其元器件值。稳幅电路由 R_6 和两个接法相反的二极管 VD_1、VD_2 并

联而成，如图 6-10 所示。

稳幅二极管 VD_1、VD_2 应选用温度稳定性较高的硅管，而且二极管 VD_1、VD_2 的特性必须一致，以保证输出波形的正负半周对称。

5）R_4+R_5 串联阻值的确定。由于二极管的非线性会引起波形失真，因此，为了减小非线性失真，可在二极管的两端并上一个阻值与 r_d 相近的电阻 R_6（本例中取 $R_6=2\text{k}\Omega$）。然后再经过实验调整，以达到最好效果。R_6 确定后，可按下式求出 R_4+R_5。

$$R_4+R_5=R_f-(R_6 /\!/ r_d)\approx R_f-R_6/2=62\text{k}\Omega$$

为了达到最佳效果，R_4 可用 30kΩ 电阻，R_5 选用 50kΩ 的电位器串联，调试时进行适当调节即可。

6）选择运算放大器的型号。选择的运算放大器，要求输入电阻高、输出电阻小，可选用 μA741 集成运算放大器。

7）选择二极管的型号。二极管选择 IN4148 小功率开关二极管。

4. 电路仿真与调试

在电路仿真软件 Multisim10 中，绘制电路原理图，接入虚拟示波器和失真度测试仪，调节电位器 R_5 的数值直至电路起振并满足失真度指标要求。*RC* 正弦波信号源电路输出仿真波形如图 6-11 所示。

按照图 6-10 所示电路，将所选定的元器件安装在插件板上，检查无误后，稳压电源输出的 +15V 电压接到集成运算放大器 μA741 的 7 脚，－15V 接到集成运算放大器 μA741 的 4 脚，用示波器测量 μA741 的 6 脚是否有输出波形。然后调整 R_5 使输出波形为最大且失真最小的正弦波。若电路不起振，说明振荡的振幅条件不满足，应适当加大 R_5 的值；若输出波形严重失真，说明 R_4+R_5 太大，应减小 R_5 的值。

当调出幅度最大且失真最小的正弦波后，可用示波器或频率计测出振荡器的频率。若所测频率不满足设计要求，可根据所测频率的大小，判断出选频网络的元件值是偏大还是偏小，从而改变 *R* 或 *C* 的值，使振荡频率满足设计要求。

●任务考核

任务考核按照表 6-1 中所列的标准进行。

表 6-1　任务考核标准

<table>
<tr><td>学生姓名</td><td>教师姓名</td><td colspan="4">任务 6</td></tr>
<tr><td></td><td></td><td colspan="4">RC 正弦波信号源电路的测试与判断</td></tr>
<tr><td colspan="2">考核内容与要求</td><td>自我评价（20%）</td><td>小组评价（30%）</td><td>教师评价（50%）</td><td>合计得分</td></tr>
<tr><td colspan="2">认真听讲、积极参与教学活动（10 分）</td><td></td><td></td><td></td><td></td></tr>
<tr><td rowspan="4">实际操作情况（50 分）</td><td>（1）电路参数计算（10 分）</td><td></td><td></td><td></td><td></td></tr>
<tr><td>（2）电路仿真测试（15 分）</td><td></td><td></td><td></td><td></td></tr>
<tr><td>（3）电路安装（10 分）</td><td></td><td></td><td></td><td></td></tr>
<tr><td>（4）电路调试（15 分）</td><td></td><td></td><td></td><td></td></tr>
<tr><td colspan="2">小组成员分工协作与团队精神（10 分）</td><td></td><td></td><td></td><td></td></tr>
<tr><td colspan="2">安全操作、正确使用设备仪器（10 分）</td><td></td><td></td><td></td><td></td></tr>
<tr><td colspan="2">任务报告（20 分）</td><td></td><td></td><td></td><td></td></tr>
<tr><td colspan="2">任务完成日期</td><td colspan="2">年　　月　　日</td><td>总分</td><td></td></tr>
</table>

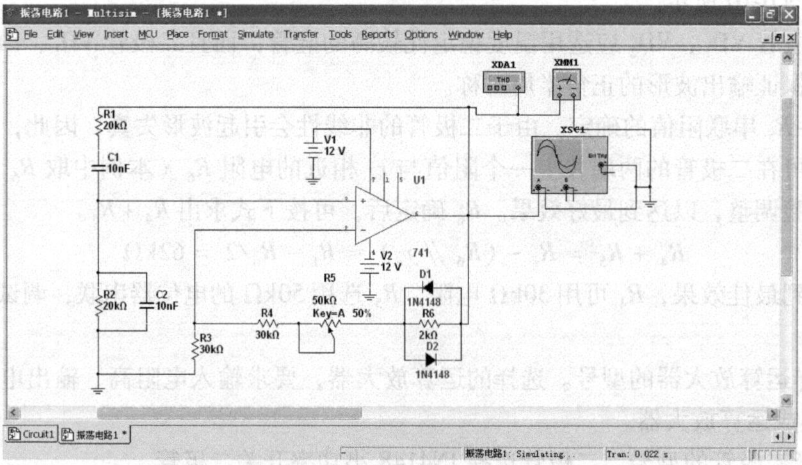

a) 仿真电路

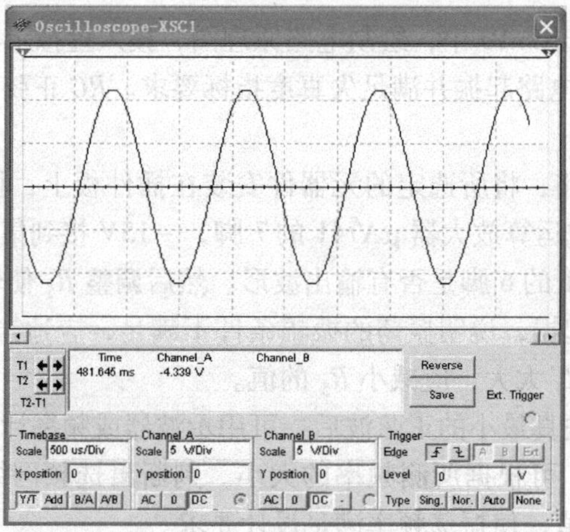

b) 输出波形

c) 输出电压

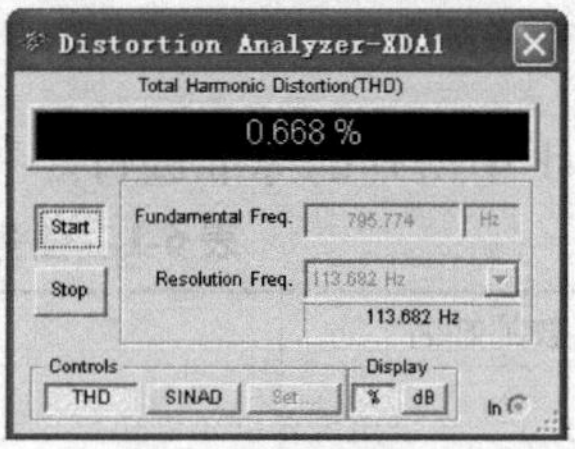

d) 失真度

图 6-11　*RC* 正弦波信号源电路输出仿真波形

●思考与训练

6-1　电路如图 6-12 所示，试用相位平衡条件判断哪个电路可能振荡，哪个不能，并简述理由。

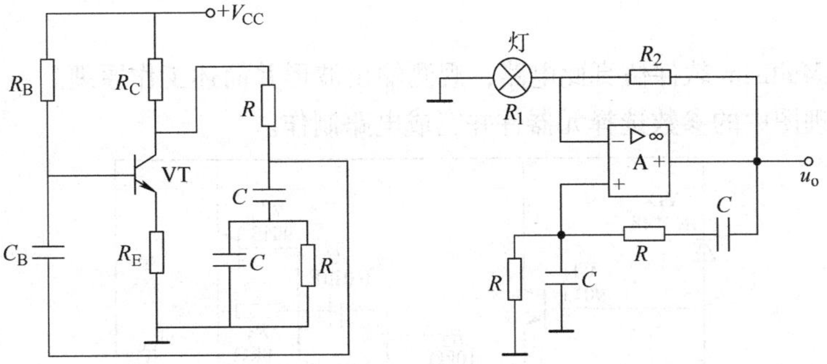

a)　　　　b)

图 6-12　题 6-1 图

6-2　试用相位平衡条件判断图 6-13 所示电路能否产生自激正弦振荡。若不能，请修改电路使之振荡起来。

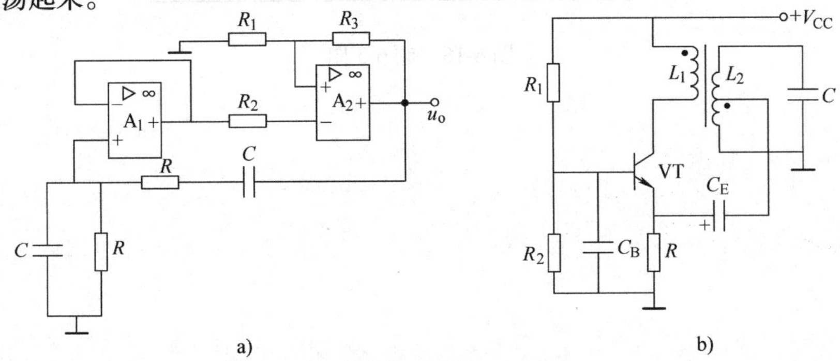

a)　　　　b)

图 6-13　题 6-2 图

6-3　RC 桥式正弦波振荡电路如图 6-14 所示，已知 $R = R_1 = 10\text{k}\Omega$，$R_P = 50\text{k}\Omega$，$C = 0.01\mu\text{F}$。

（1）估算振荡频率 f_0。

（2）分析半导体二极管 VD_1 和 VD_2 的作用。

6-4　试说明图 6-15 所示电路能否产生振荡，并说明其原理。

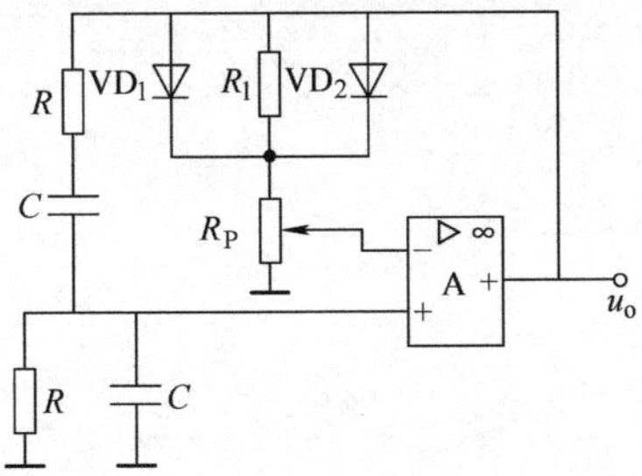

图 6-14　题 6-3 图

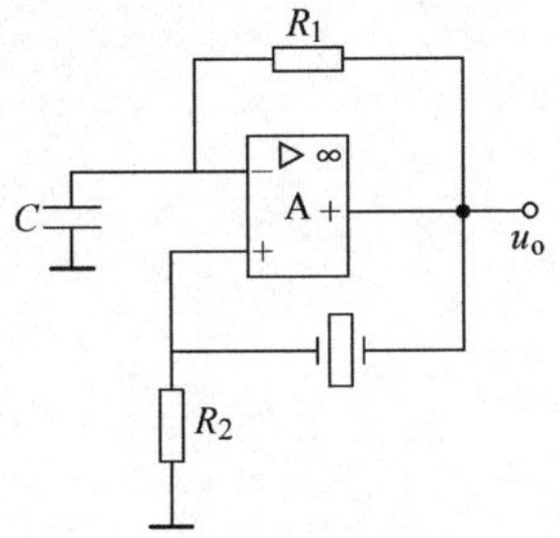

图 6-15　题 6-4 图

6-5　某水沸腾报警器由四只晶体管组成，如图 6-16 所示。图中晶体管 VT_1、VT_2、R_3 和 C 等组成音频振荡器，音频信号由扬声器输出。VT_1、R_1、R_P 及 VD 组成开关电路，作为控制音频振荡器的开关。二极管 VD 为感温器件，当温度升高时，VD 的反向电阻变小，漏电流增大，随着温度升高到一定程度时，VT_1 取得一定偏压而导通，振荡器得电工作，扬声器发声。要求：

（1）试用 Multisim 软件仿真此电路，观测输出波形并简述工作原理。

（2）按原理图中的参数选择元器件并完成电路制作。

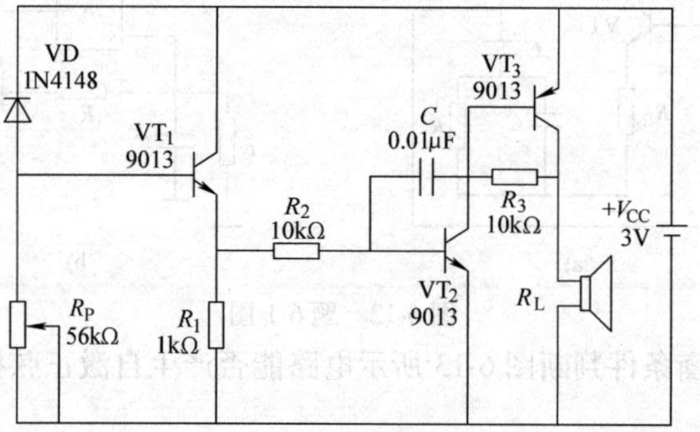

图 6-16　题 6-5 图

任务7　语音放大器的整机装调

●教学目标

1）掌握语音放大器等电子电路的识图方法。

2）掌握语音放大器的整机装调方法。

●任务引入

语音放大器等电子产品的组装、维修、改进，通常首先要研究它的电路原理图，只有对它的电路原理有了透彻的理解之后，才能在实际制作过程中，正确安装和调试电路，并能进行故障排查。

●相关知识

1）电子电路的识图方法。

2）语音放大器的调试方法。

7.1　电子电路识图

电子电路识图就是指能够读懂电路原理图，即具备对电路进行原理分析、故障排除、性能改进的能力。

7.1.1　识图的思路和步骤

在掌握各种基本电路的组成、原理及分解方法的前提下，识图的思路为先将整个电路分解成具有独立功能的几个部分，弄清每一部分电路的工作原理和主要功能，然后分析各部分电路之间的联系，从而得出整个电路的性能。下面介绍识图的具体步骤。

1. 了解用途

识图之前，应首先了解所读电路用于何处、所起的作用。可根据它的使用场合，大概了解其主要功能及要达到的技术指标。这对于分析整个电路的工作原理、各部分功能以及性能指标均具有指导意义。因此，“了解用途”是识图非常重要的第一步。

2. 分解电路

任何复杂的电路，都是由简单的基本电路组成的。模拟电子电路一般都可以分为输入电路、中间电路、输出电路、电源电路、附属电路等几大部分。

分解电路就是将复杂电路分解为若干个具有独立功能的基本电路。

分解前首先对所读电路进行整体观察，找出电路的输入端和输出端。实际电路一般都是从输入端开始，按照信号的传递顺序对元器件分类进行有序的编号，直到输出端。经过这样粗略地观察阅读，大致了解电路的组成、前后顺序。

然后，根据已学基本电路的知识，将所读电路分解为若干个具有独立功能的部分，并把每部分电路用框图表示。每一部分又可分解为若干个基本的单元电路。

3. 分析功能

运用所学过的基本电路的理论知识，逐级分析每部分电路的工作原理和主要功能。如果某部分电路的组成仍比较复杂，可对电路进行简化。弄清楚基本功能和原理后，再分析次要环节。

实际电路中，往往会遇到新的电路类型，很难一下就弄明白其原理，这也是识图的难点和关键，需要查阅有关资料文献，运用对比分析的方法，弄清这些环节的原理。因此，应不断地扩充和更新自己的理论知识。

4. 统观整体

统观整体就是将各部分电路的功能进行综合，从而得到整个电路的功能。根据各部分电路之间的联系，把各部分框图连接起来，得到整个电路的框图。由整体框图可以分析出信号在各级电路中的传递和变化，分析出整个电路的工作原理和功能。

5. 估算指标

为了对所读电路的功能进行定量地了解，需要对电路的主要技术指标进行估算。其方法是先对各部分电路进行定量估算，最终得出整个电路的性能指标。从估算过程中可知每一部分电路对整个电路的哪一性能产生怎样的影响，为调整、维修和改进电路打下基础。

最后需要指出的是，识图时，应首先分析所读电路主要组成部分的工作原理和功能，必要时再对次要部分进一步分析。对于不同的电路，分析步骤也不尽相同，应根据具体电路灵活运用。因为各个电路系统的复杂程度、组成结构、采用的器件集成度各不相同，因此上述的识图方法不是唯一的，识图时，可根据具体情况灵活运用。

将电子电路的识图方法可总结成口诀：化整为零，找出通路，跟踪信号，分析功能。

7.1.2 电路图的种类

阅读电路图是从事电子技术工作的基本技能之一。只有能看懂电路图，才能了解并掌握电子系统本身的工作原理及工作过程，才能对电路进行测试、维修或改进。

电路图一般分为电路原理图、电路框图和电路接线图。

1. 电路原理图

电路原理图是将该电路所用的各种元器件用规定的符号表示出来，并画出它们之间的连接情况，在各元器件旁边还要注明其规格、型号和参数。电路原理图主要用于分析电路的工作原理。

2. 电路框图

电路框图是将电路系统分为若干相对独立的部分，每一部分用一个方框表示；方框内写明其功能和作用，各方框之间用连线表明各部分之间的关系，并附有必要的文字和符号说明。

电路框图简单、直观，可宏观上粗略地了解电路系统的工作原理和工作过程，以对系统进行定性分析。先阅读电路框图，可为进一步读懂电路原理图起到引路的作用。

3. 电路接线图

电路接线图也就是电路装配图。它是将电路原理图中的元器件及连接线按照布线规则绘制的图，各元器件所在的位置有元器件的名称和标号。在电子电路中，电路接线图就是印制电路板图。这种图主要用于电子设备的安装调试和对电路故障的检查和维修。

7.2 识图举例

1. 低频功率放大电路

图 7-1 所示为低频功率放大电路，最大输出功率为 7W。其中 A 的型号为 LF356N，VT_1 和 VT_3 的型号为 2SC1815，VT_4 的型号为 2SD525，VT_2 和 VT_5 的型号为 2SA1015，VT_6 的型号为 2SB595。VT_4 和 VT_6 需安装散热器。

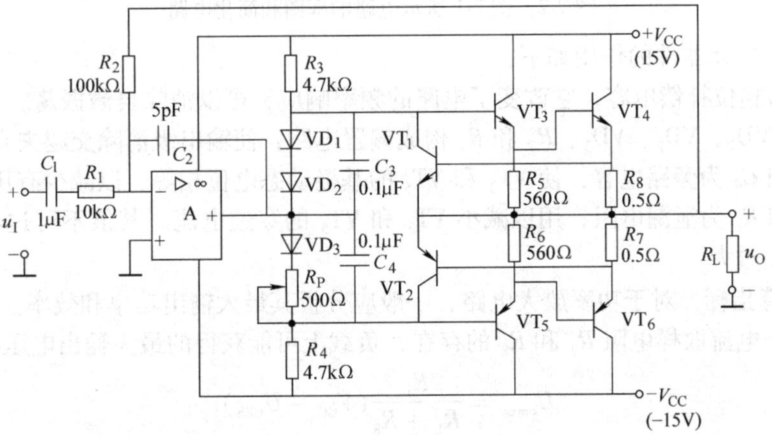

图 7-1　低频功率放大电路

（1）分解电路　对于分立元器件电路，应根据信号的传递方向，了解电路的总体结构，一般以构成放大功能的晶体管、场效应晶体管、集成运算放大器等为核心分解电路。图 7-1 所示电路，输入信号先输入一个集成运算放大器电路 A，然后 A 的输出又作用于 VT_3 和 VT_5 管的基极，由此电路分解成以下几部分：

1）两级放大电路。输入电压 u_I 作用于 A 的反相输入端，A 的输出作用于 VT_3 和 VT_5 管的基极，故集成运算放大器 A 为前置放大电路，VT_3 和 VT_5 为下一级的放大管；很明显 VT_3 和 VT_4、VT_5 和 VT_6 分别组成复合管，前者等效为 NPN 型管，后者等效为 PNP 型管，A 的输出作用于两个复合管的基极，而且两个复合管的发射极作为输出端，很显然第二级为互补功率放大级，因此可以判断出电路是两级放大电路。

2）负反馈电路。R_2 将电路的输出端与 A 的反相输入端连接起来，电路引入了负反馈，通过判断可知，为电压并联负反馈。

3）保护电路。因为信号不作用于 VT_1、VT_2 的基极和发射极，因而它们不是放大管；由于它们的基极和发射极分别接 R_7 和 R_8 的两端，而 R_7 和 R_8 上的电流等于输出电流 i_o，故可以推测，当 i_o 增大到一定数值时，VT_1、VT_2 才导通，可以为功率放大管分流，所以 VT_1、

VT_2、R_7 和 R_8 构成过电流保护电路。

（2）统观整体、分析功能　综上所述，图 7-1 所示电路为功率放大电路，根据上述分析可画出电路的框图如图 7-2a 所示。一般放大电路都满足深度负反馈条件，若仅研究反馈，则可将电路简化为如图 7-2b 所示电路。

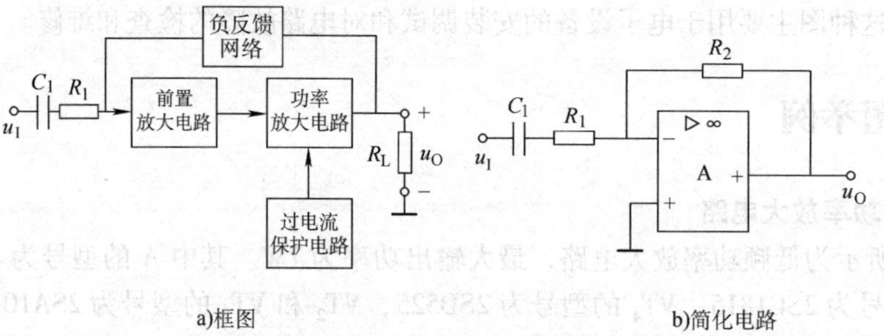

图 7-2　图 7-1 所示电路的框图和简化电路

电路中主要元器件的作用如下：

1）C_2 为相位补偿电容，它改变了电路的频率响应，可以消除自激振荡。

2）R_3、VD_1、VD_2、VD_3、R_P 和 R_4 构成偏置电路，使输出级消除交越失真。

3）C_3 和 C_4 为旁路电容，使 VT_3 和 VT_5 的基极动态电位相等，以减少有用信号的损失。

4）R_5 和 R_6 为泄漏电阻，用以减小 VT_3 和 VT_5 的穿透电流。其值不可过小，否则将使有用信号损失过大。

（3）估算指标　对于功率放大电路，一般应分析其最大输出功率和效率。在图 7-1 所示电路中，由于电流取样电阻 R_7 和 R_8 的存在，负载上可能获得的最大输出电压幅值为

$$U_{omax} = \frac{R_L}{R_L + R_8}(V_{CC} - U_{CES})$$

式中，U_{CES} 为 VT_4 管的饱和管压降。

最大输出功率为

$$P_{om} = \frac{\left(\frac{U_{omax}}{\sqrt{2}}\right)^2}{R_L} = \frac{U_{omax}^2}{2R_L}$$

在忽略静态损耗的情况下，效率为

$$\eta = \frac{\pi}{4}\frac{U_{omax}}{U_{CC}}$$

可见，电流取样电阻使得负载上的最大不失真电压减小，从而使最大输出功率减小，效率降低。

例如，功率放大管饱和管压降的数值为 3V，负载为 10Ω，则最大不失真输出电压幅值为

$$U_{omax} = \frac{R_L}{R_L + R_8}(V_{CC} - U_{CES}) = \left[\frac{10}{10 + 0.5}(15 - 3)\right]\text{V} \approx 11.43\text{V}$$

最大输出功率为

$$P_{om} = \frac{U_{omax}^2}{2R_L} \approx \frac{11.43^2}{2 \times 10}\text{W} \approx 6.53\text{W}$$

效率为

$$\eta = \frac{\pi}{4}\frac{U_{omax}}{V_{CC}} \approx \frac{\pi}{4}\frac{11.43}{15} \approx 59.8\%$$

如果输出电流为过电流，VT_1 和 VT_2 管将导通，为功率放大管分流，保护电流的数值为

$$i_{omax} = \frac{|U_{BE2}|}{R_7} \approx \frac{0.7}{0.5}A = 1.4A$$

另外根据图 7-2b 所示电路，可以求得深度负反馈条件下电路的电压放大倍数为

$$A_{uf} \approx -\frac{R_2}{R_1} = -10$$

从而获得在输出功率最大时所需要的输入电压有效值为

$$U_I = \left|\frac{U_{omax}}{\sqrt{2}\dot{A}_{uf}}\right|$$

2. 火灾报警电路

图 7-3 所示为火灾报警电路，u_{I1} 和 u_{I2} 的信号分别来源于两个同一规格的温度传感器，它们安装在室内同一处。其中一个安装在金属板上，产生 u_{I1}，而另一个安装在塑料壳体内部，产生 u_{I2}。

（1）分解电路　分析由单个集成运算放大器所组成应用电路的功能时，可根据其有无引入反馈以及反馈的极性，来判断集成运算放大器的工作状态和电路输出与输入的关系。

根据信号的流通，图 7-3 所示电路由两级集成运算放大器和一级晶体管电路构成，因此电路可分为三部分。A_1 引入了负反馈，故构成运算电路；A_2 没有引入反馈，工作在开环状态，故构成电压比较器，电路只有一个阈值电压 U_T，故为单限比较器；后面分立元器件电路是声光报警放大电路。

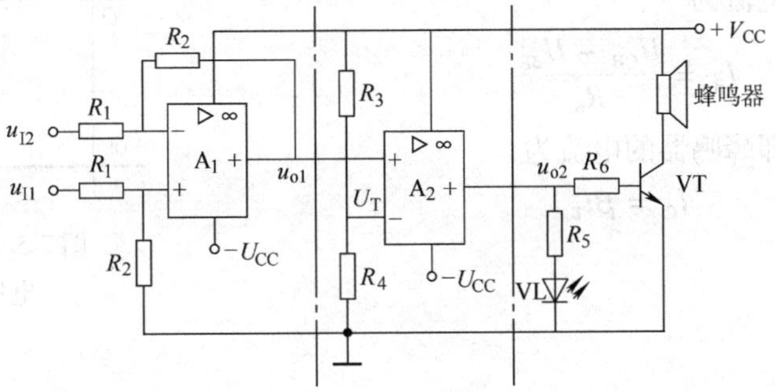

图 7-3　火灾报警电路

（2）分析功能　在正常情况下，即无火情时，两个温度传感器所产生的电压相等，$u_{I1} = u_{I2}$，发光二极管 VL 不亮，蜂鸣器不响。有火情时，安装在金属板上的温度传感器因金属板导热快而温度升高较快，而安装在塑料壳体内的温度传感器温度上升得较慢，使 u_{I1} 与 u_{I2} 产生差值电压，此电压经 A_1 放大，输入 A_2 同相输入端，与反相输入端的基准电压（又称阈值电压）比较，若 u_{I1} 与 u_{I2} 的差值电压增大到一定数值时，A_2 的输出使晶体管导通，同时发光二极管发光、蜂鸣器鸣叫，即电路发出报警信号。

（3）统观整体　根据上述分析，图 7-3 所示电路的框图如图 7-4 所示。

在没有火情时，$u_{I1}-u_{I2}$数值很小，$u_{o1}<U_T$，u_{o2}为低电平，即$u_{o2}=U_{OL}$，发光二极管和晶体管均截止。当有火情时，$u_{I1}>u_{I2}$，$u_{I1}-u_{I2}$增大到一定程度$u_{o1}>U_T$，u_{o2}从低电平跃变为高电平，即$u_{o2}=U_{OH}$，使得发光二极管和晶体管导通，发出警报。

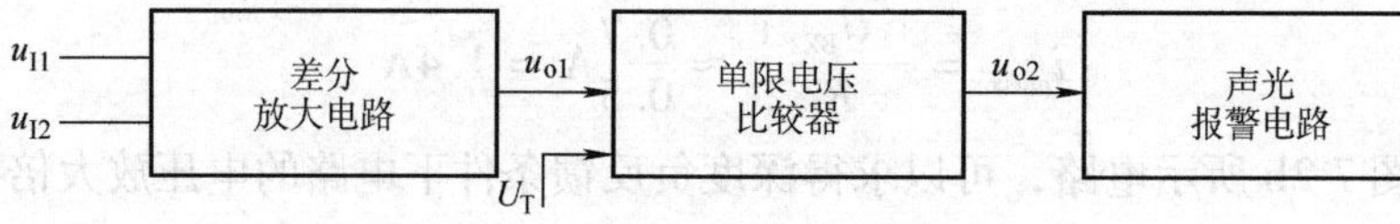

图 7-4　火灾报警电路的框图

（4）估算指标　输入级参数具有对称性，是双端输入的比例运算电路，也可实现差分放大，A_1 输出电压为

$$u_{o1}=\frac{R_2}{R_1}(u_{I1}-u_{I2})$$

第二级电路的阈值电压 U_T 为

$$U_T=\frac{R_4}{R_3+R_4}U_{CC}$$

当$u_{o1}<U_T$时，$u_{o2}=U_{OL}$；当$u_{o1}>U_T$时，$u_{o2}=U_{OH}$。u_{o2}的高、低电平决定于集成运算放大器输出电压的最大值和最小值。电压比较器的电压传输特性如图 7-5 所示。

当u_{o2}为高电平时，发光二极管因导通而发光，与此同时晶体管 VT 导通，蜂鸣器鸣叫。发光二极管的电流为

$$I_D=\frac{U_{OH}-U_D}{R_5}$$

晶体管的基极电流为

$$I_B=\frac{U_{OH}-U_{BE}}{R_6}$$

集电极电流，即蜂鸣器的电流为

$$I_C=\beta I_B$$

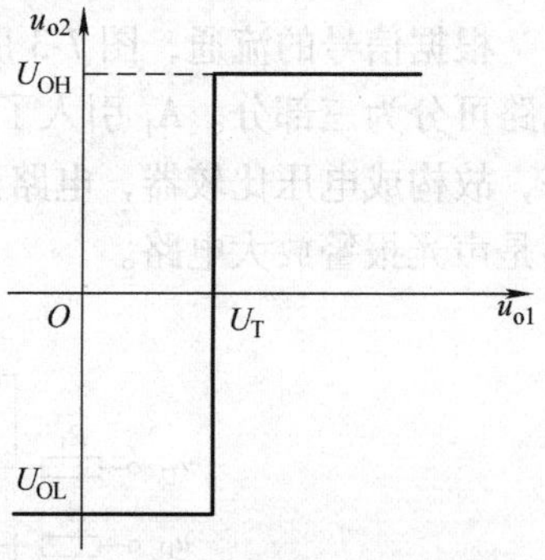

图 7-5　电压比较器的电压传输特性

●任务实施

1. 语音放大器识图及原理

图 7-6 所示为语音放大器的仿真电路图。下面对此电路进行识图及原理分析。

（1）了解用途　语音放大器电路主要用于声音放大及音质改善。其输出功率为 20W，失真度≤1%，在 20Hz～20kHz 范围内输出电压的波动≤3dB，并具有音调控制电路。

（2）分解电路　根据信号的传递方向，电路分解为输入放大电路、音调调整电路、功率放大电路、直流稳压电源几部分。输入放大电路主要完成输入的微弱信号的放大，要求灵敏度要高、噪声要小、失真度要小。音调调整电路主要完成音频信号的高低音控制，以满足人们对声音个性化的要求。功率放大电路对音频信号进行电压和电流放大，以驱动扬声器发声，要求功率足够大、失真度要小。直流稳压电源为整机提供稳定的直流电压。

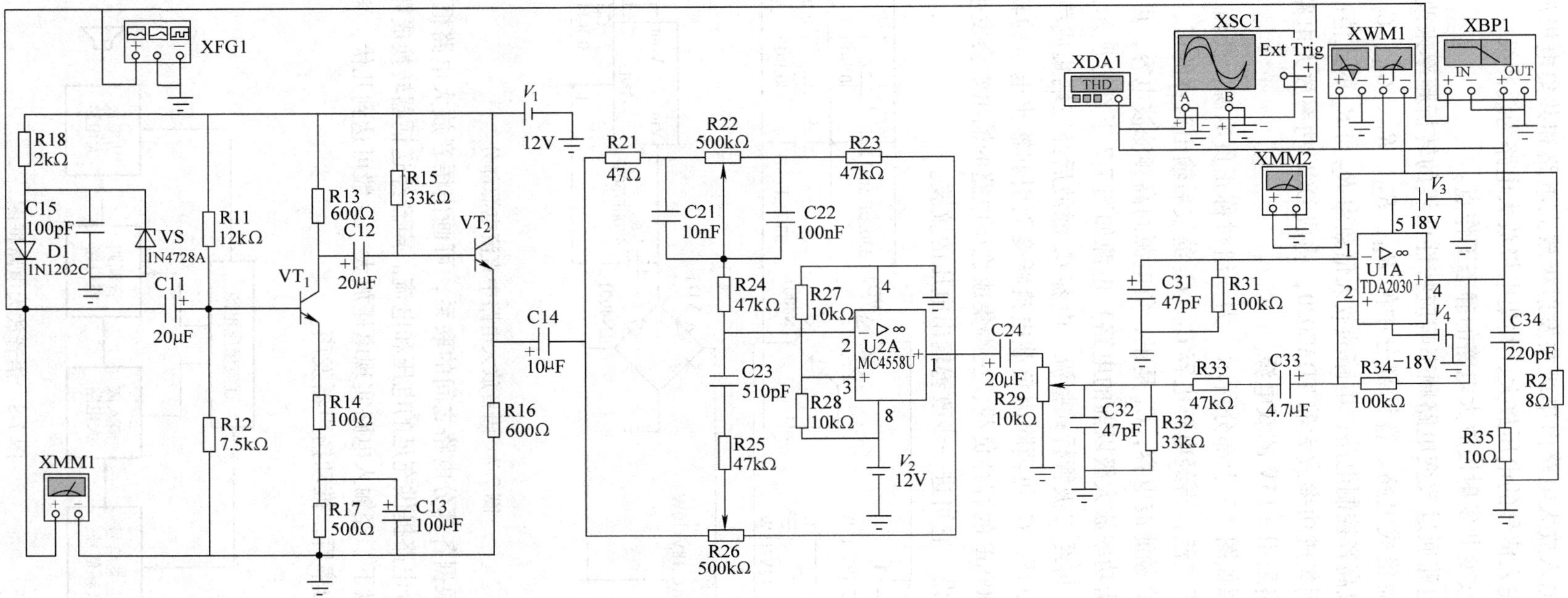

图 7-6　语音放大器仿真电路

（3）分析功能　输入放大电路由单级共发射极放大电路和共集电极放大电路组成。共发射极放大电路完成输入信号的电压放大，共集电极放大电路为缓冲级，用以提高电路的带负载能力。R_{11}作用是改变共发射极放大电路的静态工作点。

反馈式音调控制电路通过改变电路频率响应特性曲线的转折频率来改变音调。MC4558为低噪声双运算放大器集成电路。音调部分中的R_{21}、R_{22}、R_{23}、C_{21}、C_{22}组成低音控制电路；R_{25}、R_{26}、C_{23}组成高音控制电路；电路的放大倍数由R_{27}与R_{28}的比值决定。

功率放大电路采用集成功率放大器TDA2030，构成OCL功率放大电路的形式，电路无输出耦合电容。此电路采用±15V的双电源。

功率放大电路电源如图7-7上部分所示，为一组对称正负电源。交流220V市电经变压器降压，经二极管桥式整流，再经电解电容C_1、C_4滤波后输出对称的正、负直流电源。C_2、C_5是正、负电源对地高频滤波电容，C_3是正、负电源间高频滤波电容，可消除高频干扰。

前置放大电路（指功率放大级以前的电路）电源如图7-7下部分所示。交流220V市电经变压器降压至18V，再经二极管桥式整流、电容C_6滤波后经三端集成稳压电路W7812后得到稳定的12V直流电压。C_8可消除因负载电流跃变而引起输出电压的较大波动。在使用中，若负载为500～5000pF的容性负载，三端集成稳压电路的输出端会发生自激现象，电解电容器C_7正是为此而设，它可进一步改善输出电压的纹波。

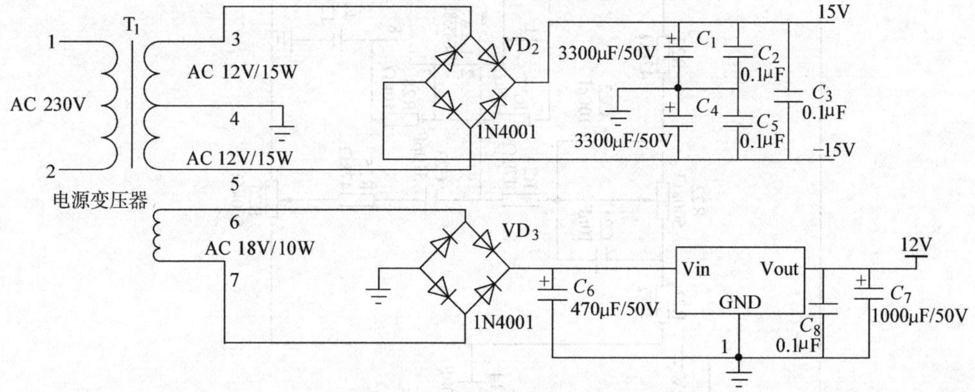

图7-7　语音放大电路中直流电源部分

（4）统观整体　根据各部分电路之间的联系，可画出语音放大电路框图如图7-8所示。直流稳压电源为各部分电路提供充足的电压和电流。声音经送话器转换成微弱的音频电压信号，一般在几十毫伏以下，经输入电路实现电压放大，一般可达到几伏，再经功率放大电路放大到足够大的输出功率后，推动扬声器发声。

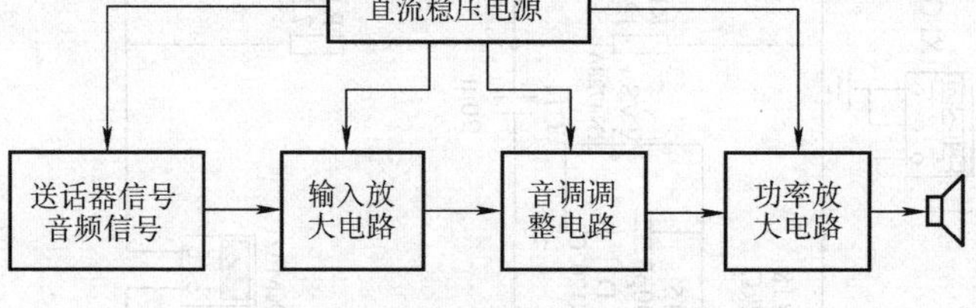

图7-8　语音放大电路框图

2. 语音放大器的仿真

用 Multisim10 画出语音放大器，如图 7-6 所示。然后对整个电路进行仿真。

调节图 7-9 所示的信号发生器，使其输入电压为 $U_{sm}=436\text{mV}$，$f=1\text{kHz}$ 的正弦交流信号。并用示波器观测语音放大器的输入输出波形，如图 7-9 所示。

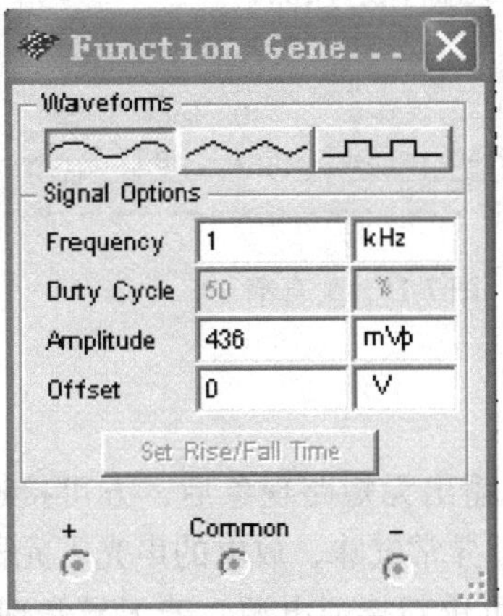

a)输入信号参数

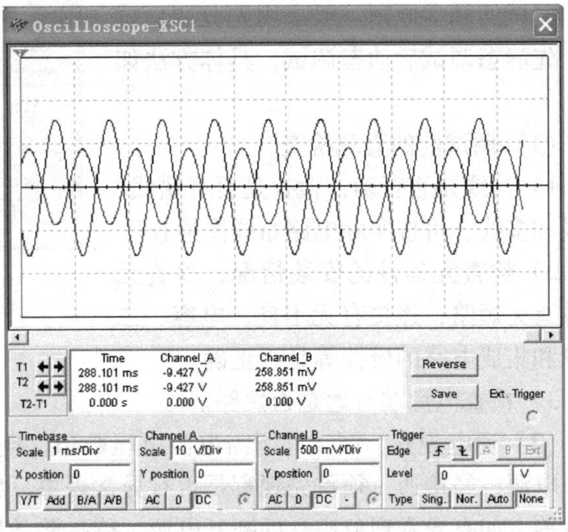

b)输入输出信号波形

图 7-9 输入输出信号

测量语音放大器的输出交流电压近似为 11V，输出交流电流近似为 1.4A，输出功率近似为 15W，如图 7-10 所示。

a)输出交流电压参数

b)输出交流电流参数

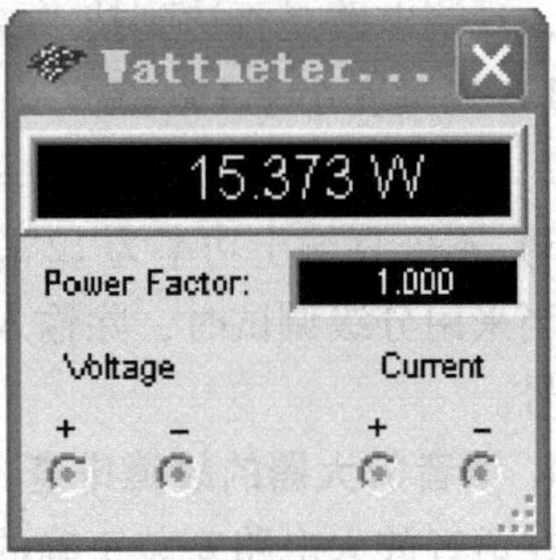

c)输出功率参数

图 7-10 输出交流电压、交流电流及功率参数

当输入电压 $U_{sm}=436\text{mV}$ 时，能够保证失真率不超过 1% 的高保真要求，此时最大输出功率为 15W。失真率如图 7-11 所示。

语音放大器输出频率特性如图 7-12 所示。由图可以看出，在 1kHz 处的输出电压增益约为 31dB，在 20Hz 处的输出电压增益约为 28dB，在 20kHz 处的输出电压增益约为 29dB。

3. 语音放大器的安装与调试

语音放大器电路仿真无误后，可以按照原理图设计加工印制电路板，如图 7-13 所示。

然后可以在印制电路板上逐级装焊元器件，安装功率放大电路时，要注意TDA2030需加散热片。完成安装后，再进行逐级调试。

调试的基本原则一般采用先分调后总调、先静态调试后动态调试，具体方法如下：

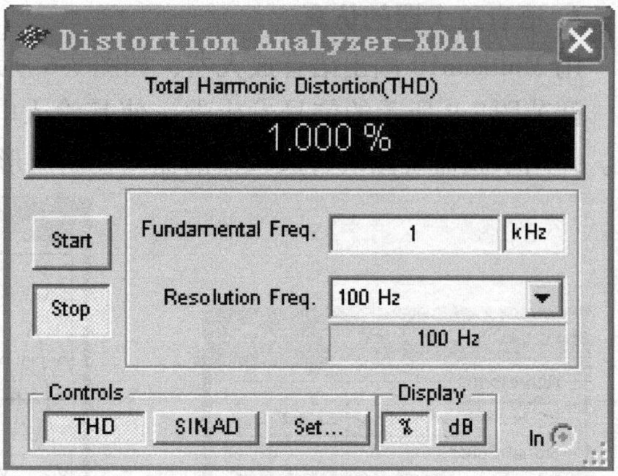

图7-11　失真率

（1）调试前的直观检查

1）连线是否正确，检查是否有错线、少线和多线。可按实际电路布线图检查。

2）检查元器件的安装情况，检查元器件有无短路，连接有无不良，电容、二极管和集成电路的极性等是否正确。

3）检查电源端对地是否短路。

（2）通电观察　调试好所需电源电压数值，确定电源输出无短路现象后，方可接通电源。电源一经接通，须首先观察是否有异常现象，如冒烟、异常气味、放电的声光、元器件发烫等，如有异常现象应立即断开电源，待排除故障后方可重新接通电源。若无异常现象，再用仪器观测波形和数据。

（3）静态调试　在不加输入信号的条件下，测量各级直流工作电压和电流是否正常。如不正常应及时调整电路相关参数，使电路处于最佳静态工作状态。语音放大器输入放大电路工作点的调试，可通过调节电阻R_{11}来实现。

（4）动态调试　加上输入信号，并按照信号的传输方向，逐级检测各部分电路的输出信号，观测电路是否达到技术要求。在进行语音放大电路动态调试时，其性能指标须达到：

1）失真度小于1%。

2）频率特性：在1kHz的基准频率上20Hz～20kHz范围之内的输出电压衰减小于3dB。

3）不失真输出功率为12W。

当采用分级调试时，除输入级采用外加输入信号外，其他各级的输入信号应采用前级输出信号。

4. 语音放大器的故障排查

在语音放大电路安装正确的前提下，常见故障及排查方法如下：

（1）无输出

1）直流电源未加上。

2）电路中有断路点。

（2）声音小

1）耦合电容断路。

2）晶体管损坏或性能下降。

（3）失真大

1）晶体管性能差。

2）静态工作点不正常。

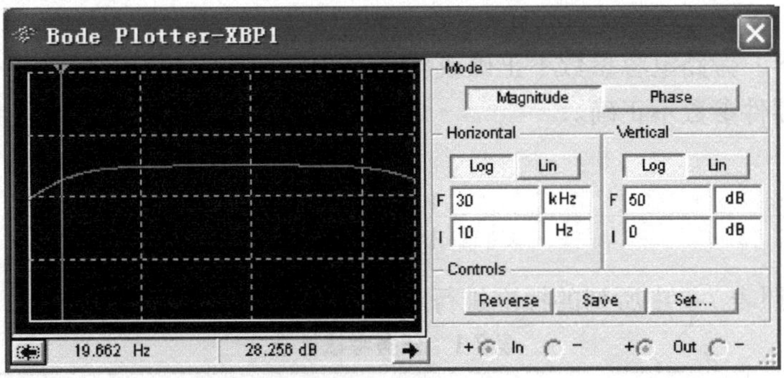

a)频率为20Hz时的频率特性

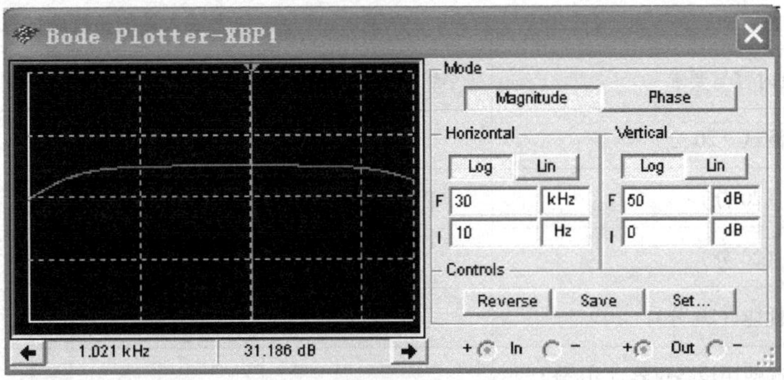

b)频率为1kHz时的频率特性

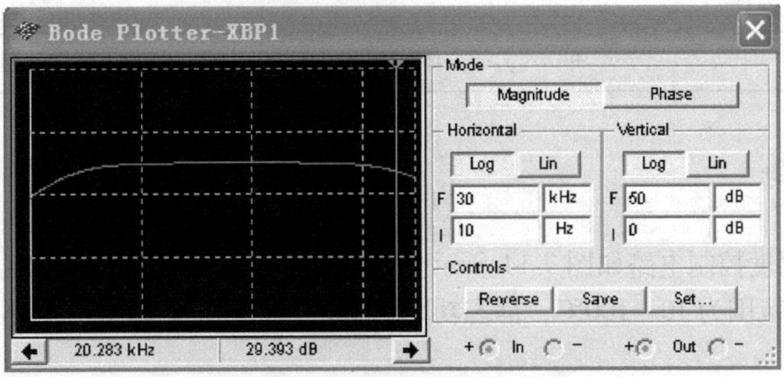

c)频率为20kHz时的频率特性

图 7-12　语音放大器的频率特性

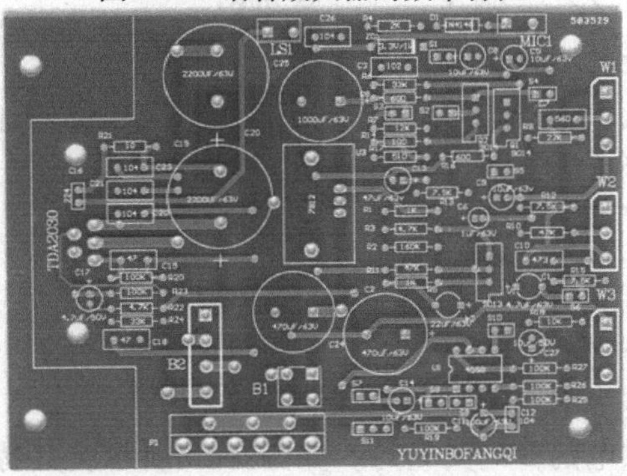

图 7-13　语音放大器的印制电路板

（4）通频带窄

1）耦合电容、旁路电容参数不正确或质量下降。

2）反馈元器件参数不正确。

●任务考核

任务考核按照表7-1中所列的标准进行。

表7-1　任务考核标准

学生姓名	教师姓名	任务7		
		语音放大器的整机调试		
考核内容与要求		小组评价（30%）	教师评价（70%）	合计得分
（1）整机电路仿真测试（20分）				
（2）整机电路安装（20分）				
（3）整机电路调试（20分）				
（4）语音放大器的性能（20分）				
（5）安全操作、正确使用设备仪器（10分）				
（6）任务报告（10分）				
任务完成日期	年　　月　　日		总分	

●思考与训练

7-1　小型温度控制电路如图7-14所示。电路适用于液体温度（如水温）、恒温箱等温度的控制，温控范围为10～100℃，静态功率为5W，可控2kW以下的加热器。试对该电路进行识图分析。

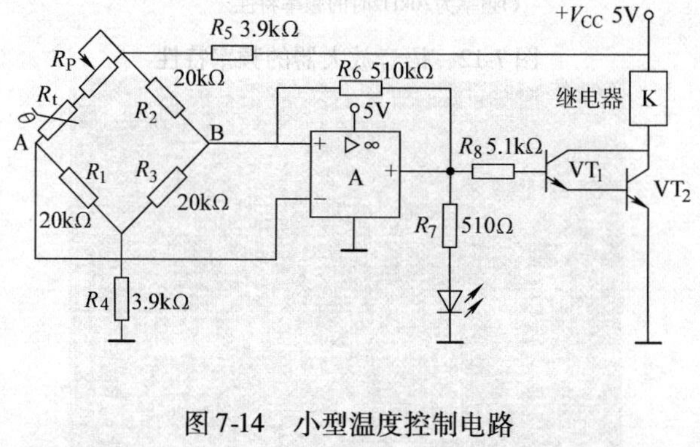

图7-14　小型温度控制电路

7-2　采用调频电源供电的8W荧光灯，如图7-15所示。其特点是可以消除闪烁现象，使视觉感到舒适，并且能提高功率因数。试对该电路进行识图分析。

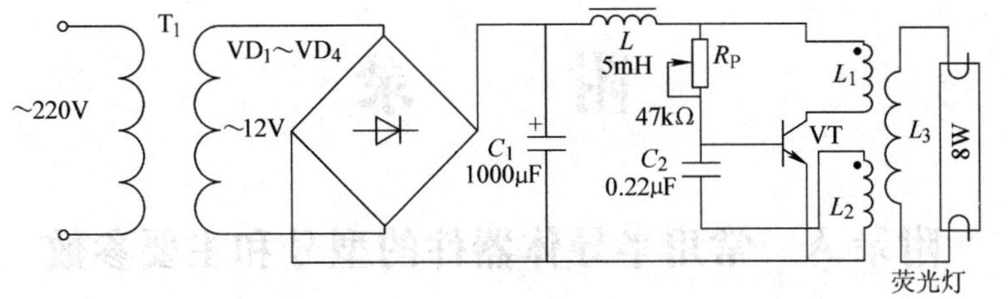

图 7-15　8W 荧光灯原理图

附　　录

附录 A　常用半导体器件的型号和主要参数

表 A-1　常用二极管

型号	最大整流电流 /mA	最高反向工作电压（峰值） /V	反向电流 /μA	工作频率	结电容 /pF	备注
2AP1	16	20	<250	≤150MHz	≤1	点接触型锗管，常用于检波电路
2AP2	16	30	<250	≤150MHz	≤1	
2AP11	<25	10	<250	≤40MHz	≤1	
2AP12	<25	10	<250	≤40MHz	≤1	
2CZ54C/D	400	100/200	<10	3kHz		面结型硅管，常用于整流电路
2CZ54E/F	100	300/400	<10	3kHz		
1N4001/2/3/4/5/6/7	1000	50/100/200/400/600/800/1000	≤50	3kHz	≤15	
2CZ55C	1A	100	≤600	≤3kHz		加散热片
2CZ56C	3A	50	≤1000	≤3kHz		

表 A-2　稳压二极管

参数 / 型号	稳定电压 U_Z/V	稳定电流 I_Z/mA	最大稳定电流 I_{ZM}/mA	最大功耗 P_{ZM}/W	动态电阻 r_Z/Ω	温度系数 C_{TV}/℃$^{-1}$
2CW52	3.2～4.5	10	55	0.25	<70	-0.08%
2CW57	8.5～9.5	5	26	0.25	<20	+0.08%
2DW230	5.8～6.6	10	30	<0.20	<25	|0.005|%

表 A-3　发光二极管的主要特性

颜色	波长/nm	基本材料	正向电压/V（10mA）
红外	900	砷化镓	1.3～1.5
红	655	磷砷化镓	1.6～1.8
黄	583	磷砷化镓	2～2.2
绿	565	磷化镓	2.2～2.4

表 A-4　常用小功率晶体管

参数 / 型号	集电极最大允许电流 I_{CM}/mA	基极最大允许电流 I_{BM}/mA	集电极最大允许功耗 P_{CM}/mW	集电极发射极耐压 U_{CEO}/V	电流放大系数 β	集电极发射极饱和电压 U_{CES}/V	集电极发射极反向电流 I_{CEO}/μA	双极型晶体管类型
JE9011	30	10	400	30	28～198	0.3	0.2	NPN
JE9012	500	100	625	-20	64～202	0.6	1	PNP
JE9013	500	100	625	20	64～202	0.6	1	NPN

（续）

型号 \ 参数	集电极最大允许电流 I_{CM}/mA	基极最大允许电流 I_{BM}/mA	集电极最大允许功耗 P_{CM}/mW	集电极发射极耐压 U_{CEO}/V	电流放大系数 β	集电极发射极饱和电压 U_{CES}/V	集电极发射极反向电流 I_{CEO}/μA	双极型晶体管类型
JE9014	100	100	450	45	60 ~ 10，0	0.3	1	NPN
JE9015	100	100	450	-45	60 ~ 600	0.7	1	PNP
JE9016	25	5	400	20	28 ~ 198	0.3	1	NPN
JE9018	50	10	400	15	28 ~ 198	0.5	0.1	NPN

表 A-5　常用大功率晶体管

型号 \ 参数	P_{CM}/W	I_{CM}/A	U_{CEO}/V	β	U_{CES}/V	I_{CEO}/μA	类型
3AD6C	10	2	30	>12	1.2	2.5	PNP
3AD30C	20	4	24	12 ~ 100	<1	0.01	PNP
3DD6B	50	5	40	≥7	<3		NPN
3DD15D	50	5	200	≥20	≤1.5	≤2	NPN
MJ10020	250	60	200	>75	<2.4	<5	NPN
MJ10021	250	60	250	>75	<2.4	<5	NPN
MJ10022	250	40	350	>50	<2.5	<5	NPN
MJ10023	250	40	400	>50	<2.5	<5	NPN
MJ10024	250	20	750	>50	<2.5	<5	NPN
MJ10025	250	20	850	>50	<2.5	<5	NPN

附录 B　Multisim 简介

Multisim 是加拿大图像交互技术公司（Interactive Image Technoligics，简称 IIT 公司）推出的以 Windows 为基础的仿真工具，适用于板级的模拟/数字电路板的设计工作。它包含了电路原理图的图形输入、电路硬件描述语言输入方式，具有丰富的仿真分析能力。为适应不同的应用场合，Multisim 推出了许多版本，Multisim 的版本有：EWB（Electrical Workbench）、EWB4.0、EWB5.0、EWB6.0、Multisim2001、Multisim 7、Multisim 8、Multisim 9、Multisim10 等，用户可以根据自己的需要加以选择。在本书中将以教育版 Multisim 10 为演示软件，结合教学的实际需要，简要地介绍该软件的概况和使用方法。

B.1　Multisim10 概述

软件以图形界面为主，采用菜单、工具栏和热键相结合的方式，具有一般 Windows 应用软件的界面风格，用户可以根据自己的习惯和熟悉程度自如使用。

1. Multisim10 的主窗口界面

启动 Multisim10 后，将出现如图 B-1 所示的主窗口界面。

主窗口界面由多个区域构成：菜单栏，各种工具栏，电路输入窗口，状态条，列表框等。通过对各部分的操作可以实现电路图的输入、编辑，并根据需要对电路进行相应的观测

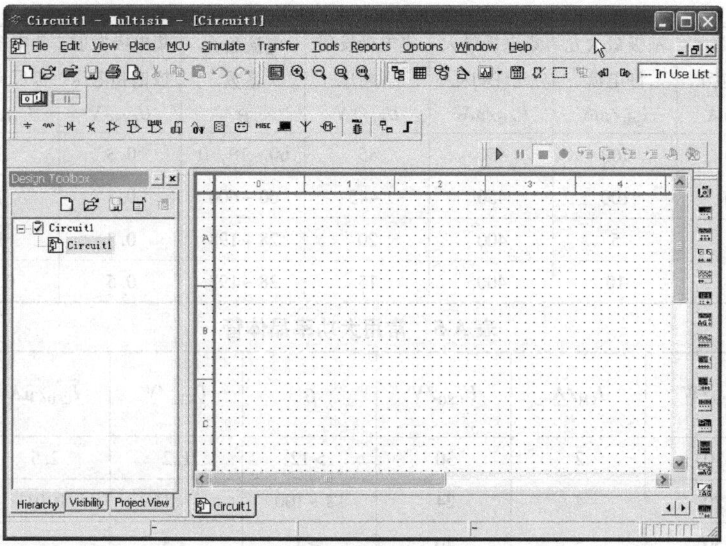

图 B-1　Multisim 的主窗口界面

和分析。用户可以通过菜单或工具栏改变主窗口的视图内容。

2. 菜单栏

菜单栏位于界面的上方，通过菜单可以对 Multisim 10 的所有功能进行操作。菜单栏如图 B-2 所示。

图 B-2　菜单栏

不难看出菜单中有一些与大多数 Windows 平台上的应用软件一致的功能选项，如 File，Edit，View，Options，Help 等。此外，还有一些 EDA 软件专用的选项，如 Place，Simulate，MCU，ransfer 以及 Tool 等。

（1）File　File 菜单中包含了对文件和项目的基本操作以及打印等命令，见表 B-1。

表 B-1　File 菜单

命　令	功　能	命　令	功　能
New	建立新文件	Close Project	关闭项目
Open	打开文件	Version Control	版本管理
Close	关闭当前文件	Print	打印电路
Save	保存	Print preview	打印预览
Save As	另存为	Print Options	打印选项
New Project	建立新项目	Recent Designs	最近编辑过的设计
Open Project	打开项目	Recent Project	最近编辑过的项目
Save Project	保存当前项目	Exit	退出 Multisim

（2）Edit　Edit 菜单提供了类似于图形编辑软件的基本编辑功能，用于对电路图进行编辑，见表 B-2。

表 B-2　Edit 菜单

命　令	功　能	命　令	功　能
Undo	撤销编辑	Orientation/Flip Horizontal	将所选的元器件左右翻转
Cut	剪切	Orientation/Flip Vertical	将所选的元器件上下翻转
Copy	复制	Orientation/90 ClockWise	将所选的元器件顺时针 90°旋转
Paste	粘贴	Orientation/90 ClockWiseCW	将所选的元器件逆时针 90°旋转
Delete	删除		
Select All	全选	Properties	元器件属性

（3）View　通过 View 菜单可以决定使用软件时的视图，对一些工具栏和窗口进行控制，见表 B-3。

表 B-3　View 菜单

命　令	功　能	命　令	功　能
Toolbars	显示工具栏	Show Page Bounds	显示页边界
Ruler Bars	显示标尺栏	Zoom In	放大显示
Statusbar	显示状态栏	Zoom Out	缩小显示
Grapher	显示波形窗口	Full Screen	全屏显示
Show Grid	显示栅格		

（4）Place　通过 Place 菜单输入电路图，见表 B-4。

表 B-4　Place 菜单

命　令	功　能	命　令	功　能
Component	放置元器件	Connectors	放置连接
Junction	放置连接点	Text	打开电路图描述窗口，编辑电路图描述文字
Bus	放置总线	Graphics	放置图形
Wire	放置连线	New Subcircuit	放置新建子电路
Hierarchical Block form File	读取文件为层次模块	Replace by Subcircuit	重新选择子电路替代当前选中的子电路

（5）Simulate　通过 Simulate 菜单执行仿真分析命令，见表 B-5。

表 B-5　Simulate 菜单

命令	功能	命令	功能
Run	执行仿真	Analyses	选用各项分析功能
Pause	暂停仿真	Postprocess	启用后处理
Digital Simulation Settings	设定数字仿真参数	VHDL Simulation	进行 VHDL 仿真
Instruments	选用仪表（也可通过工具栏选择）	Auto Fault Option	自动设置故障选项
		Use Tolerances	应用器件的误差

（6）Transfer 菜单　Transfer 菜单提供的命令可以完成 Multisim 10 对其他 EDA 软件需要

的文件格式的输出，见表 B-6。

表 B-6　Transfer 菜单

命　令	功　能
Transfer to Ultiboard 10	将所设计的电路图转换为 Ultiboard 10 的文件格式
Transfer to Ultiboard 9 or earlier	将所设计的电路图转换为 Ultiboard 9 或以前的文件格式
Export to PCB Layout	将所设计的电路图导出为 PCB 文件格式
Backannotate From Ultiboard	将在 Ultiboard 中所作的修改标记到正在编辑的电路中
Export Netlist	输出电路网表文件

（7）Tools　Tools 菜单主要针对元器件的编辑与管理的命令，见表 B-7。

表 B-7　Tools 菜单

命　令	功　能	命　令	功　能
Components Wizard	新建元器件向导	Circuit Wizard	新建电路向导
Database	数据库管理器	Clear ERC Makers	清除 ERC 标志
Variant Management	变量管理器	Update Circuit Component	更新电路元器件

（8）Options　通过 Option 菜单可以对软件的运行环境进行定制和设置，见表 B-8。

表 B-8　Option 菜单

命　令	功　能
Global Preference	设置全局操作环境
Sheet Properties	设置工作表属性
Customize User Interface	自定义用户界面

（9）Help　Help 菜单提供了对 Multisim 10 的在线帮助和辅助说明，见表 B-9。

表 B-9　Help 菜单

命　令	功　能	命　令	功　能
Multisim Help	Multisim 的在线帮助	Release Note	Multisim 的发行申明
Component Reference	元器件参考文献	About Multisim	Multisim 的版本说明

3. 工具栏

Multisim 10 提供了多种工具栏，并以层次化的模式加以管理，用户可以通过 View 菜单中的选项方便地将顶层的工具栏打开或关闭，再通过顶层工具栏中的按钮来管理和控制下层的工具栏。通过工具栏，用户可以方便直接地使用软件的各项功能。

顶层的工具栏有：Standard 工具栏、Design 工具栏、Zoom 工具栏和 Simulation 工具栏。

（1）Standard 工具栏　包含了常见的文件操作和编辑操作，如图 B-3 所示。

（2）Design 工具栏　是 Multisim 的核心工具栏，如图 B-4 所示。通过对该工具栏按钮的操作可以完成对电路从设计到分析的全部工作，其中的按钮可以直接开关下层的工具栏，如 Component 工具栏下层的 Multisim Master 工具栏和 Instrument 工具栏。

图 B-3　Standard 工具栏

图 B-4　Design 工具栏

1）Multisim Master 工具栏。作为元器件（Component）工具栏中的一项，可以在 Design 工具栏中通过按钮来开关 Multisim Master 工具栏，如图 B-5 所示。该工具栏有 14 个按钮，每个按钮都对应一类元器件，其分类方式和 Multisim 元器件数据库中的分类相对应，通过按钮上图标就可大致清楚该类元器件的类型。具体的内容可以从 Multisim 的在线文档中获取。

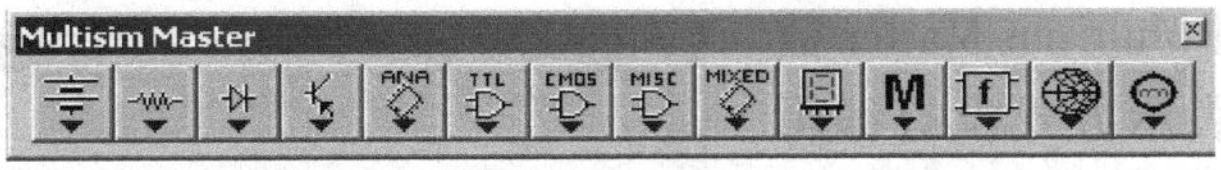

图 B-5　Multisim Master 工具栏

这个工具栏作为元器件的顶层工具栏，每一个按钮又可以开关下层的工具栏，下层工具栏是对该类元器件更细致的分类工具栏。以第一个按钮为例。通过这个按钮可以开关电源和信号源类的 Sources 工具栏，如图 B-6 所示。

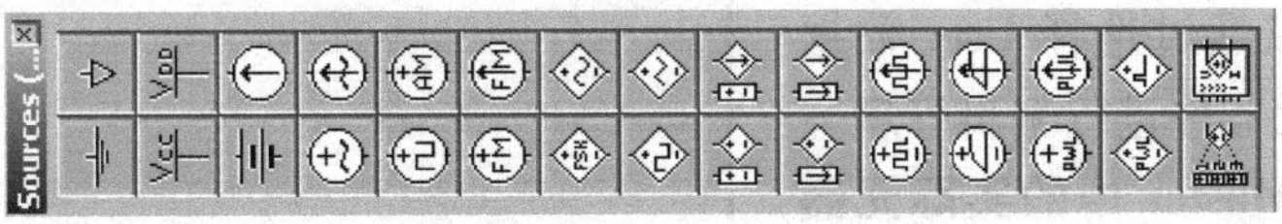

图 B-6　Sources 工具栏

2）Instruments 工具栏。集中了 Multisim 为用户提供的所有虚拟仪器仪表，如图 B-7 所示。用户可以通过按钮选择自己需要的仪器对电路进行观测。

图 B-7　Instruments 工具栏

（3）Zoom 工具栏　用户可以通过 Zoom 工具栏方便地调整所编辑电路的视图大小。Zoom 工具栏如图 B-8 所示。

（4）Simulation 工具栏　可以控制电路仿真的开始、结束和暂停，如图 B-9 所示。

图 B-8　Zoom 工具栏

图 B-9　Simulation 工具栏

B.2　Multisim10 对元器件的管理

EDA 软件所能提供的元器件的多少以及元器件模型的准确性都直接决定了该 EDA 软件的质量和易用性。Multisim10 为用户提供了丰富的元器件，并以开放的形式管理元器件，使用户能够自己添加所需要的元器件。

1. Multisim10 对元器件的管理形式

Multisim10 以库的形式管理元器件，通过菜单 Tools/ Database / Database Manage ment 打开 Database Management（数据库管理）窗口，对元器件库进行管理，如图 B-10 所示。

在 Database Management 窗口中的 Database 列表中有两个数据库：Multisim Master 和 User。其中 Multisim Master 库中存放的是软件为用户提供的元器件，User 是为用户自建元器件准备的数据库。用户对 Multisim Master 数据库中的元器件和表示方式没有编辑权。当选中 Multisim Master 时，窗口中对库的编辑按钮全部失效而变成灰色，但用户可以通过这个对话窗口中的 Button in Toolbar 显示框，查找库中不同类别器件在工具栏中的表示方法。

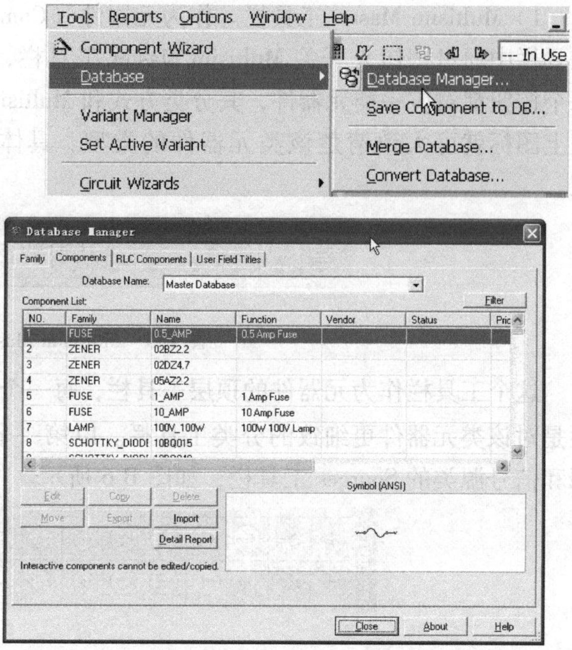

图 B-10　Database Management 窗口

据此用户可以通过选择 User 数据库，进而对自建元器件进行编辑管理。

2. Multisim Master 中的实际元器件和虚拟元器件

在 Multisim Master 中有实际元器件和虚拟元器件，它们之间根本差别在于：一种是与实际元器件的型号、参数值以及封装都相对应的元器件，在设计中选用此类元器件，不仅可以使设计仿真与实际情况有良好的对应性，还可以直接将设计导出到 Ultiboard 中进行 PCB 的设计；另一种元器件的参数值是该类元器件的典型值，不与实际元器件对应，用户可以根据需要改变元器件模型的参数值，只能用于仿真，这类器件称为虚拟元器件。它们在工具栏和对话窗口中的表示方法也不同。在元器件工具栏中，虽然代表虚拟元器件的按钮的图标与该类实际元器件的图标形状相同，但虚拟元器件的按钮有底色，而实际元器件没有，如图 B-11 所示。

从图 B-11 中可以看到，相同类型的实际元器件和虚拟元器件的按钮并排排列，并非所有的元器件都设有虚拟元器件。

在元器件类型列标中，虚拟元器件类的后缀标有 Virtual，如图 B-12 所示。

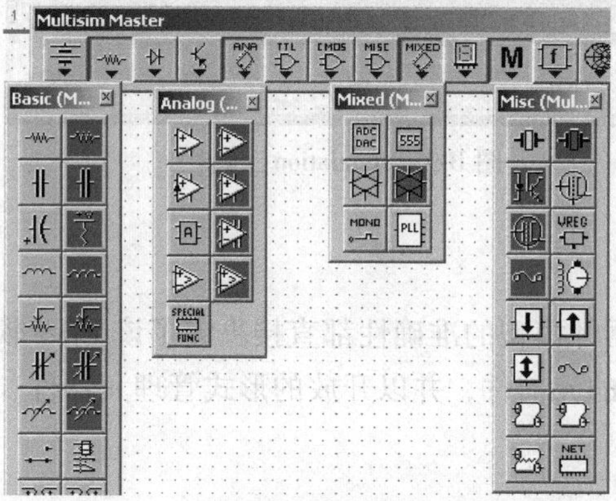

图 B-11　Multisim Master 中实际元器件和虚拟元器件

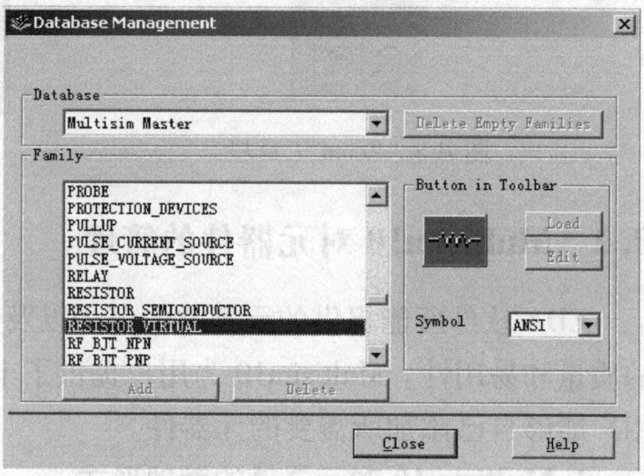

图 B-12　虚拟元器件

B.3 输入、编辑电路

输入电路图是分析和设计工作的第一步，用户从元器件库中选择需要的元器件放置在电路图中并连接起来，为分析和仿真做准备。

1. 设置 Multisim 的通用环境变量

为了适应不同的需求和用户习惯，用户可以用菜单 Option/Sheet Properties 打开 Sheet Properties 对话窗口，如图 B-13 所示。

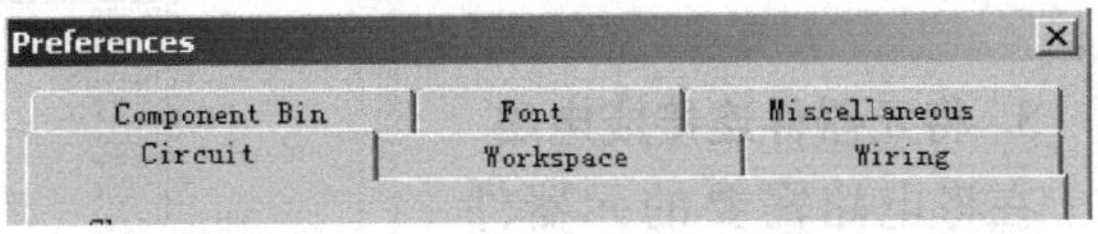

图 B-13 Sheet Properties 对话窗口

通过该窗口的 6 个选项卡，用户可以对编辑界面颜色、电路尺寸、缩放比例、自动存储时间等内容做相应的设置。

以选项卡 Workspace 为例，当选中该选项卡时，Preferences 对话框如图 B-14 所示。

在这个对话窗口中有三个分项：

1）Show 区域可以设置是否显示网格，页边界以及标题框。

2）Sheet size 区域可以设置电路图页面大小。

3）Zoom level 区域可以设置放大水平。

其余的选项卡在此不再详述。

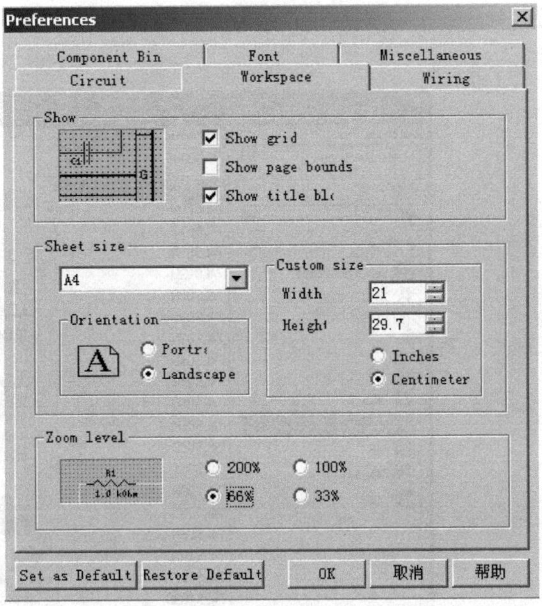

图 B-14 Preferences 对话框

2. 取用元器件

取用元器件的方法有两种：从工具栏取用或从菜单取用。下面以 74LS00 为例说明这两种取用方法。

1）从工具栏取用：通过 Design 工具栏→Multisim Master 工具栏→TTL 工具栏→74LS 按钮。从 TTL 工具栏中选择 74LS 按钮打开这类器件的 Component Browser 窗口，如图 B-15 所示。其中包含的字段有 Database name（元器件数据库），Component Family（元器件类型列表），Component Name List（元器件明细表），Manufacture Names（生产厂家），Model Level-ID（模型层次）等内容。

2）从菜单取用：通过 Place/Component 命令打开 Component Browser 窗口。该窗口即图 B-15 所示窗口。

3）选中相应的元器件。在 Component Family Name 中选择 74LS 系列，在 Component Name List 中选择 74LS00D，如图 B-16 所示。单击 OK 按钮就可以选中 74LS00。74LS00 是四/二输入与非门，在窗口中的 A/B/C/D 分别代表其中的一个与非门，用鼠标选中其中的一个放置在电路图编辑窗口中。器件在电路图中显示的图形符号，用户可以在上面的 Component Browser 中的 Symbol 选项框中预览到。当器件放置到电路编辑窗口中后，用户就可以进行移动、复制、粘贴等编辑工作了，在此不再详述。

3. 将元器件连接成电路

在将电路需要的元器件放置在电路编辑窗口后，用鼠标就可以方便地将元器件连接起来。方法是：用鼠标单击连线的起点并拖动鼠标至连线的终点。在 Multisim 中连线的起点和终点不能悬空。

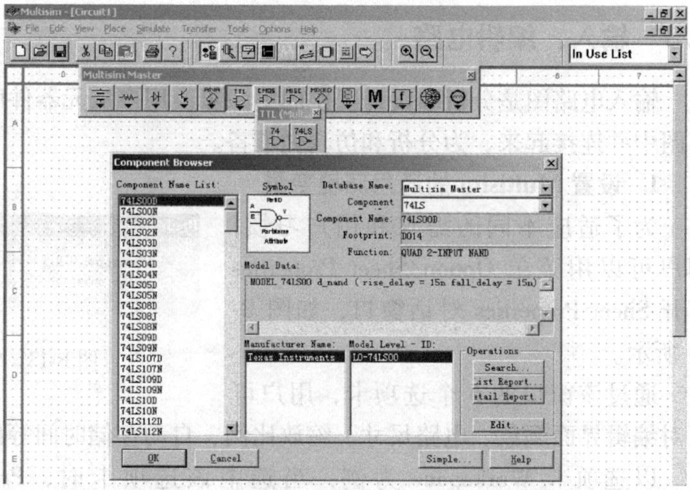

图 B-15　Component Browser 窗口

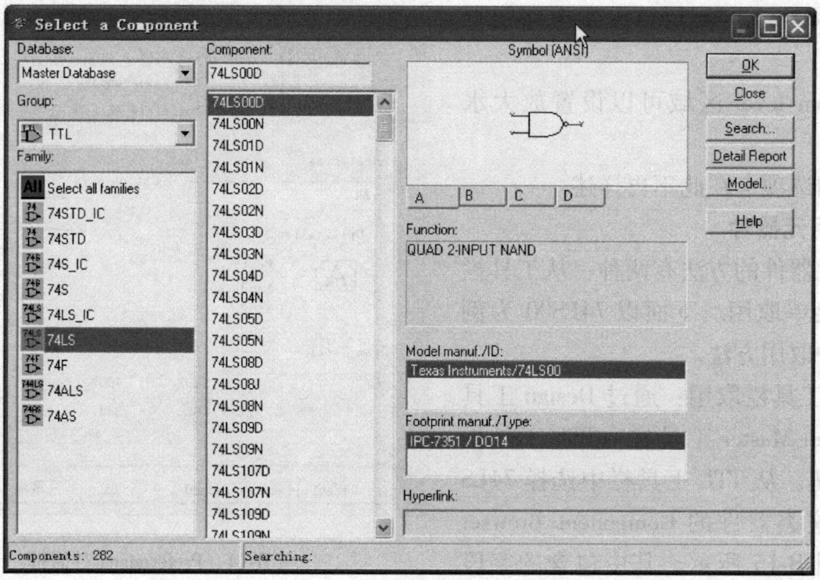

图 B-16　Select Component 窗口

B.4　虚拟仪器及其使用

1. 虚拟仪表

对电路进行仿真运行，通过对运行结果的分析，判断设计是否正确合理，是 EDA 软件的一项主要功能。为此，Multisim 为用户提供了类型丰富的虚拟仪器，可以从 Instruments 工具栏，或用菜单命令（Simulation / instrument）选用仪表，如图 B-17 所示。在选用后，各种虚拟仪表都以面板的方式显示在电路中。

图 B-17　Instruments 工具栏

下面将常用虚拟仪器的名称及表示方法总结，见表 B-10。

表 B-10　常用虚拟仪器的名称及表示方法

菜单上的表示方法	对应按钮	仪器名称	电路中的仪器符号
Multimeter		数字万用表	
Function Generator		函数信号发生器	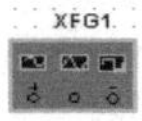
Wattermeter		瓦特表	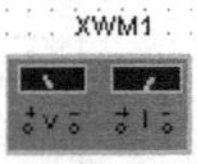
Oscilloscope		示波器	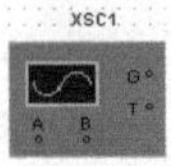
Bode Plotter		伯德仪	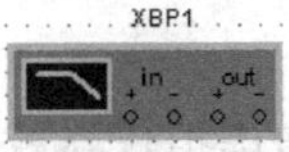
Word Generator		字信号发生器	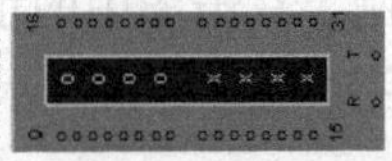
Logic Analyzer		逻辑分析仪	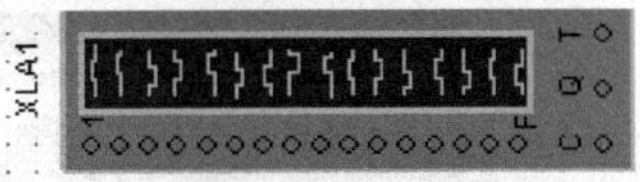
Logic Converter		逻辑转换仪	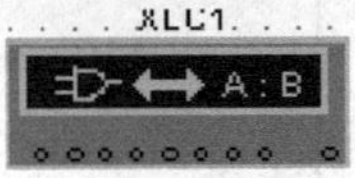
Distortion Analyzer		失真分析仪	
Spectrum Analyzer		频谱分析仪	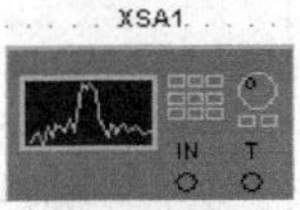
Network Analyzer		网络分析仪	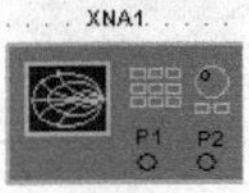

注：1. 该软件中用′代替—表示反变量，例如 $\overline{A} = A'$ 。

2. 该软件没有异或符号，处理方式是将异或运算写成 $A \oplus B = A'B + AB'$ 。

2. 虚拟仪器的使用

在电路中选用了相应的虚拟仪器后，将需要观测的电路点与虚拟仪器面板上的观测口相连，可以用虚拟示波器同时观测电路中两点的波形。如图 B-18 所示。

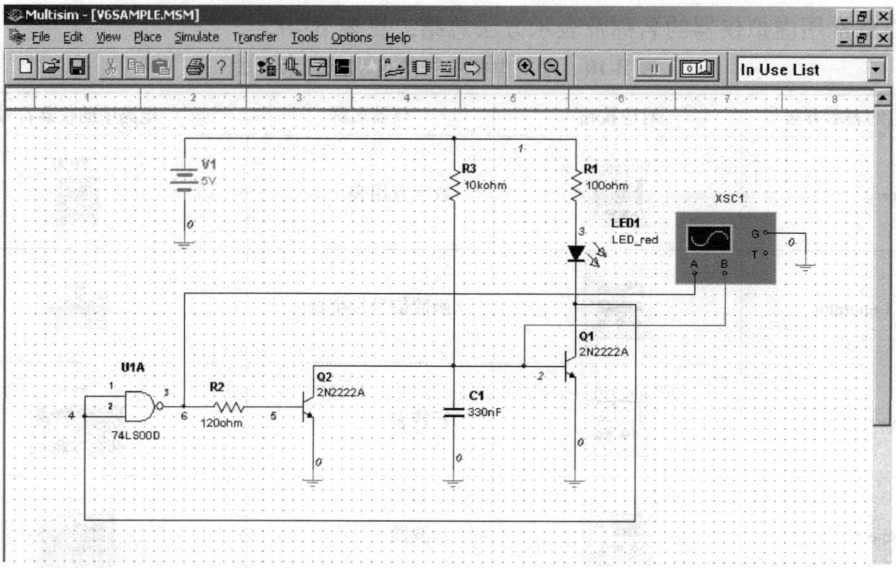

图 B-18 用虚拟示波器观测电路中两点的波形

双击虚拟仪器就会出现仪器面板，面板为用户提供观测窗口和参数设定按钮。以图 B-18 为例，双击图中的示波器，就会出现示波器的面板，如图 B-19 所示。通过 Simulation 工具栏启动电路仿真，示波器面板的窗口中就会出现被观测点的波形。

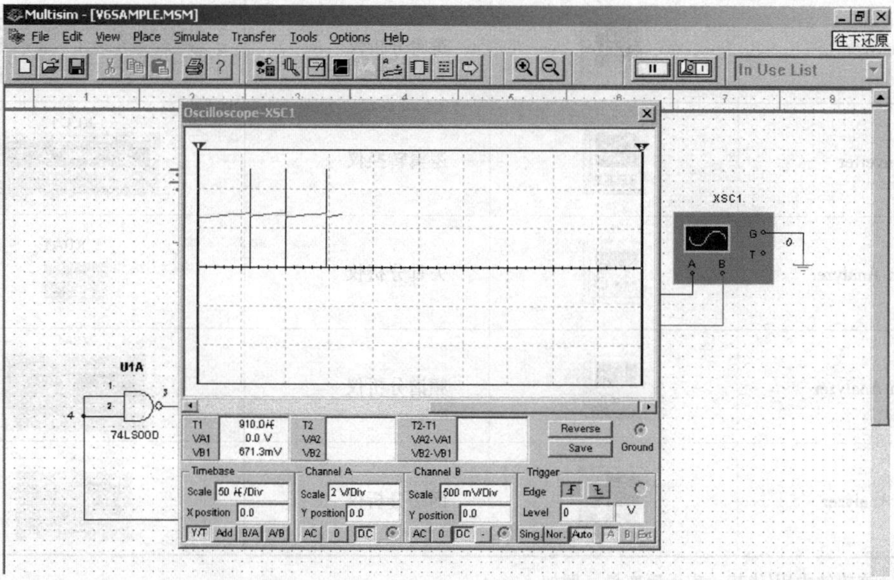

图 B-19 示波器面板的窗口

附录C　本书常用符号说明

1. 下标符号意义

i、o分别表示输入和输出量；

s、f分别表示信号源和反馈量；

L表示负载；

REF表示基准值。

2. 常用符号意义

（1）放大倍数、增益

A：放大倍数或增益通用符号。

A_u：电压放大倍数。

A_i：电流放大倍数。

A_{ud}：差模电压放大倍数。

A_{uc}：共模电压放大倍数。

A_{us}：源电压放大倍数。

（2）电阻

R：电路中的电阻或等效电阻，也为电阻通用符号。

G：电导通用符号。

r：器件内部的等效电阻。

RP：电位器。

R_i：放大电路的输入电阻。

R_o：放大电路的输出电阻。

R_s：信号源内阻。

R_L：负载电阻。

R_f：反馈电阻。

（3）电容、电感

C：电容通用符号。

C_B：基极旁路电容。

C_E：发射极旁路电容。

L：电感、自感系数。

（4）频率与通频带

F（f）：频率通用符号。

ω：角频率通用符号。

f_H：电路高频截止频率（上限频率）。

f_L：电路低频截止频率（下限频率）。

f_T：特征频率。

f_{BW}：通频带。

（5）功率与效率

P：功率通用符号。

P_o：输出功率。

P_{om}：最大输出功率。

p_T：集电极耗散功率。

p_V：直流电源供给功率。

（6）其他

VD：二极管。

VT：半导体晶体管。

Q：静态工作点。

F：反馈系数。

K_{CMR}：共模抑制比。

η：效率。

参考文献

[1] 华成英，童诗白．模拟电子技术基础［M］．4版．北京：高等教育出版社，2006.
[2] 张虹，杜德．模拟电子技术［M］．北京：北京航空航天大学出版社，2007.
[3] 李忠波，韩晓明．电子技术［M］．北京：机械工业出版社，2002.
[4] 谢红．模拟电子技术基础［M］．哈尔滨：哈尔滨工程大学出版社，2003.
[5] 李春林．电子技术［M］．大连：大连理工大学出版社，2005.
[6] 吴丽萍．电子技术基础［M］．西安：西安电子科技大学出版社，2005.
[7] 周雪．模拟电子技术［M］．西安：西安电子科技大学出版社，2003.
[8] 张树江，王成安．模拟电子技术［M］．大连：大连理工大学出版社，2007.
[9] 李万臣．模拟电子技术基础实验与课程设计［M］．哈尔滨：哈尔滨工程大学出版社，2001.
[10] 赵春华，张学军．电子技术基础仿真实验［M］．北京：机械工业出版社，2007.
[11] 熊伟，侯传教，等．Multisim 7 电路设计及仿真应用［M］．北京：清华大学出版社，2005.